できる®

Power Automate for desktop

パワーオートメート
フォー デスクトップ

あーちゃん & できるシリーズ編集部
監修：株式会社 ASAHI Accounting Robot 研究所

インプレス

ご購入・ご利用の前に必ずお読みください

本書は、『できる Power Automate Desktop ノーコードで実現するはじめての RPA』の改訂版です。2023 年 1 月現在の情報をもとに「Power Automate for desktop」(バージョン 2.27.00186.22340)の操作方法について解説しています。下段に記載の「本書の前提」と異なる場合、または本書の発行後に「Power Automate for desktop」の機能や操作方法、画面などが変更された場合、本書の掲載内容通りに操作できなくなる可能性があります。本書発行後の情報については、弊社の Web ページ(https://book.impress.co.jp/)などで可能な限りお知らせいたしますが、すべての情報の即時掲載ならびに、確実な解決をお約束することはできかねます。また本書の運用により生じる、直接的、または間接的な損害について、著者ならびに弊社では一切の責任を負いかねます。あらかじめご理解、ご了承ください。

本書で紹介している内容のご質問につきましては、巻末をご参照のうえ、メールまたは封書にてお問い合わせください。電話や FAX 等でのご質問には対応しておりません。また、以下のような本書の範囲を超えるご質問にはお答えできませんのでご了承ください。なお、本書の発行後に発生した利用手順やサービスの変更に関しては、お答えしかねる場合があります。

・書籍に掲載している以外のフローの作成方法
・お手元の環境や業務に合わせたフローの作成方法やアクションの設定方法
・書籍に掲載している以外のフロー実行後に起こるエラーの対処方法

動画について

操作を確認できる動画をYouTube動画で参照できます。画面の動きがそのまま見られるので、より理解が深まります。スマートフォンなどからはレッスンタイトル横にあるQRから動画を見られます。パソコンなどQRが読めない場合は、以下の動画一覧ページからご覧ください。

▼動画一覧ページ
https://dekiru.net/padv2

●用語の使い方

本文中では、「Microsoft® Windows® 11」のことを「Windows 11」または「Windows」、「Microsoft® Windows® 10」のことを「Windows 10」または「Windows」と記述しています。また、本文中で使用している用語は、基本的に実際の画面に表示される名称に則っています。

●本書の前提

本書では、「Windows 11」に「Power Automate for desktop」(バージョン2.27.00186.22340)がインストールされているパソコンで、インターネットに常時接続されている環境を前提に画面を再現しています。

まえがき

「私もRPAが作れた……」初めて作成したRPAが動いた瞬間のあの感動。いまも色あせることなく私の心に刻まれています。これからは自分の手で、業務を自動化し、自分も同僚も楽に働けるようにするのだ、と胸を躍らせました。

あれから4年。前書執筆をきっかけに様々な場所で操作講習を開催させていただきました。講習開始時は「ついていけるか不安です」とおっしゃっていた方が「とても楽しかった。RPAやってみます」と嬉しそうに帰っていく姿を目の当たりにし、より多くの方に知って欲しいという想いはさらに強くなりました。

RPAは、入力作業など従来人の手で行われていたパソコン上の作業をソフトウエア型のロボットが代行してくれる技術です。本書が解説しているPower Automate for desktopはWindows 10やWindows 11が搭載されたパソコンであれば、無償で使えるマイクロソフト社のRPAツールで、プログラミングスキルがない人でも扱えるように作られています。今後はExcelやWordのように、業務で当たり前のように使われるツールになると予想しています。

本書はPower Automate for desktop初学者が、基礎から実践へと体系的に、集中して学んでいただくことを目的としています。操作を解説するブログや動画はインターネット上に多数公開されていますが、初学者は自分のレベルに合ったコンテンツを見つけ出すことが難しく、書籍での情報提供が必要だと考え、本書執筆に至りました。

まず第1章、第2章で基礎概念を学んだ上で、第3章で「Excelでの請求書作成」、第4章で「Webフォームへの一括入力」を自動化するフローを作成します。操作方法だけでなく、どのような業務に使えるかも学べるように作りました。第5章では業務シーン別のテクニックを厳選紹介しています。本書学習後の実践に役立つでしょう。

Power Automate for desktopの活用により、日々の煩雑な業務から解放され、会社や自分の価値を高めることに、より多くの時間を使っていただきたい。本書がその一助を担えればこれ以上の喜びはありません。最後に、本書の制作に携わった多くの方々と、ご愛読いただく皆様に深く感謝の意を表します。

2023年1月 あーちゃん

本書の読み方

練習用ファイル
レッスンで使用する練習用ファイルの名前です。ダウンロード方法などは6ページをご参照ください。

YouTube動画で見る
パソコンやスマートフォンなどで視聴できる無料の動画です。詳しくは2ページをご参照ください。

レッスンタイトル
やりたいことや知りたいことが探せるタイトルが付いています。

サブタイトル
機能名やサービス名などで調べやすくなっています。

操作手順
実際のパソコンの画面を撮影して、操作を丁寧に解説しています。

●手順見出し

1 アプリを起動する

操作の内容ごとに見出しが付いています。目次で参照して探すことができます。

●操作説明

1 ［スタート］をクリック

実際の操作を1つずつ説明しています。番号順に操作することで、一通りの手順を体験できます。

●解説

パスワードの入力画面が表示された

操作の前提や意味、操作結果について解説しています。

レッスン
04 Power Automate for desktopを使えるようにするには

YouTube動画で見る 詳細は2ページへ

起動　練習用ファイル L004_起動.xlsx

基本編 第1章

Power Automate for desktopをさっそく立ち上げてみましょう。起動方法はいくつかあります。またサインインして使用する仕組みになっているのでサインインの手順も解説します。

1 アプリを起動する

1 ［スタート］をクリック　2 検索ボックスをクリック

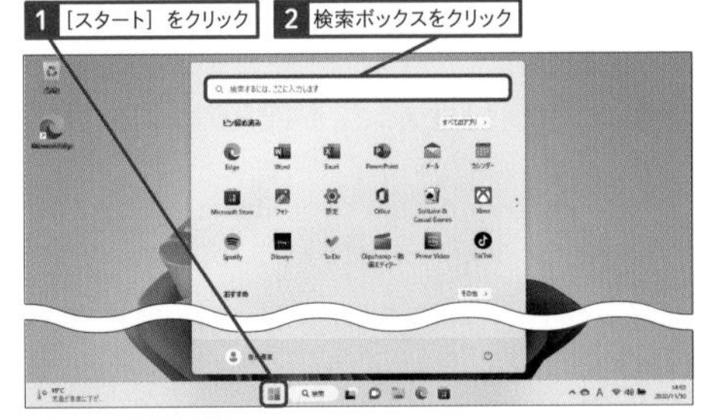

3 「power」と入力

4 ［Power Automate］をクリック

キーワード

コンソール	P.219
フロー	P.220
フローデザイナー	P.220

時短ワザ
デスクトップから起動できるようにするには
以下の方法で、Power Automate for desktopのアイコンが常時タスクバーに表示されるようになります。

［タスクバーにピン留めする］をクリックする

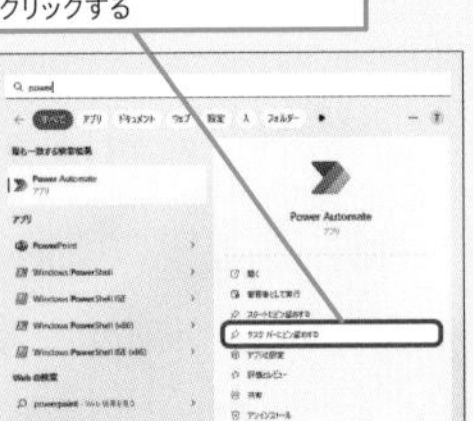

用語解説
コンソール
Power Automate for desktopを起動したとき、最初に表示されるウィンドウです。コンソールから新しいフローの作成や編集を行ったり、フローの実行を行ったりします。

26 できる

キーワード

レッスンで重要な用語の一覧です。巻末の用語集のページも掲載しています。

2 Microsoftアカウントでサインインする

アプリが起動した

1 Microsoftアカウントのメールアドレスを入力

2 ［サインイン］をクリック

yumtakahashi@outlook.jp

サインイン

Microsoft Power Automate にサインインする

パスワードの入力画面が表示された

Microsoft アカウントへのサインイン

Microsoft

← yumtakahashi@outlook.jp

パスワードの入力

••••••••••

パスワードを忘れた場合

サインイン

3 パスワードを入力

4 ［サインイン］をクリック

使いこなしのヒント

通知領域から起動と終了ができる

Power Automate for desktopの初回起動後は通知領域にアイコンが表示されるようになり、ここから起動や終了ができるようになります。Power Automate for desktopを再起動したい場合はアプリを閉じた上で通知領域から終了させることでできます。

1 ここをクリック

2 アプリのアイコンを右クリック

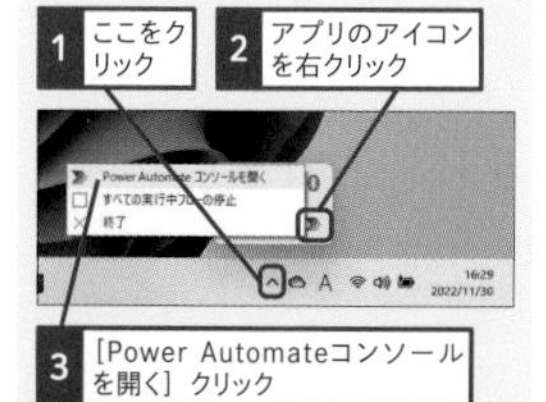

3 ［Power Automateコンソールを開く］クリック

まとめ インストール不要で使える

Windows 11ではインストール不要となりメモ帳やペイントなどの標準アプリと同じ感覚でPower Automate for desktopが使えるようになりました。パソコン上のちょっとした作業を誰もが自分自身の手で自動化できる環境が整いました。

04 起動

スキルアップ

Windows 10のパソコンを使っている場合は

Windows 10を搭載したパソコンでも無償で使用できます。マイクロソフトの以下ページよりインストーラーを入手しインストールを行ってください。デスクトップに表示されたアイコンをクリックすることで起動できます。手順2と同じ手順でサインインを行います。アプリとしてはWindows 11に標準インストールされているものと同じです。操作方法に大きな差異はありません。

▼インストーラーのダウンロードページ
https://learn.microsoft.com/en-us/power-automate/desktop-flows/install/

［Download the Power Automate installer］をクリックしてインストーラーをダウンロードする

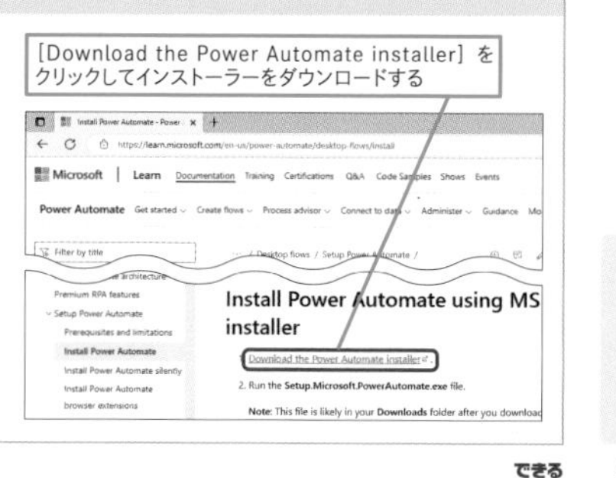

次のページに続く ➡

できる 27

※ここに掲載している紙面はイメージです。実際のレッスンページとは異なります。

関連情報

レッスンの操作内容を補足する要素を種類ごとに色分けして掲載しています。

使いこなしのヒント

操作を進める上で役に立つヒントを掲載しています。

ショートカットキー

キーの組み合わせだけで操作する方法を紹介しています。

時短ワザ

手順を短縮できる操作方法を紹介しています。

スキルアップ

一歩進んだテクニックを紹介しています。

用語解説

レッスンで覚えておきたい用語を解説しています。

ここに注意

間違えがちな操作について注意点を紹介しています。

まとめ インストール不要で使える

レッスンで重要なポイントを簡潔にまとめています。操作を終えてから読むことで理解が深まります。

練習用ファイルの使い方

本書では、レッスンの操作をすぐに試せる無料の練習用ファイルを用意しています。ダウンロードした練習用ファイルは必ず展開して使ってください。ここではMicrosoft Edgeを使ったダウンロードの方法を紹介します。

▼練習用ファイルのダウンロードページ
https://book.impress.co.jp/books/1122101126

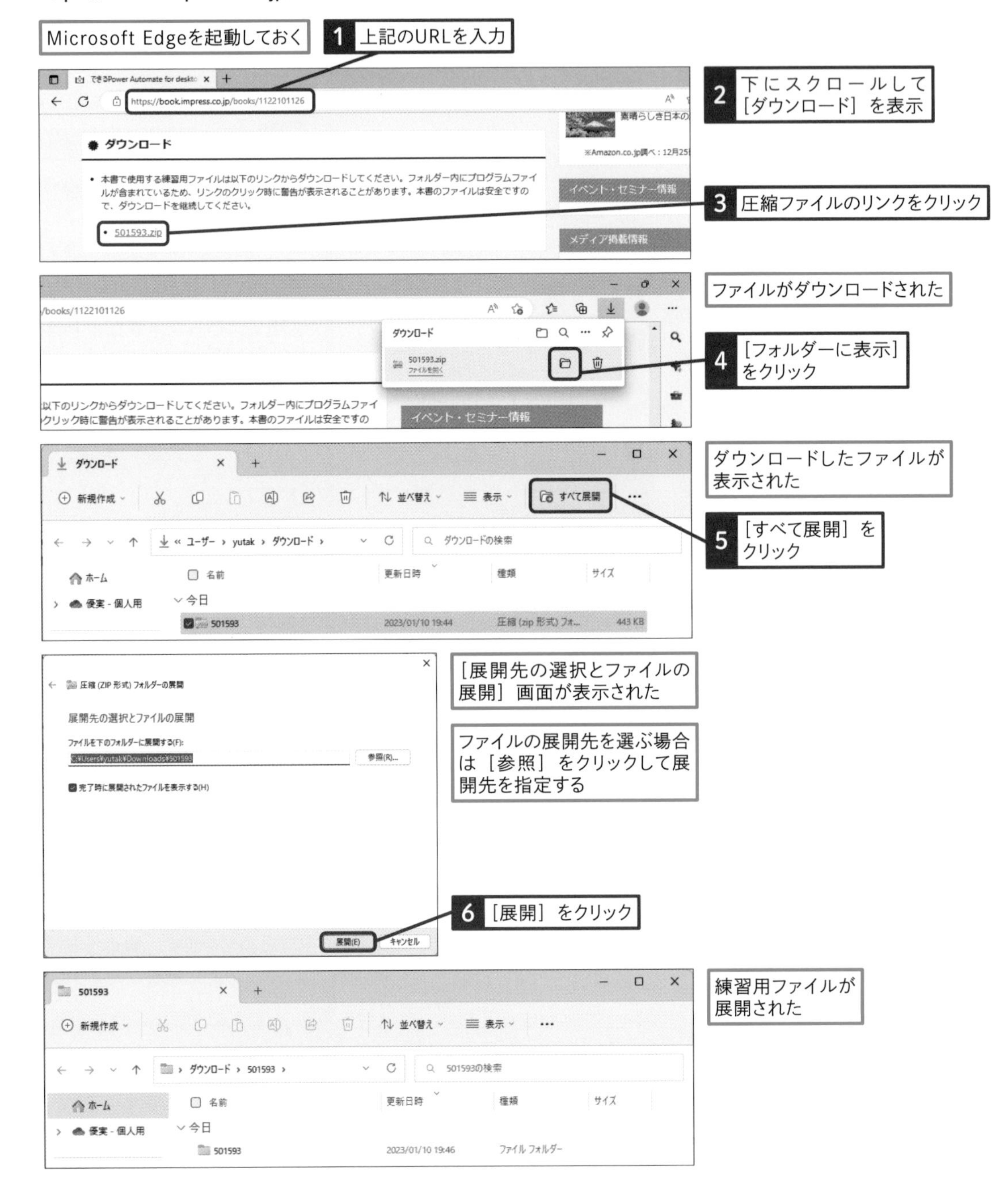

●練習用ファイルを使えるようにする

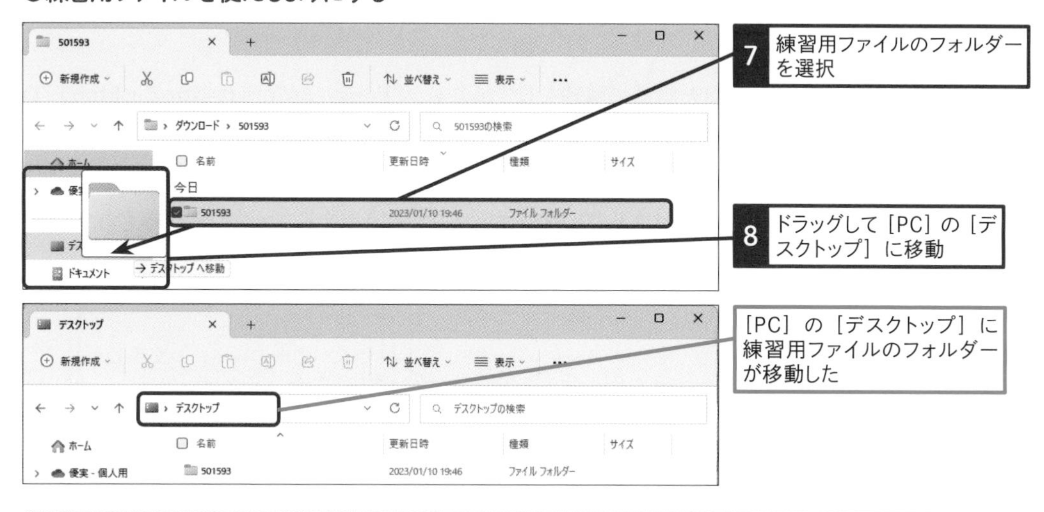

練習用ファイルの内容

練習用ファイルには章ごとにファイルが格納されており、ファイル先頭の「L」に続く数字がレッスン番号を表します。また、［第2章］フォルダーにある［Resources］フォルダーと［Asahi.Learning.exe.config］は、削除したり移動したりしないようにしてください。このフォルダーとファイルが［Asahi.Learning.exe］と同じ場所に保存されていないと、**レッスン09 ～ 10**で使用するアプリが動かなくなる可能性があります。

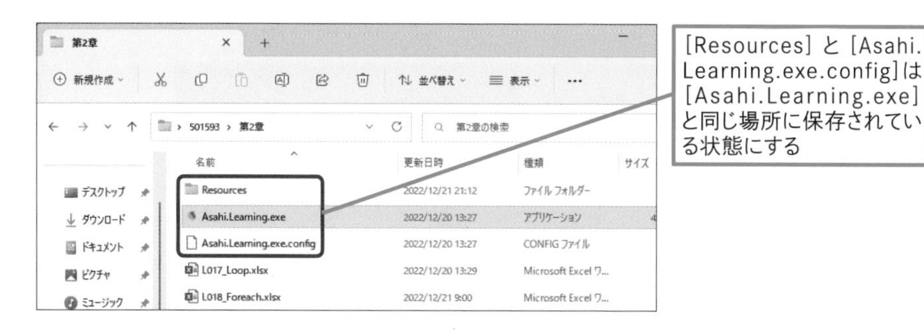

［保護ビュー］が表示された場合は

インターネットを経由してダウンロードしたファイルを開くと、保護ビューで表示されます。ウイルスやスパイウェアなど、セキュリティ上問題があるファイルをすぐに開いてしまわないようにするためです。ファイルの入手時に配布元をよく確認して、安全と判断できた場合は［編集を有効にする］ボタンをクリックしてください。

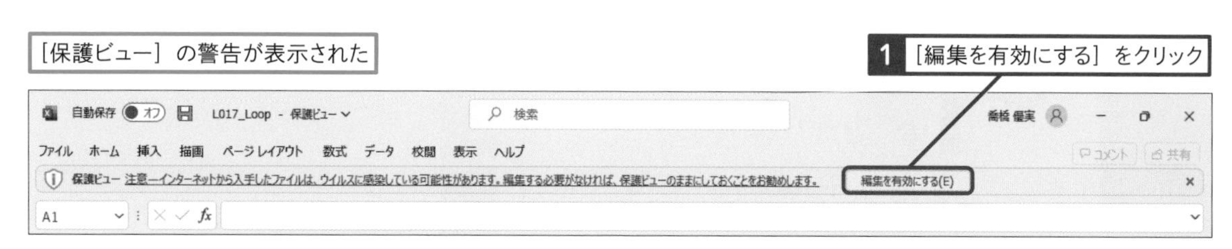

OneDriveの同期について

本書はOneDriveとの同期をオフにした状態を前提に解説をしています。「Power Automate for desktop」でExcelファイルなどを操作する場合、操作対象のファイルをファイルパスで指定する必要があります。同期がオンになっていると、以下のように「OneDrive」の文字列が表示され、OneDriveのパスが自動的に指定されます。同期がオンになっていても、指定したファイルパスと同じ場所にレッスンで使用するファイルが保存されていればフローは実行されますが、オフにしたい場合は次の手順で変更できます。

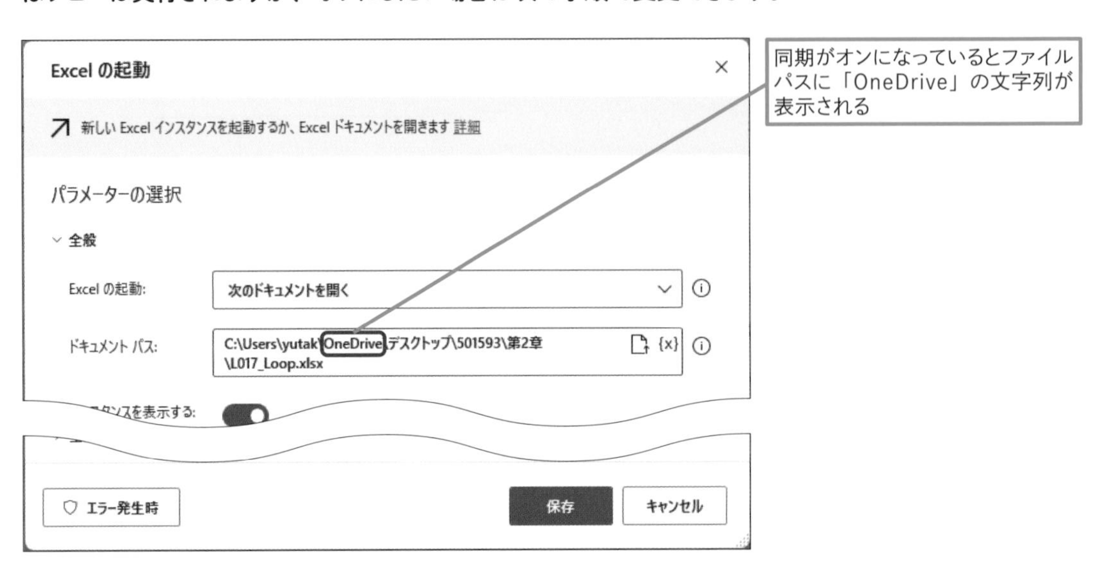

OneDriveの同期をオフにする

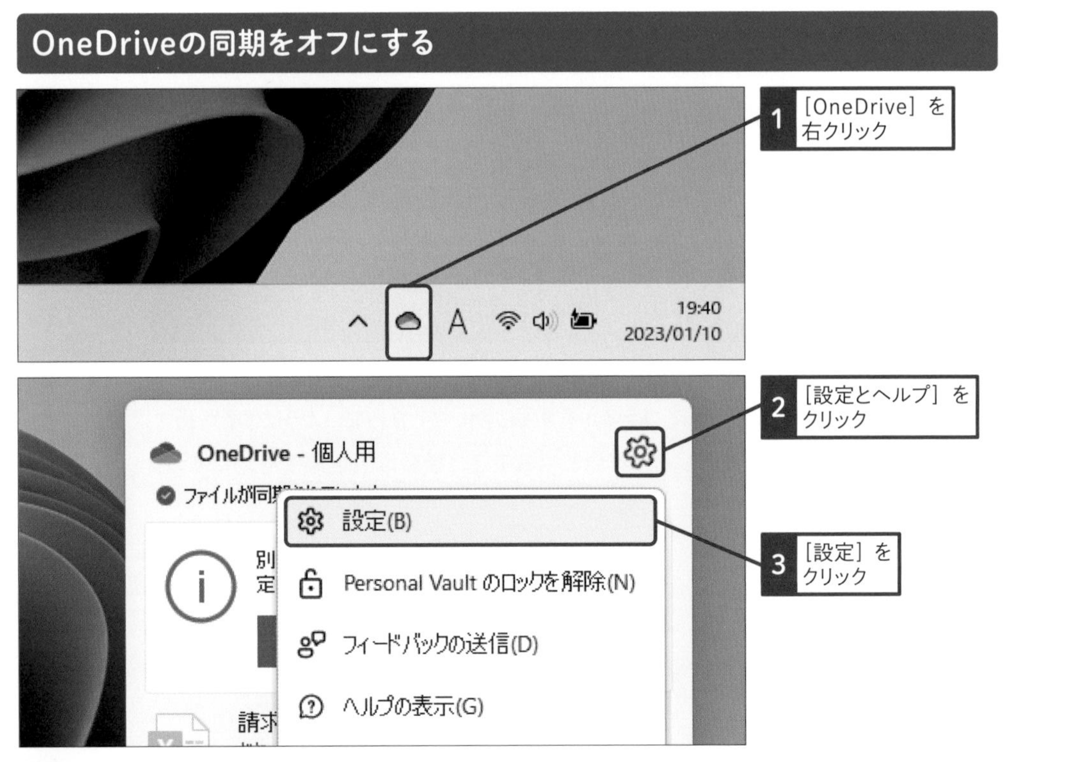

●バックアップを停止する

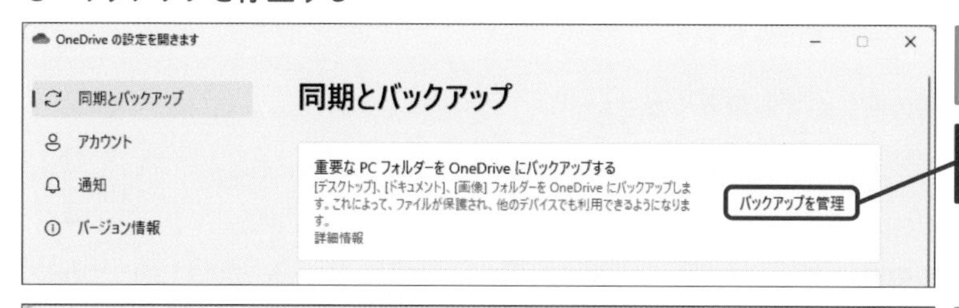

[同期とバックアップ] の画面が表示された

4 [バックアップを管理] をクリック

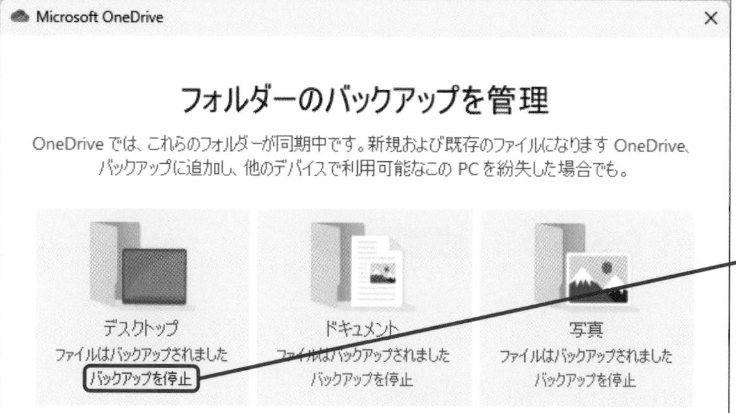

[デスクトップ] の同期をオフにする

5 [バックアップを停止] をクリック

Windows 10の場合は、同じ画面にある [デスクトップ] アイコンの右上のチェックボックスを外す

確認画面が表示された

6 [バックアップを停止] をクリック

このフォルダーはバックアップされなくなりました

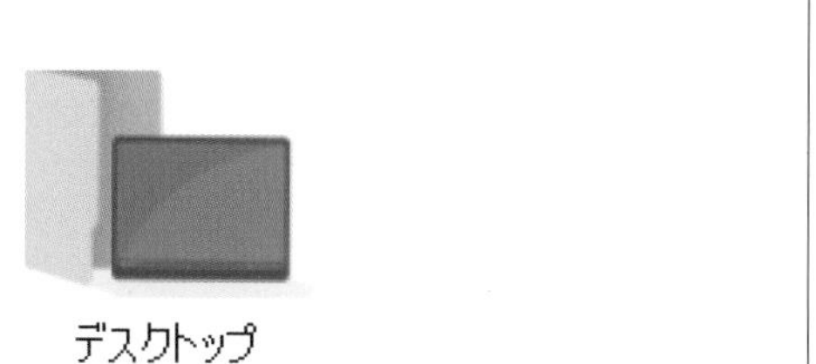

[デスクトップ] のOneDriveとの同期がオフになった

同様の手順で [ドキュメント] [ピクチャ] の同期をオフにできる

目次

本書の構成

本書は手順を1つずつ学べる「基本編」、実際の業務を例にフローを作成する「活用編」の2部で、Power Automate for desktopの基礎から応用まで無理なく身に付くように構成されています。

基本編
第1章～第2章

基本的な操作や「変数」「繰り返し処理」「条件分岐」など、実践的なフローを作成するためには欠かせない基礎知識をひと通り解説します。最初から続けて読むことで、Power Automate for desktopの操作がよく身に付きます。

活用編
第3章～第5章

Excelでの請求書作成とWebフォームへの一括入力を自動化する方法、業務シーン別に即使えるテクニックを紹介しています。実務でよくある作業を題材にしてフローを作成するため、仕事に応用しやすい内容となっています。

用語集・索引

重要なキーワードを解説した用語集、知りたいことから調べられる索引などを収録。基本編、活用編と連動させることで、Power Automate for desktopについての理解がさらに深まります。

登場人物紹介

Power Automate for desktopを皆さんと一緒に学ぶ生徒と先生を紹介します。各章の冒頭にある「イントロダクション」、最後にある「この章のまとめ」で登場します。それぞれの章で学ぶ内容や、重要なポイントを説明していますので、ぜひご参照ください。

北島タクミ（きたじまたくみ）

元気が取り柄の若手社会人。うっかりミスが多いが、憎めない性格で周りの人がフォローしてくれる。好きな食べ物はカレーライス。

南マヤ（みなみまや）

タクミの同期。しっかり者で周囲の信頼も厚い。 タクミがミスをしたときは、おやつを条件にフォローする。好きなコーヒー豆はマンデリン。

あーちゃん先生

Power Automate for desktopの講習などを開催し、業務自動化で楽に自由に働く素晴らしさを広めている。お気に入りのアクションは［For each］アクション。

基本編

第1章

Power Automate for desktopの基本を学ぼう

Power Automate for desktopは手軽にパソコン上の作業を自動化できるツールです。Windows 11が搭載されたパソコンでは、「Power Automate」というアプリケーション名でPower Automate for desktopが標準インストールされており、サインインするだけで利用開始することができます。自動化できる業務や使用を開始する手順を確認しましょう。

レッスン

01 Introduction この章で学ぶこと
業務を自動化するメリットを知ろう!

Power Automate for desktopで疲労を感じやすい作業を自動化することで、自分も同僚も楽に働けるようになります。プログラミング経験がない人でも簡単に操作できるように作られているので、学習後は自分自身の手で業務の自動化ができるようになります。

自分も同僚も楽に働けるようになる

業務が自動化されると、どんないいことがあるんでしょうか?

日頃行っているパソコン上の作業、例えばExcelを使った集計作業や社内システムへの入力作業がボタン一つで終わるようになりますよ!

ボタン1つで?!

売上入力やWeb上のデータをExcelにコピーする作業など、決まった流れや操作を繰り返す業務はPower Automate for desktopが行ってくれる

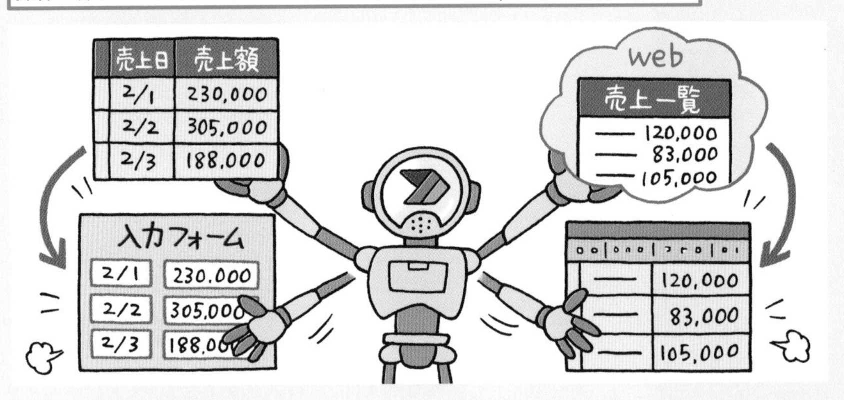

長時間の作業や、ミスできないなどの強いプレッシャーがかかる作業が続き疲労がたまってしまった経験はありませんか?
Power Automate for desktopは何時間でも正確に作業を続けることができるんですよ。

スーパー社員みたいですね……!?

誰でも簡単に身近な業務で始められる

パソコンとかITそんなに得意じゃないんだけど……

IT初心者でも使えるように作られたツールなので心配しないで。Power Automate for desktopはパソコン上でよく行われる操作があらかじめ登録されたアクションというものがあり、それらを組み合わせることで作成ができます。

アクションを選び並べていくことで業務を自動化できる

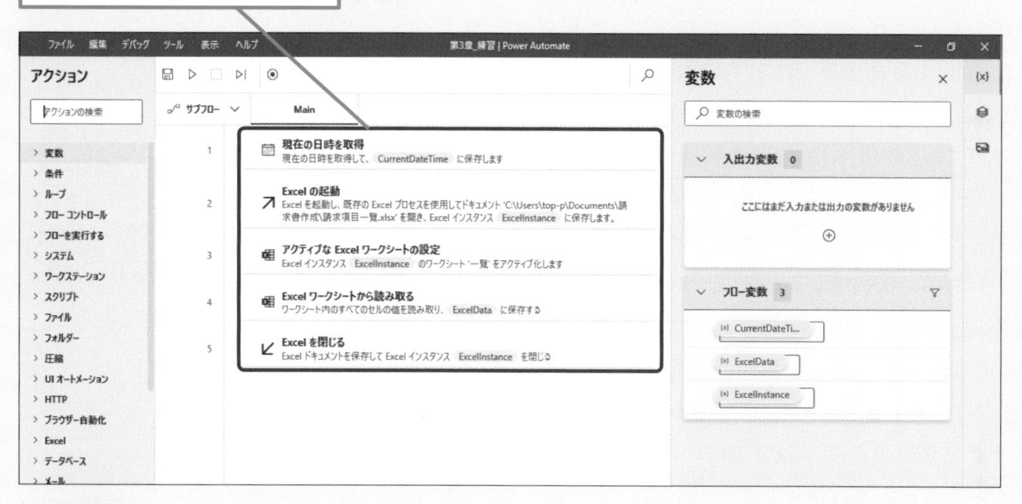

それなら私もできるかも。やってみたいです。
でも、どんな業務を自動化すればいいんでしょうか？

普段なにげなく行っている業務から始めるのがおすすめです。
・システムに繰り返しデータを入力している
・毎月Excelでデータ集計作業をしている
こんな作業はあったりしませんか？

えーと、毎週売上データを社内システムに入力しています。

その業務、自動化できるかもしれません。
もうこれはやってみるしかない！

レッスン

02 Power Automate for desktopって何?

特徴

練習用ファイル なし

本書で学ぶPower Automate for desktopはどんな特徴を持ったツールなのか見てみましょう。またどのような作業の自動化が得意かや、簡単に操作できるようにどのような工夫がされているかも解説します。

誰でも簡単に操作できる自動化ツール

Power Automate for desktopはマイクロソフトが提供する業務の自動化を目的としたRPAツールです。Power Automate for desktopを使うと、パソコン上の作業を自動化できます。例えば、Excelのファイルにある数百件ものデータを社内システムに1つずつ入力するような作業は、人間が行うと時間が掛かるうえに疲労がたまり、ミスを起こすことがあります。しかし、Power Automate for desktopなら正確に、ミスをすることなく、一瞬で終わらせることができるのです。特徴は大きく3つあります。1つ目はプログラミングスキルがない人でも扱えるローコードツールである点です。ITに関する高度な知識がない人でも使えます。2つ目は手軽に使える点です。Windows 11が搭載されたパソコンでは、「Power Automate」というアプリケーション名で標準インストールされており、サインインするだけで利用開始することができます。3つ目はマイクロソフトのアプリである点です。日常的に業務で使用しているExcelやMicrosoft 365関連のアプリとスムーズに連携します。

キーワード

Microsoft 365	P.218
Power Automate	P.218
デスクトップフロー	P.220

用語解説

RPA

RPAとは「Robotic Process Automation(ロボティック・プロセス・オートメーション)」の略で、人の手によって行われるパソコン上の作業をソフトウェアに組み込まれたロボットに代行してもらう技術です。人の作業を代行してくれるので、「仮想労働者」や「ロボット社員」といわれたりします。

用語解説

ローコード

ローコードとはコンピュータープログラムを表現する文字列「プログラムコード」をほとんど書くことなく、アプリケーション開発を可能とする手法のことです。この手法を活用して設計されたツールは「ローコードツール」と呼ばれ、Power Automate for desktopもローコードツールです。従来、パソコン上で行う作業の自動化はプログラムコードの知識が必要でした。ローコードツールの普及により、IT専門知識を持たない業務部門スタッフでも自動化ツールやアプリケーションの開発ができるようになりました。

一定のルールに基づく作業を自動化できる

一定の手順やルールに基づき、データの転記やシステムへの操作を繰り返すような仕事はPower Automate for desktopが最も得意とする作業です。Power Automate for desktopにはパソコン上でよく行われる作業が「アクション」として用意されており、自動化したい業務の流れに沿ってアクションを組み合わせていき、できあがった1つのまとまりを「フロー」といいます。アクションは数百種類あり、アップデートによって追加され続けています。Webページ上のボタンや入力枠を操作するものや、Excelファイル上のデータを編集するものなど、パソコン上で行われるあらゆる作業に対応しています。一方で、FAXで届いた単価を目視で確認しExcelに打ち込むような紙を使った業務や、台風が接近している場合は発注量を減らすなど、経験値や感覚に基づく判断を伴う業務は自動化できません。Power Automate for desktopでフローを作る場合は、紙を使用した作業、人の感覚で判断する作業が含まれていないことを確認しましょう。

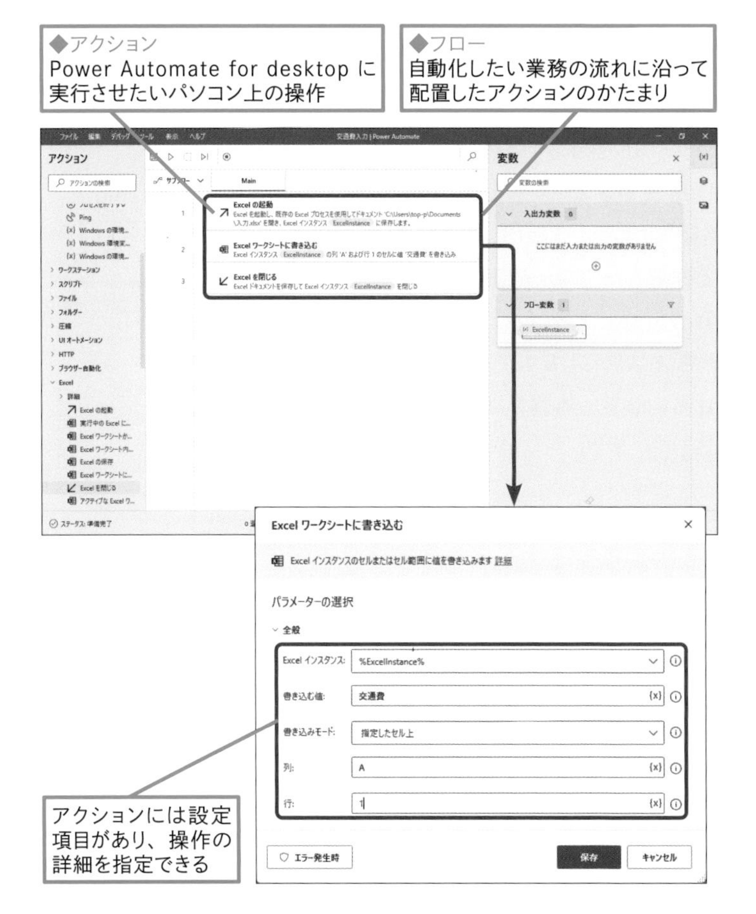

使いこなしのヒント
グローバルに評価されているRPAツール

Power Automate for desktopはグローバル調査機関であるGartnerの2022年のRPA市場調査でリーダーの評価を獲得しています。リーダーは世界的なRPAベンダー15社を一定の基準で評価した結果、最も市場をけん引しているグループに与えられる評価です。Power Automate for desktopは無償で使えるうえに、市場でも高い評価を得ている信頼できるRPAツールです。

使いこなしのヒント
パソコンの電源はオンにできない

Power Automate for desktopはさまざまなパソコン上の操作を自動化することができますが、パソコンの電源をオンにすることはできません。

まとめ　無償で使えるローコードツールであることが魅力

数年前からRPAツールは数多く登場していましたが、価格が高いことを理由に導入が見送られるケースがありました。Power Automate for desktopはWindows 11のほかWindows 10が搭載されたパソコンでも無償で使うことができます。費用をかけずに、データ入力やメール送信などの繰り返し作業を自動化し、生産性を高めたいという会社にはぴったりのツールです。Power Automate for desktopを使いこなせれば、今まで手作業でやっていた業務が一瞬で完了します。

レッスン

03 Power Automate for desktopを利用するには

利用方法

練習用ファイル なし

Power Automate for desktopを利用するために必要な条件を確認しておきましょう。また同じマイクロソフトの自動化ツール「Power Automate」との関係性や無償版と有償版の違いについても解説をします。

利用にはMicrosoftアカウントが必要

Power Automate for desktopを利用するためには、Microsoftアカウントでのサインインが必要となります。Microsoftアカウントとは、マイクロソフトが提供するサービスを利用するための専用のIDとパスワードのことです。Power Automate for desktopは必ずMicrosoftアカウントでサインインした状態で使用し、作成したフローのデータはクラウド上のオンラインストレージサービス「OneDrive」に保存される仕組みになっています。Microsoftアカウントには、ユーザーが個人で作成する「個人アカウント」と、会社がマイクロソフトの提供する法人向けサブスクリプションサービス「Microsoft 365」などを導入した際に、所属するユーザーに割り当てる「組織アカウント」があります。組織アカウントを使用した場合、Power Automate for desktopで作成したフローや実行状況の履歴などの情報は「Microsoft Dataverse」と呼ばれるクラウド上のデータベースに保存されます。保存先は異なりますが、操作方法やできることに大きな差異はありません。なお、本書では個人アカウントでの利用方法についてのみ解説しています。

作成したフローはOneDriveに保存される

キーワード

Microsoft 365	P.218
Microsoftアカウント	P.218
Power Automate	P.218

使いこなしのヒント

Microsoftアカウントを新規で作成するには

新規作成する場合は以下ページより「アカウントを作成する」をクリックします。IDは普段使っているメールアドレスを入力するか、「新しいメールアドレスを取得」が選べます。パスワードは8文字以上、大文字、小文字、数字、記号のうち2種類以上を含む必要があります。

▼Microsoftアカウントの Webページ
https://account.microsoft.com/

画面を下へスクロールし［アカウントを作成する］をクリックする

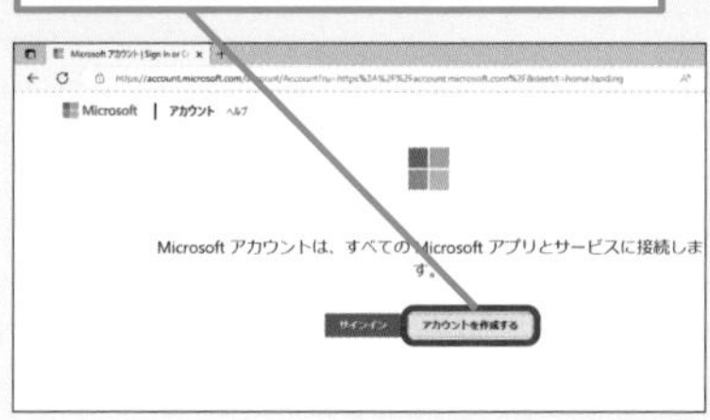

似た名前の「Power Automate」について

「Power Automate」は、プログラミングスキルの有無に関わらず、誰もが業務を自動化できるように開発されたマイクロソフトのローコードプラットフォームの1つです。Power Automate for desktopはその中の機能の一部で、アプリケーション操作、ファイル操作、Webブラウザーの操作など、パソコン上で行われる作業を自動化することに特化したツールです。それに対し、Power Automateではさまざまなクラウドサービスとの連携を容易にするための「コネクタ」と呼ばれる部品が800種類以上用意されており、それらを組み合わせることでクラウド上のサービスの自動化を可能とします。Power Automateで作成したフローを「クラウドフロー」、Power Automate for desktopで作成したフローを「デスクトップフロー」と呼び、自動化したいアプリケーションやクラウドサービスによって、Power AutomateとPower Automate for desktopを使い分けることで、自動化の範囲を広げることができます。

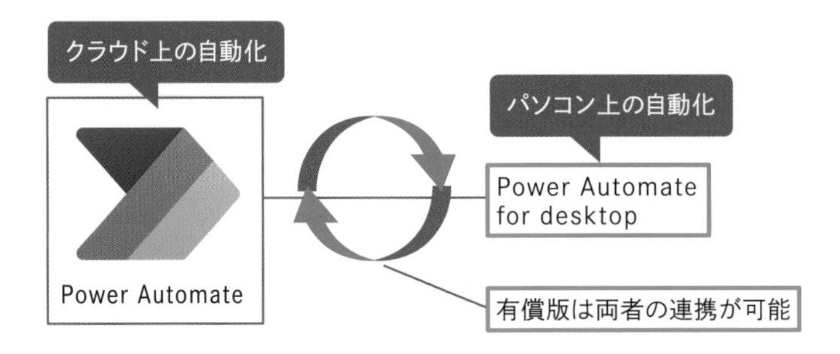

有償版と無償版の違い

Power Automate for desktopには月額使用料を払って使う有償版が存在します。有償版ではデスクトップフローとクラウドフローを連携させることで、デスクトップフローを一定のスケジュールに沿って実行させたり、ファイルの移動やメールの受信などをきっかけにフローを起動させるトリガー実行などが可能となります。本書で扱うのは標準アプリとしてインストールされている無償版のPower Automate for desktopです。

使いこなしのヒント

インターネットに接続した環境は必須！

作成したフローはパソコンのハードディスク上には保存されず、クラウド上のOneDriveに保存されるため、フローの実行や編集時にはパソコンがインターネットに接続している必要があります。Power Automate for desktopを使う際は、インターネットに接続している状態になっているか確認しておきましょう。

使いこなしのヒント

有償版はWindows 11 Homeだと利用できない機能がある

Windows 11には3つのエディションがありますが、搭載されているPower Automate for desktopに機能の違いはありません。しかし、Windows 11 HomeはPower Automate for desktopの有償版の一部の機能、クラウドフローから一定のスケジュールに沿った実行や、ファイル投稿などをきっかけにフローを実行するトリガー実行が利用できません。これらの機能を利用したい場合はWindows 11 Proへのアップグレードが必要です。

まとめ　無償版でもさまざまな自動化が可能

Power Automate for desktopは本書で扱っている標準アプリとしてインストールされている無償版だけでもさまざまな業務の自動化が可能です。また活用が進んできたタイミングで有償版を導入すれば、Power Automateの機能を使い、フローをスケジュール実行させるなど人の手をまったく介さない「完全自動化」も可能となります。活用段階に応じて、使う範囲を選択できる点も魅力の一つです。

レッスン

04 Power Automate for desktopを使えるようにするには

起動

練習用ファイル なし

Power Automate for desktopをさっそく立ち上げてみましょう。起動方法はいくつかあります。またサインインして使用する仕組みになっているのでサインインの手順も解説します。

1 アプリを起動する

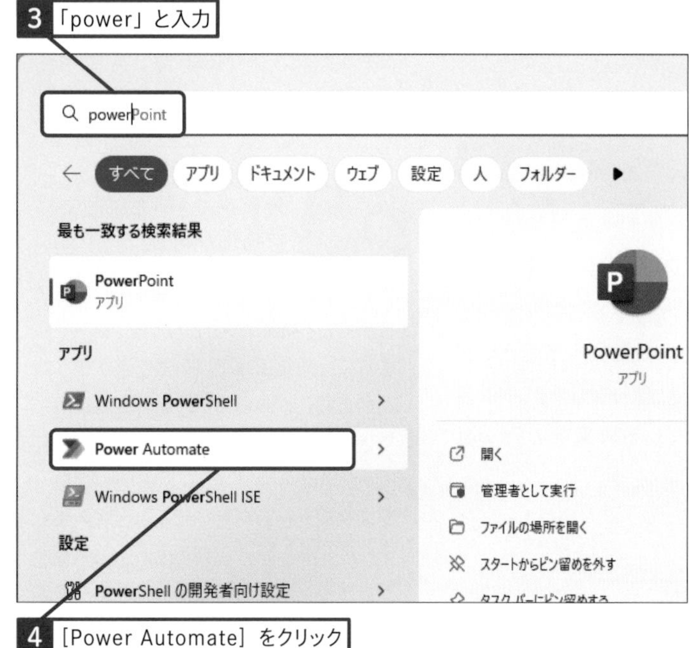

キーワード

コンソール	P.219
フロー	P.220
フローデザイナー	P.220

時短ワザ

デスクトップから起動できるようにするには

以下の方法で、Power Automate for desktopのアイコンが常時タスクバーに表示されるようになります。

[タスクバーにピン留めする] をクリックする

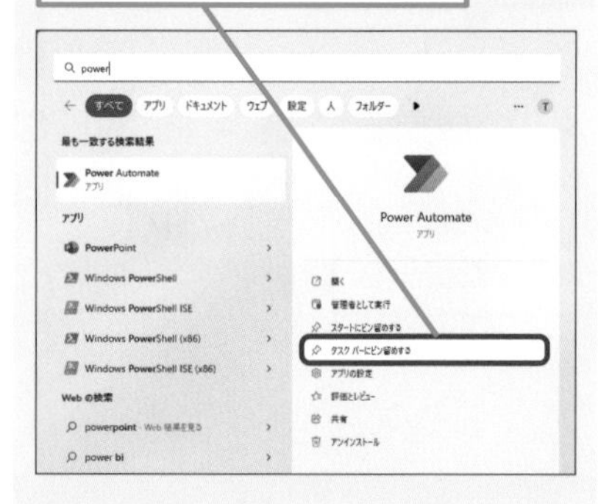

使いこなしのヒント

アプリを終了するには

アプリを終了したい場合は右上の (☒) マークをクリックしてください。フローデザイナーを複数開いている場合は画面ごとに (☒) マークをクリックし閉じる必要があります。

[閉じる] をクリックする

2 Microsoftアカウントでサインインする

アプリが起動した

1 Microsoftアカウントのメールアドレスを入力

2 ［サインイン］をクリック

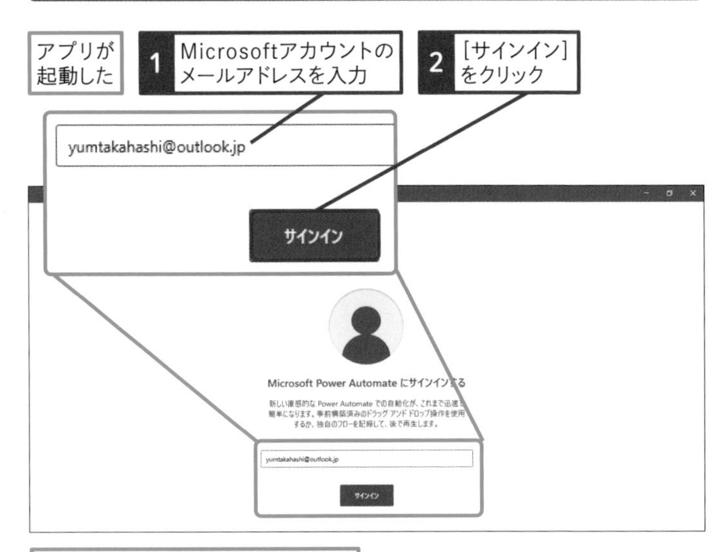

パスワードの入力画面が表示された

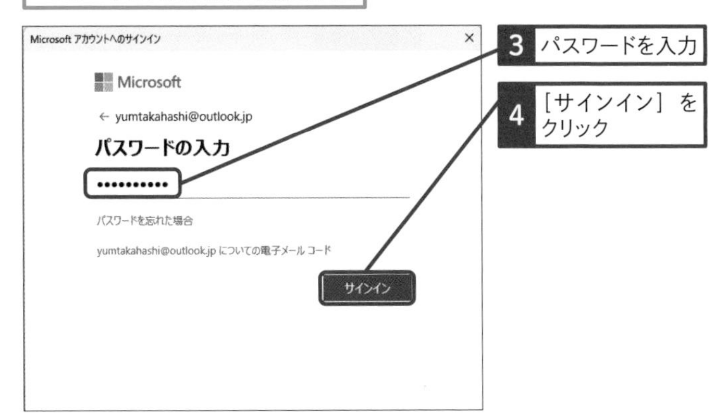

3 パスワードを入力

4 ［サインイン］をクリック

使いこなしのヒント

通知領域から起動と終了ができる

Power Automate for desktopの初回起動後は通知領域にアイコンが表示されるようになり、ここから起動や終了ができるようになります。Power Automate for desktopを再起動したい場合はアプリを閉じた上で通知領域から終了させることでできます。

1 ここをクリック

2 アプリのアイコンを右クリック

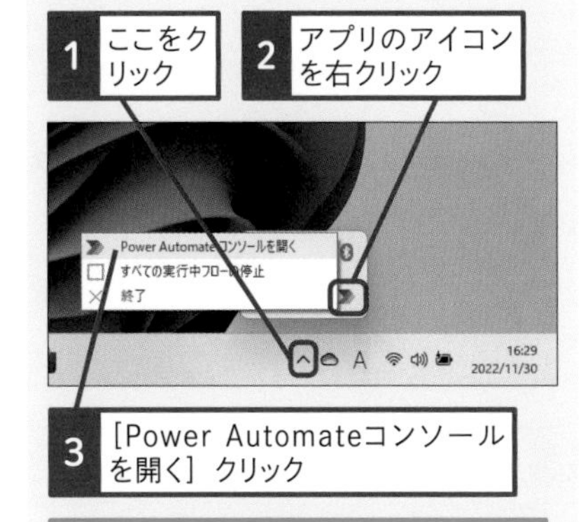

3 ［Power Automateコンソールを開く］クリック

［終了］クリックするとアプリが終了する

スキルアップ

Windows 10のパソコンを使っている場合は

Windows 10を搭載したパソコンでも無償で使用できます。マイクロソフトの以下ページよりインストーラーを入手しインストールを行ってください。デスクトップに表示されたアイコンをクリックすることで起動できます。手順2と同じ手順でサインインを行います。アプリとしてはWindows 11に標準インストールされているものと同じです。操作方法に大きな差異はありません。

▼インストーラーのダウンロードページ
https://learn.microsoft.com/en-us/power-automate/desktop-flows/install/

［Download the Power Automate installer］をクリックしてインストーラーをダウンロードする

Install Power Automate - Power
https://learn.microsoft.com/en-us/power-automate/desktop-flows/install
Microsoft | Learn Documentation Training Certifications Q&A Code Samples Shows Events
Power Automate Get started Create flows Process advisor Connect to data Administer Guidance
Filter by title
Desktop flows / Setup Power Automate /
Premium RPA features
Setup Power Automate
Prerequisites and limitations
Install Power Automate
Install Power Automate silently
Install Power Automate browser extensions

Install Power Automate using MSI installer

Download the Power Automate installer

2. Run the Setup.Microsoft.PowerAutomate.exe file.

Note: This file is likely in your Downloads folder after you download

次のページに続く

3 国または地域を選択する

1 ［次へ］をクリック

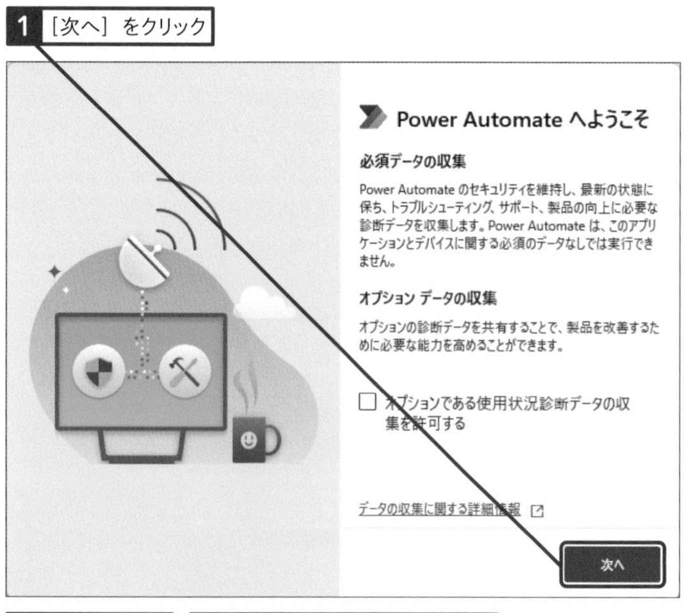

2 ここをクリック

3 スクロールバーを下にドラッグ

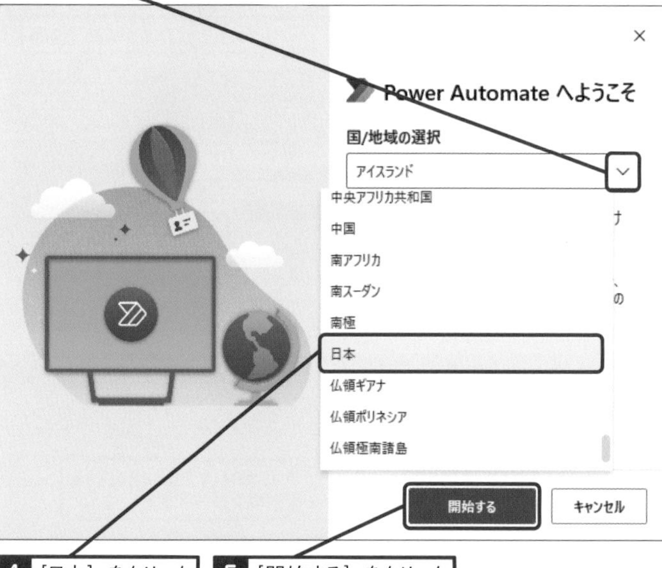

4 ［日本］をクリック

5 ［開始する］をクリック

6 ［ツアーを開始する］をクリック

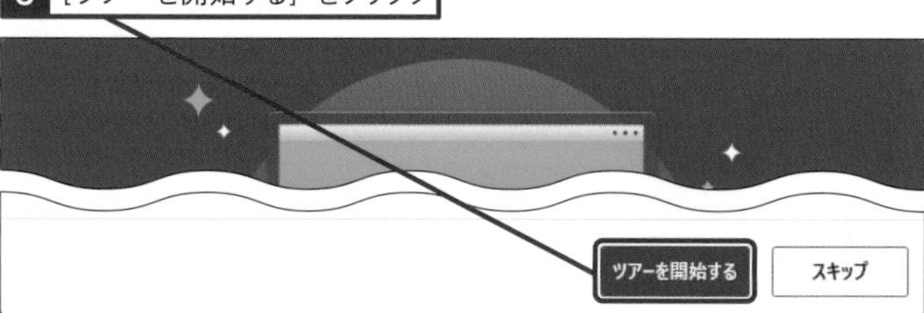

使いこなしのヒント

アップデート情報はコンソールの［設定］から入手可能

Power Automate for desktopは機能や操作性改善のためのアップデートが行われることがあります。アップデート情報は、コンソールの［設定］の［更新プログラムの確認］で確認することができます。また、［更新通知を表示する］にチェックマークを入れておくと、更新があった場合に通知されます。

1 ［設定］をクリック

［更新通知を表示する］にチェックマークを入れておく

用語解説

コンソール

Power Automate for desktopを起動したとき、最初に表示されるウィンドウです。コンソールから新しいフローの作成や編集を行ったり、フローの実行を行ったりします。

●コンソールが表示された

Microsoftアカウントへのサインインが完了し、Power Automate for desktopが使えるようになった

まとめ

インストール不要で使える

Windows 11ではインストール不要となりメモ帳やペイントなどの標準アプリと同じ感覚でPower Automate for desktopが使えるようになりました。パソコン上のちょっとした作業を誰もが自分自身の手で自動化できる環境が整いました。

スキルアップ

最新のバージョンに更新するには

2023年1月時点、Power Automate for desktopは毎月1回程度アップデートが行われています。アップデートにより新しいアクションが追加されたり、便利な機能が使えるようになる場合があります。定期的なアップデートを心掛けましょう。

アップデートがある場合は、アプリを起動した際に通知が表示される

1 ［更新］をクリック

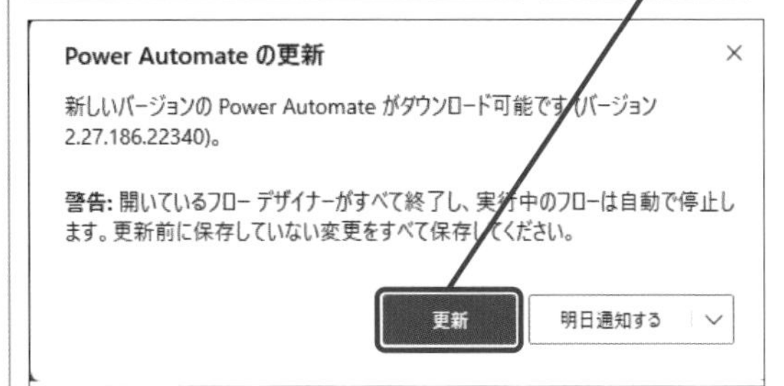

すぐにアップデートが始まる

2 アップデートが完了するまで待つ

アップデートが完了すると、画面右下にメッセージが表示される

レッスン

05 フローを作成するには

フローの新規作成

練習用ファイル なし

コンソール画面で[新しいフロー]をクリックして、フローデザイナーを開いてみましょう。フローデザイナーの各部位の名称はレッスン06を参照してください。

キーワード

コンソール	P.219
フロー	P.220
フローデザイナー	P.220

1 新しいフローを作成する

コンソールを表示しておく

1 [新しいフロー] をクリック

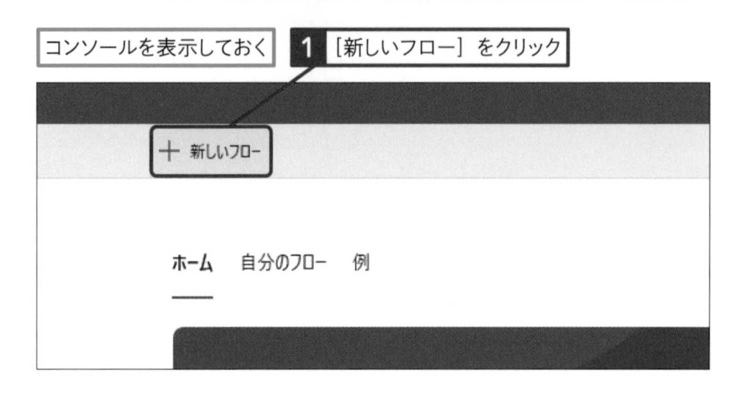

2 フロー名を入力する

[フローを作成する] 画面が表示された

1 フローの名前を入力

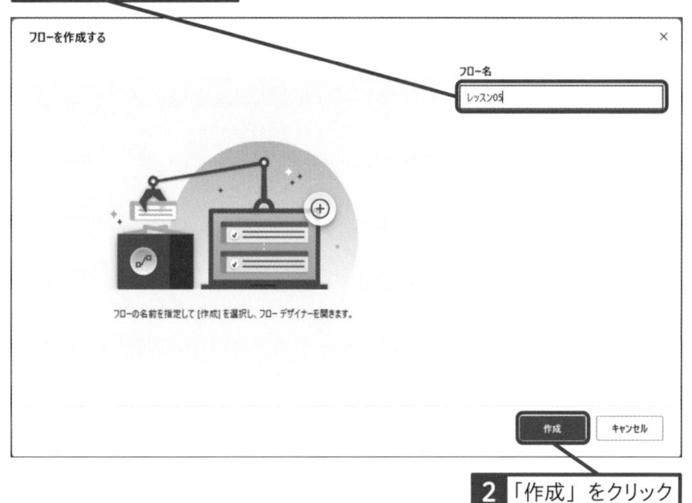

2 「作成」をクリック

使いこなしのヒント

アカウントの切り替え方法

アカウントを切り替えたい場合は、まず以下の手順でサインアウトしましょう。サインアウトした後は、サインインしたいアカウントのメールアドレスとパスワードを入力することで切り替えられます。

1 アカウント名をクリック

2 [サインアウト] をクリック

レッスン04の画面が表示されるのでサインインしたいアカウントを入力する

●フローが作成された

コンソールに作成したフローが表示された

フローデザイナーが表示された

使いこなしのヒント

作成したフローの一覧はコンソールで確認できる

コンソールにフローが一覧で表示されます。フロー名をクリックすると［実行］［停止］［編集］［その他のアクション］のボタンが表示されます。フローの［実行］と［停止］はコンソールから行うこともでき、フローデザイナーを立ち上げる手間も省けますし、フローの実行スピードも速くなります。［その他のアクション］をクリックすると、名前の変更やフローの削除などができます。この操作はコンソールからしかできません。

フロー名をクリックするとチェックマークが表示される

［その他のアクション］をクリックすると［実行］［編集］などのボタンが表示される

使いこなしのヒント

自動で起動しないようにしたい

パソコンを起動後、自動でPower Automate for desktopが起動することをオフにしたい場合はコンソールの設定で[アプリケーションの自動起動]のチェックマークをはずすことでできます。

［アプリケーションの自動起動］のチェックマークをはずす

まとめ フロー名は具体的な業務名がおすすめ

フロー名は具体的な業務名を簡潔に入れる、任意の管理番号を振るなど工夫しましょう。コンソールの［自分のフロー］で作成したフローの一覧が確認できますが、2023年1月現在フローをフォルダーで仕分けるなどはできないため、フロー数が増えると目的のフローが見つけられないことがあります。目的のフローにすぐたどり着けるように考えて、名称を付けるようにしましょう。

レッスン

06 画面構成や機能を確認しよう

各部の名称と画面構成

練習用ファイル なし

セットアップが完了したので、Power Automate for desktopの画面構成を見ていきましょう。また各部位の名称も解説していますので、各レッスンで分からない名称がでてきた際は本レッスンに戻って確認するようにしてください。

キーワード

Mainフロー	P.218
サブフロー	P.219
変数	P.220

2種類の画面で構成されている

Power Automate for desktopには2種類の画面があります。起動後にはじめて開く画面が「コンソール」です。コンソールではPower Automate for desktop全般に関する設定や作成済みのフローの実行や削除ができます。またフロー作成を支援してくれる、サンプルフローを入手したり、マイクロソフト公式のe-Learningサイト「Microsoft Learn」を開始することもできます。
「コンソール」で「新しいフロー」をクリックすると開くのが「フローデザイナー」です。フローデザイナーは、フローの作成や編集を行う画面です。フロー作成に必要なさまざまな機能が含まれています。

使いこなしのヒント

Microsoft Learnって?

マイクロソフトが提供しているe-learningサイトです。Power Automate for desktopだけでなくさまざまなマイクロソフトが提供する製品の操作を学ぶことができます。

[コンソール] は作成したフローを管理するための画面。自動化したい業務が決まったら [フローデザイナー] でフローを作っていく。

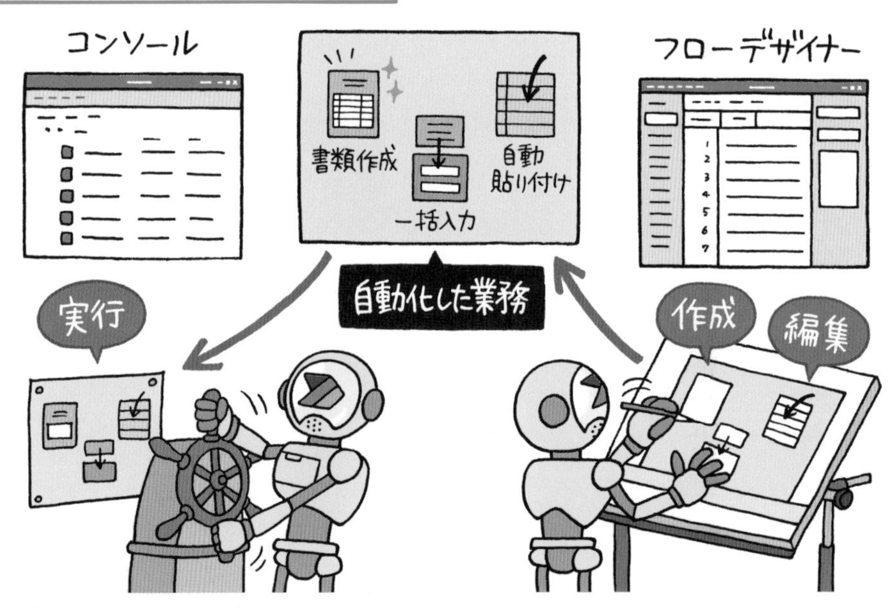

コンソールの画面構成

コンソールは起動後に開く画面です。［ホーム］［自分のフロー］［例］の3つのタブがあります。［自分のフロー］タブではすでに作成したフローの実行や編集を行うためのフローデザイナーの起動ができます。［例］タブにはサンプルフローが多数格納されています。

●［ホーム］タブ

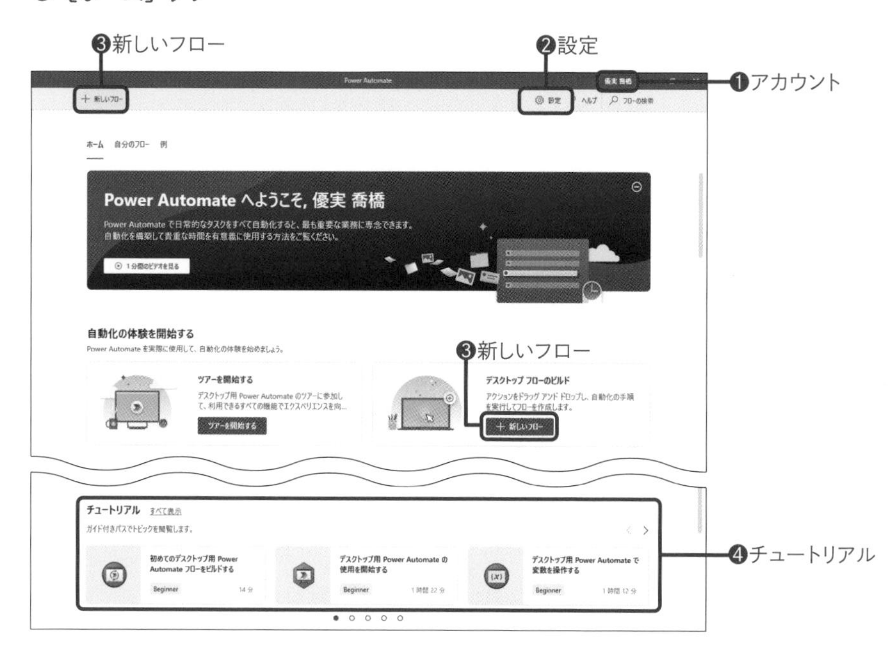

備考	名称	説明
❶	アカウント	サインインしているアカウント名が表示される。
❷	設定	更新プログラムの確認や実行時の通知設定等ができる。
❸	新しいフロー	新規でフローを作成するボタン。フローデザイナーが開く。
❹	チュートリアル	マイクロソフト公式のe-learningサイト、Microsoft Learnのコンテンツを開始できる。

●［自分のフロー］タブ

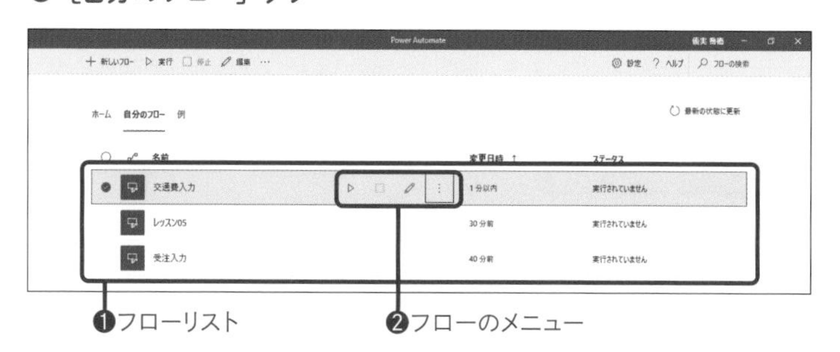

フロー実行時に表示される通知

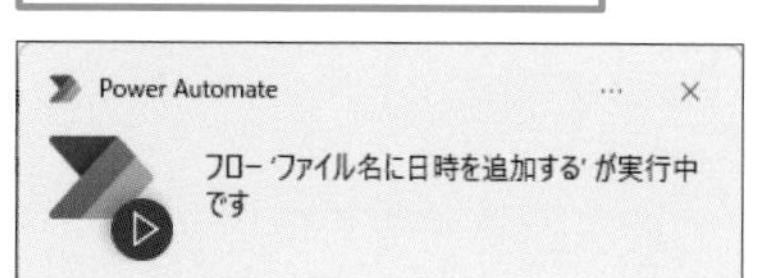

備考	名称	説明
❶	フローリスト	作成済みのフローが表示される。
❷	フローのメニュー	選択中のフローの実行、停止、編集、コピーなどが行える。

次のページに続く➡

● ［例］タブ

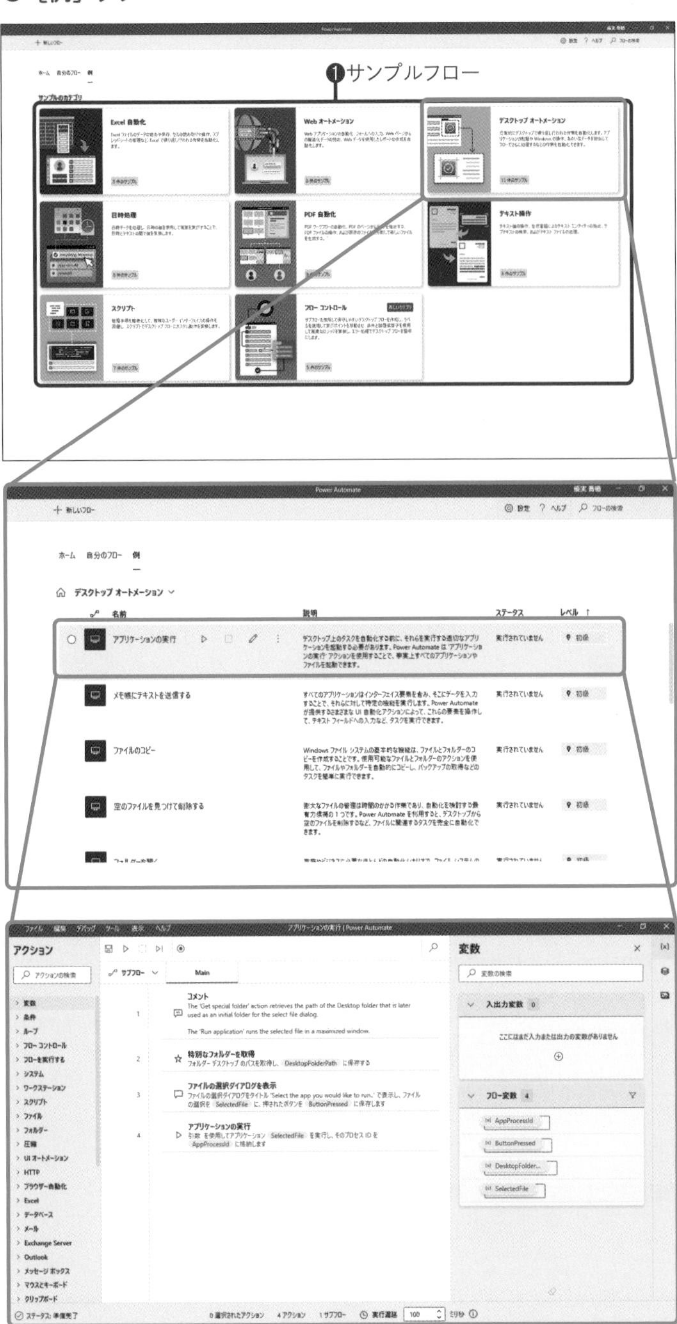

備考	名称	説明
❶	サンプルフロー	サンプルフローが格納されている。クリックするとフローが開き、中を見ることができる。アップデートにより例が追加された場合は［例］タブ右端に青い丸印が付く。

使いこなしのヒント

フローを削除する際は慎重に！

コンソール画面でフローを削除することができますが、一度削除すると復元することはできません。削除する場合は本当に削除してもいいのか、よく考えて操作するようにしてください。

まとめ　役立つ情報がまとめられたコンソール画面

コンソール画面の［ホーム］タブには、はじめてPower Automate for desktopを使う人でも、迷うことなく必要な情報にたどり着けるよう、情報がまとめられています。デザイナー画面はフローを作り上げる際の中心となる画面です。少しずつ各部位の名前を憶えていくと学習がスムーズに進みます。

フローデザイナーの画面構成

フローデザイナーはアクションを組み合わせてフローを作成していく画面です。必要な機能は一画面にシンプルにまとめられており、効率的に作業ができる画面構成になっています。Power Automate for desktopを使ううえで特に重要なのは、画面左側の［アクションペイン］、中央の［ワークスペース］、右側の［変数ペイン］です。［アクションペイン］はパソコン上でよく行う操作が「アクション」として登録されている領域です。ここではまずフローデザイナーの各部の名称と機能を確認しておきましょう。

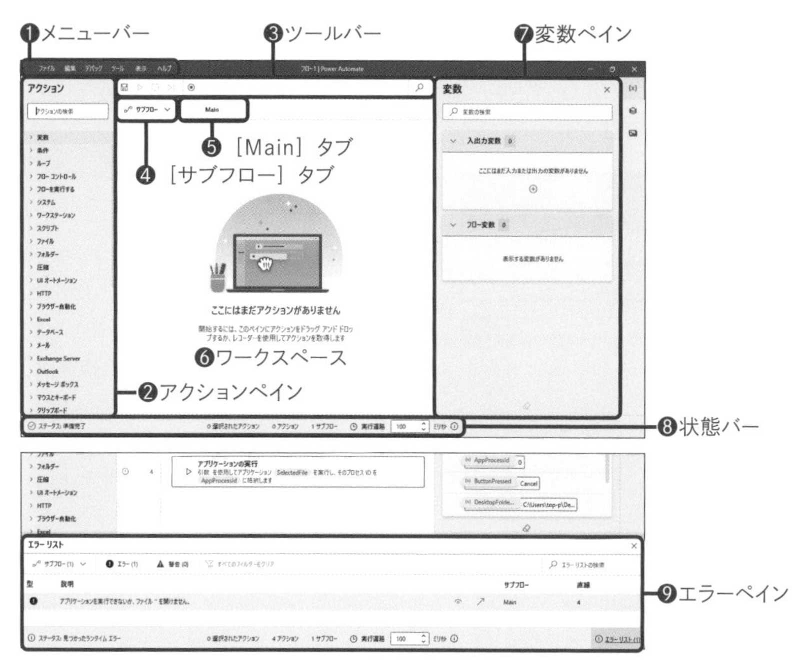

備考	名称	説明
❶	メニューバー	フローの保存や実行など、必要な各種機能が種類別に各ボタンに格納されている。各ボタンをクリックすると操作のメニューが表示され、メニューの右端では各操作のショートカットキーが確認できる。
❷	アクションペイン	全アクションが機能ごとのグループに分けられ、グループ名の左の(>)をクリックすると各アクションが表示される。
❸	ツールバー	フローの保存や実行のほか、レコーダーの起動ができる。右側の虫眼鏡マークをクリックすると［フロー内を検索する］が開き、フローで使用しているアクションや変数を検索できる。
❹	［サブフロー］タブ	サブフローの一覧が表示される。サブフローを作成することで、Mainフローが長くなってしまうことを防いだり、フローを修正しやすくしたりできる。
❺	［Main］タブ	［Main］タブは［実行］をクリックしたときに必ず実行されるフロー。［Main］タブのフローを「Mainフロー」と呼び、［Main］タブの削除や名前の変更はできない。
❻	ワークスペース	ここにアクションを並べて、フローを作成する。
❼	変数ペイン	フローで使用するすべての変数が表示される。フロー実行中は各変数の現在の値を確認できる。
❽	状態バー	フローのステータス、選択中のアクション、フロー内のアクション、サブフローの合計数が表示される。フロー実行中には実行開始からの経過時間が、エラーがある場合にはエラーの数が表示される。フローの動作テストを行う際に活用できる。
❾	エラーペイン	エラーが出るとエラーとなった位置やエラー説明などが表示される。

レッスン
07 Webブラウザーの拡張機能の有効化を確認しよう

拡張機能

練習用ファイル なし

Webブラウザーを操作するフローを作成する場合、ブラウザーに機能を追加する「拡張機能」を有効化する必要があります。Microsoft Edgeは初回起動時に自動で拡張機能が有効化されますが、なんらかの影響で無効化される場合もあるため、確認手順を解説します。

1 Webブラウザーの拡張機能を確認する

Microsoft Edgeを起動しておく

1 ［設定など］をクリック

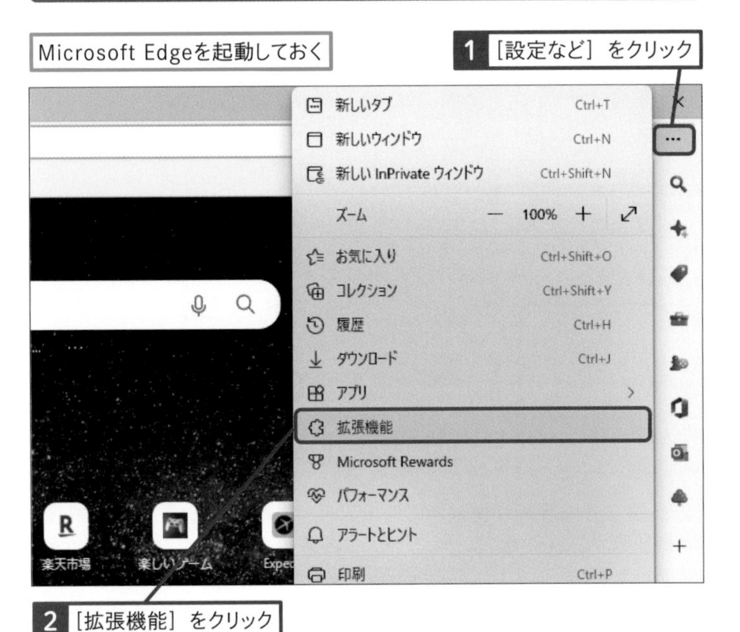

2 ［拡張機能］をクリック

3 「拡張機能の管理」をクリック

キーワード

Microsoft Edge	P.218
Power Automate	P.218
拡張機能	P.219

使いこなしのヒント

拡張機能とは

拡張機能とは、使っているWebブラウザーの機能を増やしたり強化したりするためのプログラムのことです。Power Automate for desktopのWebブラウザーの拡張機能をインストールし有効化すると、Webページ上のデータ抽出やWebフォームへのデータ入力など、Webブラウザー上のさまざまな操作がPower Automate for desktopで行えるようになります。

● ［拡張機能］のページが表示された

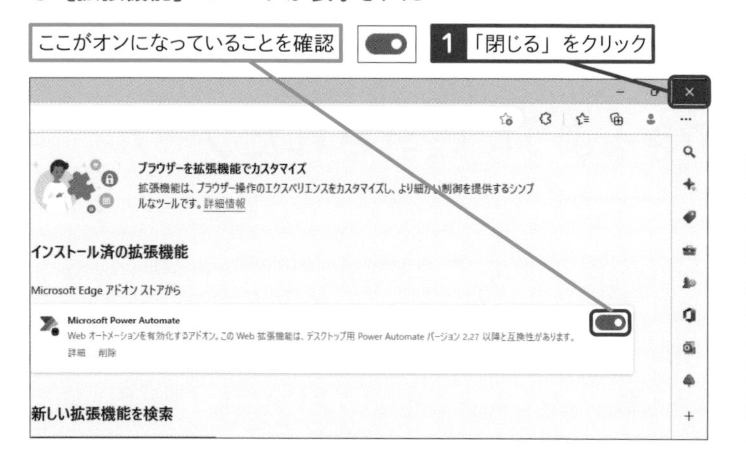

まとめ Webブラウザーの操作には必須の拡張機能

Webページの自動化を行うためには操作したいWebブラウザーの拡張機能を有効化する必要があります。拡張機能とは何なのかを理解するとともに、有効化の手順もしっかりと確認しておきましょう。

スキルアップ

ほかのWebブラウザーの拡張機能を有効化するには

Microsoft EdgeのほかにGoogle Chrome、Firefoxに対応しています。フローデザイナー（レッスン05参照）の左上にある［ツール］メニューの［ブラウザー拡張機能］より各ブラウザーの拡張機能がインストール可能です。インストール後は各ブラウザーを終了させてください。終了することでインストールが完了します。

レッスン05を参考に、フローデザイナーを表示しておく

確認画面が表示された

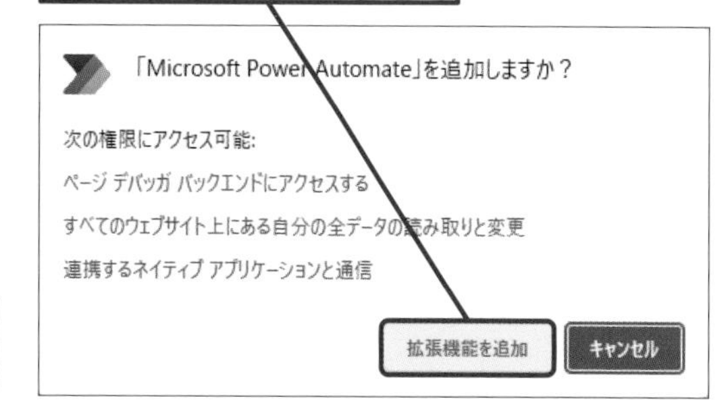

拡張機能が追加された

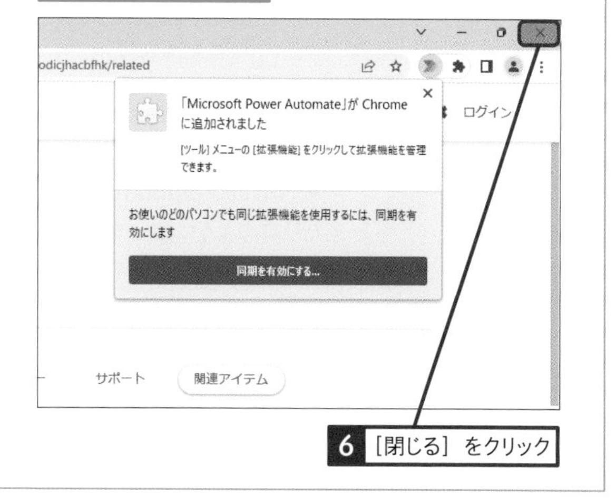

この章のまとめ

「直感的」に操作できるように設計されたツール

Power Automate for desktop はWindows 11に標準アプリとしてあらかじめインストールされており、無償で使うことができます。「RPAは便利そうだが価格が高い」と感じていた人も手軽に使うことができるツールです。使用を開始するには、Microsoftアカウントでのサインインや使用したいWebブラウザーの拡張機能の有効化など、いくつかのポイントがありますが、複雑な設定は不要ですぐ使い始めることができます。「フロー」や「アクション」など聞き慣れない用語や、普段使用しているExcelやWordとは異なる画面構成に戸惑った人もいるかもしれませんが、PowerAutomate for desktopはプログラミングスキルがない人でも「直感的」に操作できるように設計されているローコードツールです。操作の練習やフローの制作経験を積み重ねることで、自然と習得できるようになっています。第2章からフローを作成します。実際に手を動かしながらPowerAutomate for desktopの操作に慣れていきましょう。

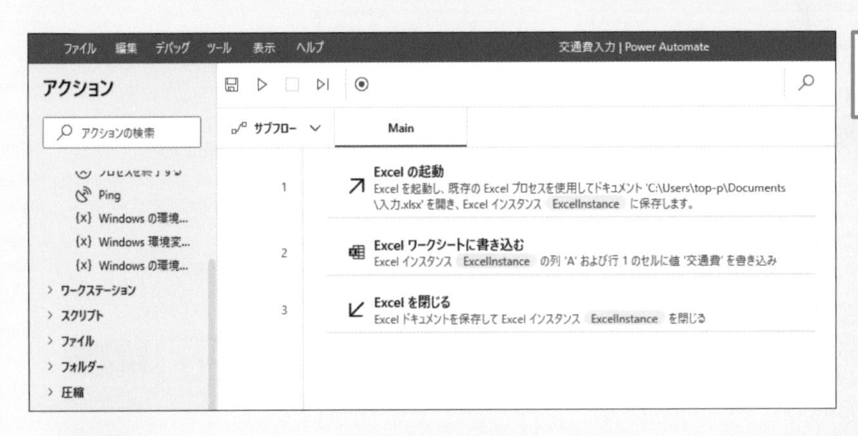

プログラミングスキルがない人でも扱えるように設計されている

標準アプリとして搭載されていてすぐ使えるようになっているんですね！

そうなんです！
今後Power Automate for desktopはExcelやWordのように業務で当たり前のように使っていくツールになると予想しています。

デジタル化の波に乗れるように、いっちょ勉強してみます!!

その調子です！　次章からフロー作成に入りますよ！

基本編

第2章

業務の自動化に必要な基本操作を覚えよう

この章では、実際にフローを作りながら、基本的な操作方法や業務の自動化を実現する仕組みを解説しています。フローの保存や編集などの操作、変数の考え方、繰り返し同じ処理を実行する方法など、どれもPower Automate for desktopで業務を自動化するうえで欠かせない内容です。

レッスン

08 Introduction この章で学ぶこと
自動化したい業務の手順を整理してみよう

自動化したい業務が見つかったら、いきなりフローを作り始めるのではなく、まず業務の目的、自動化したい理由、手順などを書き出して整理してみましょう。また自動化後もその業務がなくなるわけではありません。自動化された業務の情報をメンバー間で共有できる仕組みを考えてみましょう。

フローの作成を始める前に

Excelデータの集計業務を自動化してみたいなー。

フローを作成するには、手作業で行っている処理を1つずつアクションに置き換えていく必要があります。いきなりフローを作り始めるのではなく、まずは業務内容を丁寧に書き出してみましょう。

●書き出す内容の参考

1. 業務名
生産計画データの作成

2. 業務目的
稼働10日目に各工場に生産計画を配信し、翌月の生産準備を開始してもらう

3. 自動化したい理由
複数ファイルのデータを各工場ワークシートに転記する必要があり疲労感が強い

●人による手順の書き出しの例

No	手順	ファイル名	アプリケーション
1	客先内示データをメール受信	客先内示データ.xlsx	Outlook
2	生産マスタを確認し生産工場を入力	生産マスタ.xlsx	Excel
3	各工場のシートに品番と生産数を転記	○月生産計画データ.xlsx	Excel
4	課長にファイルをメール送信	○月生産計画データ.xlsx	Outlook
5	承認後、各工場にメール配信	○月生産計画データ.xlsx	Outlook

前任からの引き継ぎ業務で、手順を覚えるのに必死で目的や手順がこれでいいのか、考えたことなかったなぁ。

目的や手順、成果物が曖昧なまま進めてしまうと、不必要な作業を自動化してしまい結果的に無駄になることがあります。今一度、必要な業務なのかを確認しておくことが大切です。

自動化した業務はメンバー間で共有しよう

業務が自動化されるのはいいことだと思うけど、どの業務が自動化されたのか、作った人しか分からなくなりそう。

それなら業務の内容やフロー名をリスト化して、メンバー間で共有するといいですよ。

●自動化業務リストの例

No.	フロー名	業務内容	参照ファイル	アプリケーション	実行時期	担当者
1	生産計画データの展開	A社システムから生産計画を取得しメール配信	日別生産計画.xlsx	A社システム、メール	毎日9:00	鈴木
2	課内有休取得状況	課内メンバーの前月の有給取得状況を更新	有給取得状況.xlsx	勤怠システム、Excel	第1稼働日	星野
3	セミナー参加御礼配信	セミナー参加者に参加御礼メールを送信	参加者リスト.xlsx	メール、Excel	開催後	木村

なるほど。こうすれば、誰が何の業務を自動化しているのか、分かりますね！

自動実行中のパソコン画面や手作業での様子を動画で残しておくのもおすすめです。また業務内容が変わった場合はフローの修正が必要となる場合もあるので、担当者名も入れておくといいでしょう。

フローを作った後のことも考えておく必要があるんですね。

スキルアップ

作業の様子を動画で撮影しておくとよい

手順書がない、または簡易な手順書しかない業務を自動化したい場合は、パソコン操作の様子を画面録画ソフトで撮影するとよいでしょう。Windows 11の機能にある［Xbox Game Bar］を使えば、操作を動画で記録できます。動画は、業務手順の書き出しに役立つほか、動画を観察することで、無意識に行っている作業のポイントに気付くことができます。また、パソコンやアプリケーションにトラブルが発生しフローが実行できず、急遽、人による作業が必要になった場合も動画があれば手順を確認することができます。

▼画面を動画として保存するには
https://dekiru.net/article/23571/

レッスン

09 アクションを選んで使ってみよう

アクション

練習用ファイル Asahi.Learning.exe

[アクションペイン]からアクション選んで[ワークスペース]に配置してみましょう。またアクションを配置すると詳細設定が行える[ダイアログボックス]が開きます。ここではその設定手順を解説します。

アクションはワークスペースに配置する

アクションはフローを作るための部品のようなものです。[アクションペイン] から使いたいアクションを見つけ、ドラッグしてワークスペースに配置して使います。パソコン上でよく行われる操作があらかじめアクションとして準備されていることで、手軽に短時間で作業の自動化ができるようになっています。アクションは機能ごとの [グループ] に格納されており、右向き矢印マーク (⊡) をクリックするとグループが開きます。グループ内に [詳細] グループがある場合はさらに右向き矢印マーク (⊡) をクリックする必要があります。

アクションはどのような操作を実行できるのか分かりやすい名前が付いている

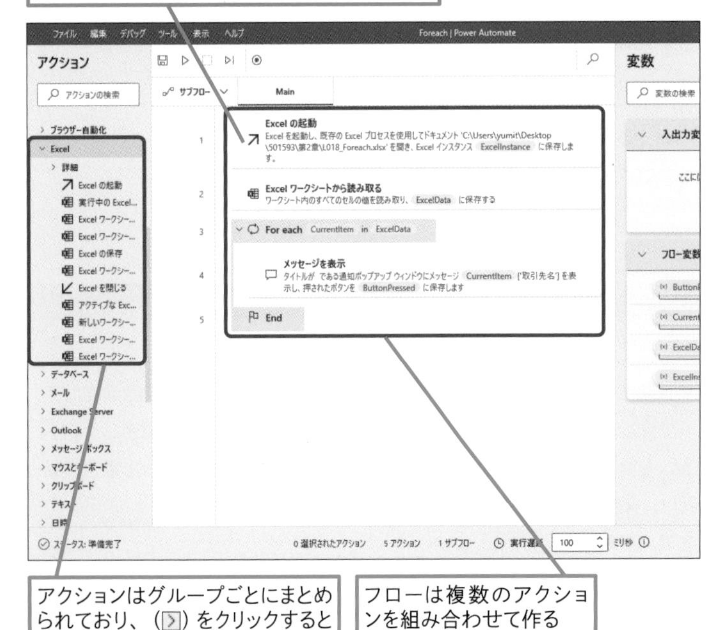

アクションはグループごとにまとめられており、(⊡) をクリックすると各アクションが表示される

フローは複数のアクションを組み合わせて作る

キーワード

使いこなしのヒント

アクションはダブルクリックでも追加できる

アクションは [アクションペイン] のアクションをダブルクリックすることでも追加できます。この方法で追加した場合は、選択中のアクションの下に追加されます。

1 アクションをダブルクリック

ダイアログボックスが表示されるので項目を設定する

1 アプリを起動するアクションを追加する

レッスン05を参考に「受注入力」という名前のフローを作成し、フローデザイナーを表示しておく

1 ［システム］のここをクリック

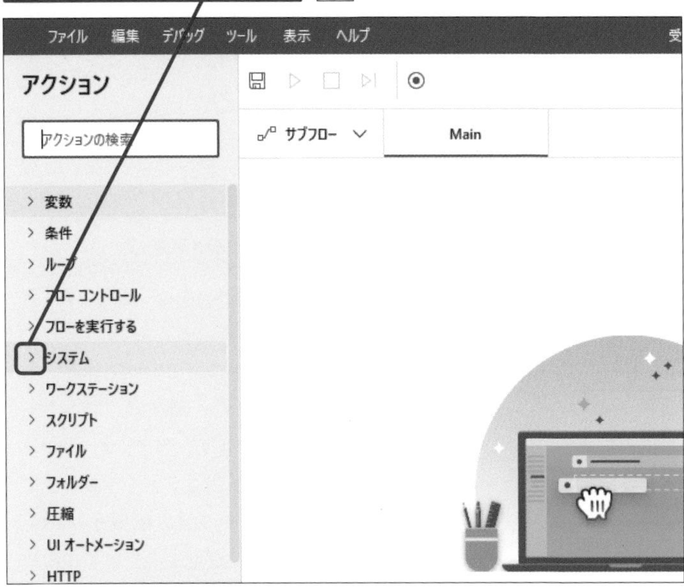

［システム］のアクション一覧が表示された

2 ［アプリケーションの実行］をクリック

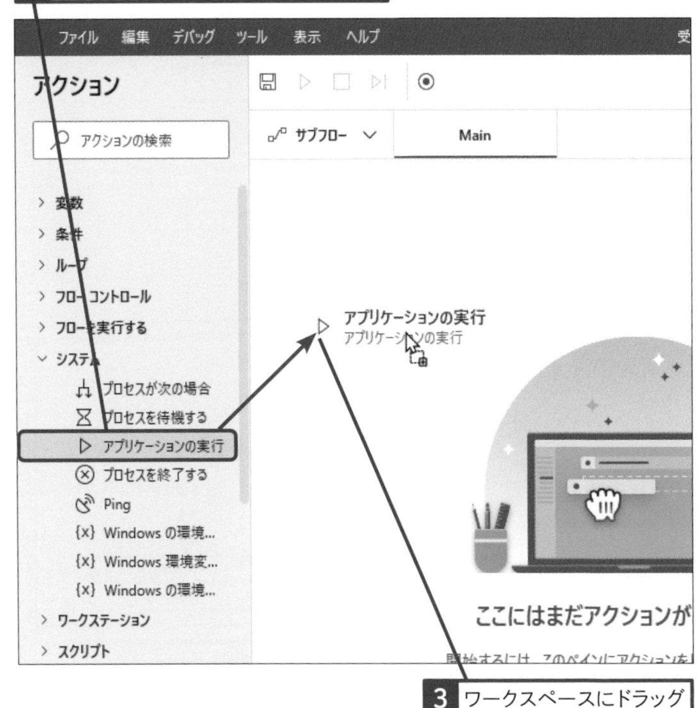

3 ワークスペースにドラッグ

ここに注意

インプレスブックスからダウンロードして展開した［501593］フォルダーをデスクトップに保存してください。［501593］フォルダーの［第2章］フォルダーに格納されている「Asahi.Learning.exe」を使用します。「Asahi.Learning.exe」の保存先を［第2章］フォルダーとは違う場所に移動してしまうとエラーが出る場合がありますので、移動させないようにしてください。

時短ワザ

アクションを素早く探したい

Power Automate for desktopには数百種類以上のアクションがあります。［アクションペイン］上部の［アクションの検索］を使えば、キーワードでアクションの検索が可能です。グループを1つずつ開いて探すより、素早く目的のアクションを見つけることができます。

1 ［アクションの検索］にキーワードを入力

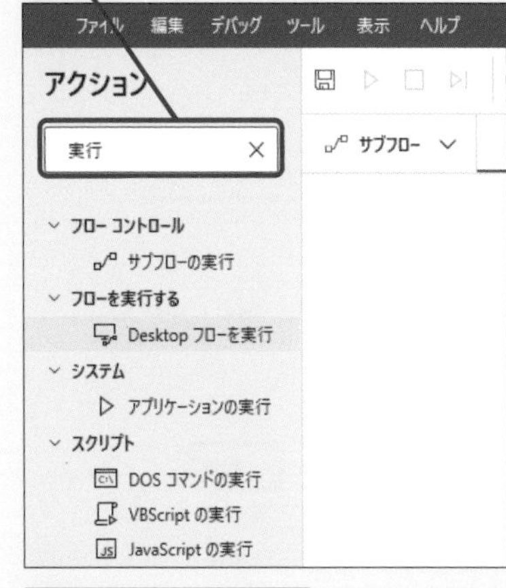

2 Enter キーを押す

キーワードを含んだアクションが表示される

次のページに続く

2 アクションの項目を設定する

[アプリケーションの実行] ダイアログボックスが表示された

1 [アプリケーションパス] の [ファイルの選択] をクリック

アプリケーションの実行

▷ 関連付けられたアプリケーションを実行して、アプリケーションを実行するか、ドキュメントを開きます 詳細

パラメーターの選択

全般

アプリケーション パス:

コマンド ライン引数:

作業フォルダー:

ウィンドウ スタイル: 正常

[ファイルの選択] ダイアログボックスが表示された

デスクトップに保存した [501593] を選択する

2 [デスクトップ] をクリック

3 [501593] をダブルクリック

4 [第2章] をダブルクリック

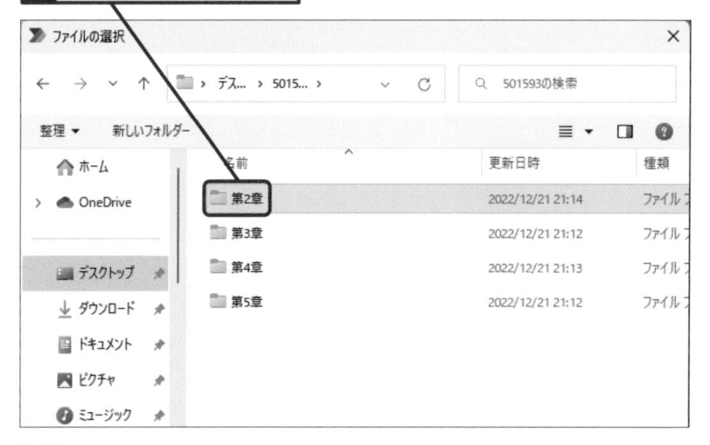

使いこなしのヒント

アクション名が見えづらいときは

フローデザイナーのウィンドウを最大化するか、[アクションペイン] の右側にマウスポインターを合わせて、マウスポインターの形が⟺の状態で右へドラッグすると、表示枠の幅が広がってアクション名が見やすくなります。

使いこなしのヒント

アプリケーションパスとは

パソコンにインストールして使用するデスクトップアプリケーションは起動するためのファイルがパソコンの内部に保存されており、格納されている場所をアプリケーションパスといいます。アプリケーションが起動するファイルはファイル名の後に「.exe」が付いています。拡張子「.exe」は実行可能なプログラムのファイル形式です。エクスプローラーで拡張子が表示されていない場合は以下の操作で表示しましょう。

[エクスプローラー] を表示しておく

1 [表示] をクリック

2 [表示] をクリック

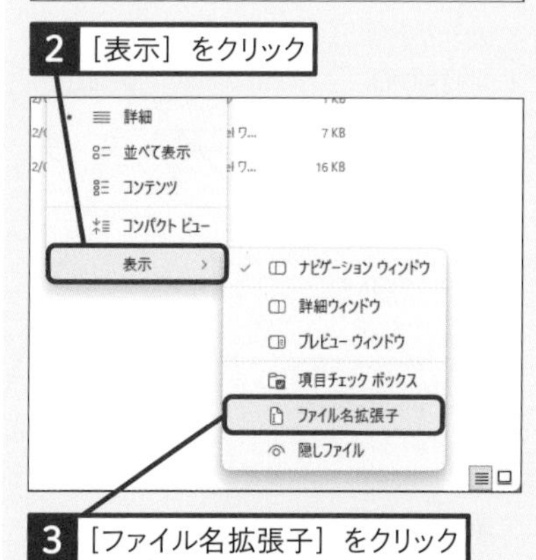

3 [ファイル名拡張子] をクリック

●ファイルを選択する

5 [Asahi.Learning.exe] をクリック

6 [開く] をクリック

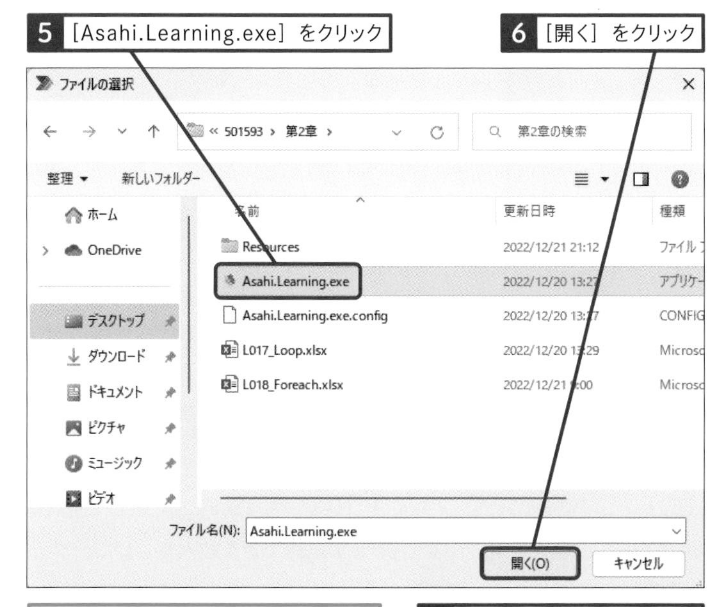

[アプリケーションパス] に [Asahi.Learning.exe] のパスが表示された

7 [アプリケーション起動後] のここをクリック

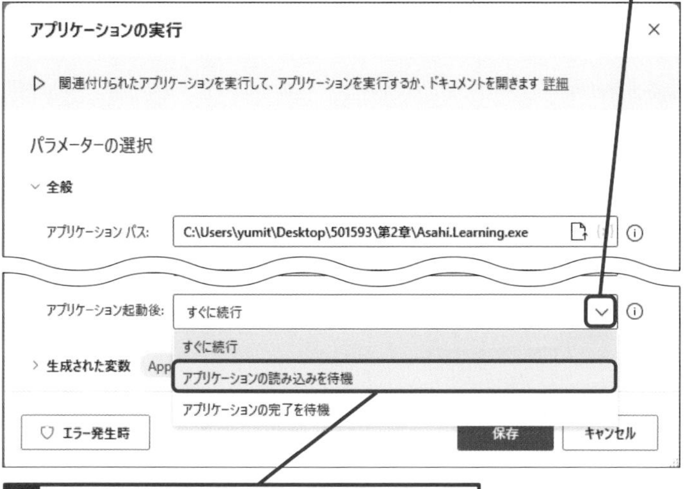

8 [アプリケーションの読み込みを待機] をクリック

9 [保存] をクリック

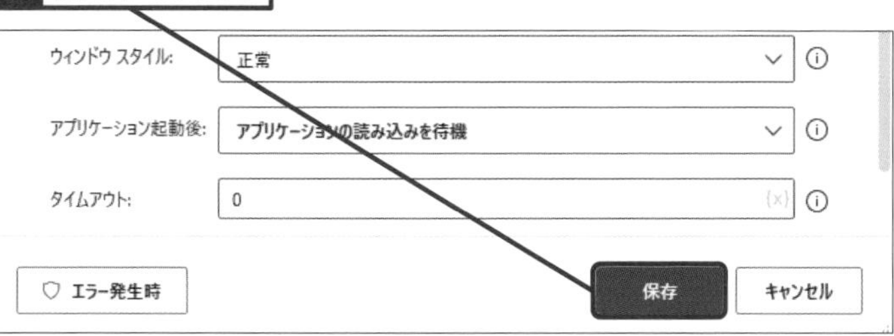

次のレッスンでこのアクションを使っていくので、フローデザイナーは閉じずにこのままにしておく

使いこなしのヒント

アクションの設定を再度変更したいときは

ワークスペース上に配置したアクションをダブルクリックするとダイアログボックスが表示され、設定した内容の確認や変更が行えます。変更した場合は、必ず [保存] をクリックしてください。保存せずにダイアログボックスを閉じてしまった場合、変更は反映されません。

使いこなしのヒント

[アプリケーション起動後] の設定を変えるとどうなる?

手順2の操作8では、次のアクションをすぐに実行するか、アプリケーションの起動が完了するまで待機するかを設定できます。この設定が設けられているのは、アプリケーションの起動が完了する前に次のアクションが実行されてしまい、アプリケーション上にクリックするボタンがないことなどを理由にエラーになる場合があるためです。

種類	機能
すぐに実行	アプリケーションの起動が完了したかどうかに関わらず、すぐに次のアクションへ移動する
アプリケーションの読み込みを待機	アプリケーションの起動が完了するまで待ってから、次のアクションへ移動する
アプリケーションの完了を待機	アプリケーションの起動と終了が完了するまで待ってから次のアクションに移動する

まとめ アクションを選んだらダイアログボックスで設定する

作成したフローはとても簡単なものですが、本レッスンで解説したアクションの追加と設定の積み重ねによって業務を自動化するフローを作り上げていきます。

レッスン

10 レコーダー機能を使ってみよう

レコーダー

練習用ファイル Asahi.Learning.exe

レコーダーは手動で行った操作を元に自動で適切なアクションを配置しフローを作ってくれる機能です。どのアクションを使えばいいか分からない場合や素早くフローを作成したい場合に役立ちます。レコーダーの使い方を確認してみましょう。

キーワード

UI要素	P.218
フローデザイナー	P.220
ワークスペース	P.220

操作を記録し自動でアクションを配置してくれる

「レコーダー」は、実際の画面操作を記録することで、［ワークスペース］にアクションを自動的に配置してくれる機能です。同じ処理を繰り返し行ったり、条件によって処理を変えたりする操作は記録できませんが、レコーダーは効率のよいフローの作成をサポートしてくれる頼もしい機能です。このレッスンではデスクトップアプリケーション「Asahi.Learning.exe」を起動し、製品コードや金額を入力するフローをレコーダーを使って作成します。

［レコーダー］は行った操作を自動的にアクションに変換してくれるので、アクションペインから1つずつアクションを配置する必要がない

1 レコーダーを起動する

レッスン09で作成した［受注入力］フローを表示しておく

1 1行目のアクションをクリック

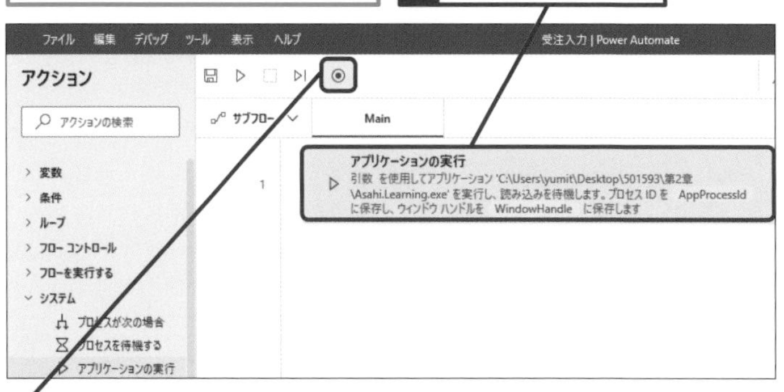

2 ［レコーダー］をクリック

フローデザイナーの画面が最小化し、［レコーダー］ウィンドウが表示された

デスクトップ上に保存した［501593］フォルダーの［第2章］フォルダーを表示しておく

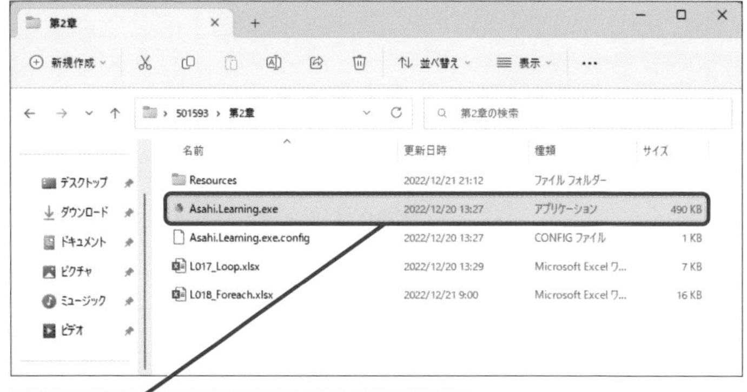

3 ［Asahi.Learning.exe］をダブルクリック

アプリが起動し「ロボ研ラーニングApp」の画面が表示された

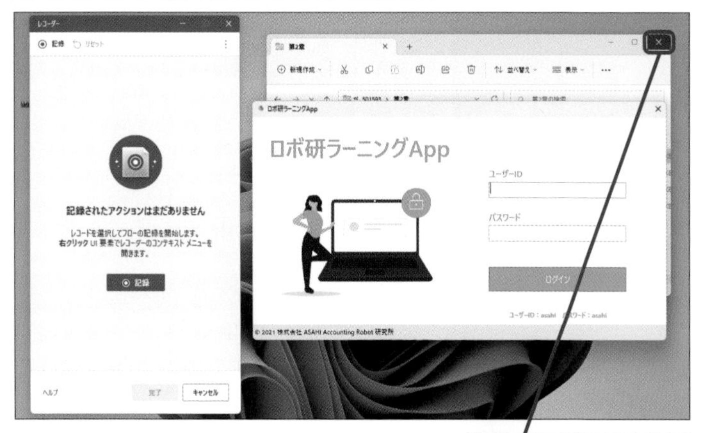

4 ［閉じる］をクリック

⚠ ここに注意

インプレスブックスからダウンロードして展開した［501593］フォルダーをデスクトップに保存してください。[501593]フォルダーの［第2章］フォルダーに格納されている「Asahi.Learning.exe」を使用します。「Asahi.Learning.exe」の保存先を[第2章]フォルダーとは違う場所にしてしまうとエラーが出る場合がありますので、移動させないようにしてください。

使いこなしのヒント

アプリの起動はレコーダーで記録できない?

デスクトップなどに配置されたショートカットアイコンをダブルクリックする操作をレコーダーで記録し、アプリケーション起動を行うことも可能です。しかし、レッスン09の手順2［アプリケーションの実行］アクションで行った［アプリケーション起動後］の設定ができないため、起動を待つことができず、後続のアクションでエラーになる恐れがあります。また、レコーダーで記録した場合、デスクトップ上のショートカットアイコンが削除されてしまうとアプリケーションを起動できなくなります。

次のページに続く

2 操作を記録する

1 ［記録］をクリック

記録が開始された

2 ［ユーザー ID］のテキストボックスをクリック

3 「asahi」と入力

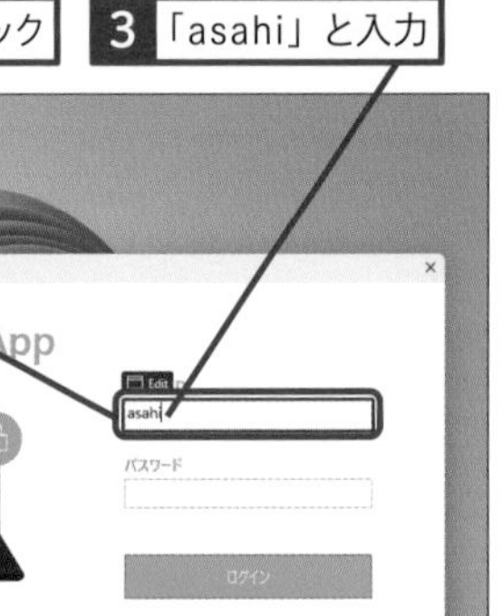

［レコーダー］ウィンドウにアクションが記録された

4 ［パスワード］に「asahi」と入力

5 ［ログイン］をクリック

使いこなしのヒント

画面に表示される赤い枠は何？

アプリケーション上のテキストボックスやチェックボックスなどを認識すると赤枠が表示されます。赤枠が表示されない場合はそのテキストボックスやチェックボックスの操作を自動記録することができません。赤枠が表示されたことを確認したうえで入力を始めましょう。

操作が記録可能なときは赤枠が表示される

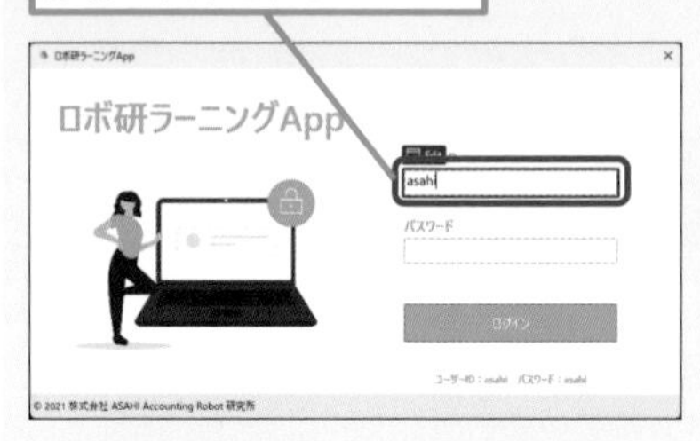

使いこなしのヒント

操作したのにアクションが記録されない！

操作が早すぎるとアクションが記録されないことがあります。テキストの入力やボタンのクリックなど、1つ1つの操作を行うたびに、アクションが記録されたことを確認しましょう。記録されなかった場合は、52ページのスキルアップ「手順が抜けたり余分な操作が入ったりした場合」を参考にもう一度記録操作を行ってみてください。

ここに注意

必要ない操作を記録してしまった場合は、［レコーダー］ウィンドウで、記録されたアクションの右側にある［削除］をクリックして、削除しましょう。

使いこなしのヒント

一時停止やコメント挿入もできる

[レコーダー] ウィンドウの上部にある [一時停止] をクリックすると、記録の一時停止ができます。また、以下の方法で [コメント] アクションを挿入することができ、操作内容を記入できます。

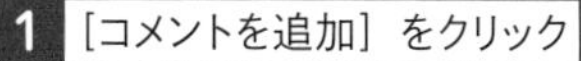

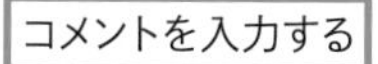

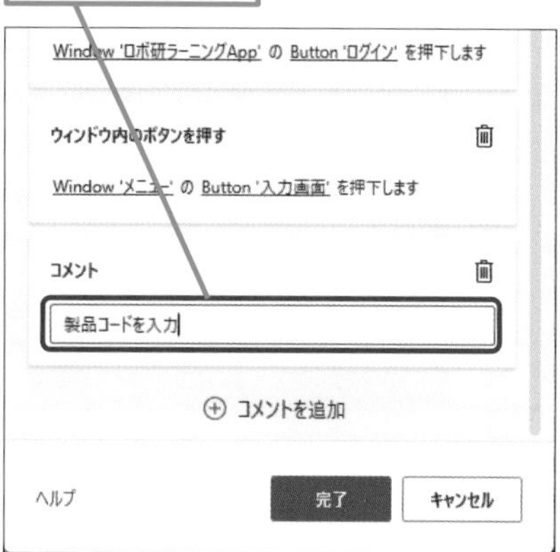

●メニュー画面でボタンをクリックする

[メニュー] の画面が表示された　6 [入力画面] をクリック

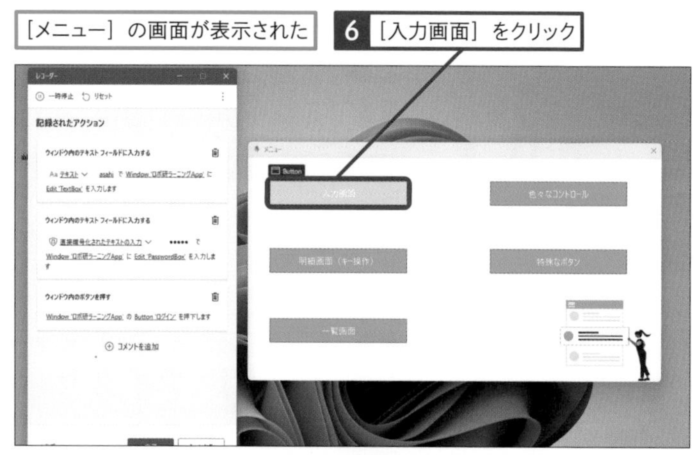

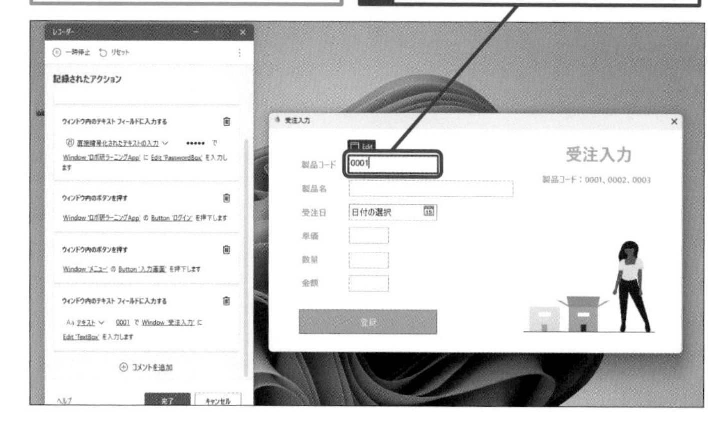

使いこなしのヒント

パスワード入力欄だと判定する機能もある

手順2の操作4で記録された操作のように、パスワード入力枠だと判定すると、入力内容を自動で[直接暗号化されたテキスト]にしテキストを非表示にします。これはパスワード保護のための機能で、フローの作成中にパスワードが盗み見られてしまうことを防いでくれています。

[直接暗号化されたテキストの入力] として記録される

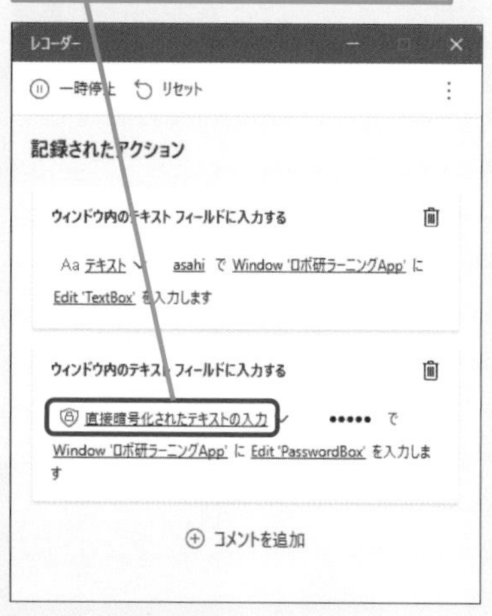

次のページに続く

● ［数量］を入力する

［単価］に数値が自動で表示された

8 ［数量］に「2」と入力

9 ［金額］のテキストボックスをクリック

［登録］ボタンはクリックしない

3 レコーダーを終了する

［金額］に数値が自動で表示された

1 ［完了］をクリック

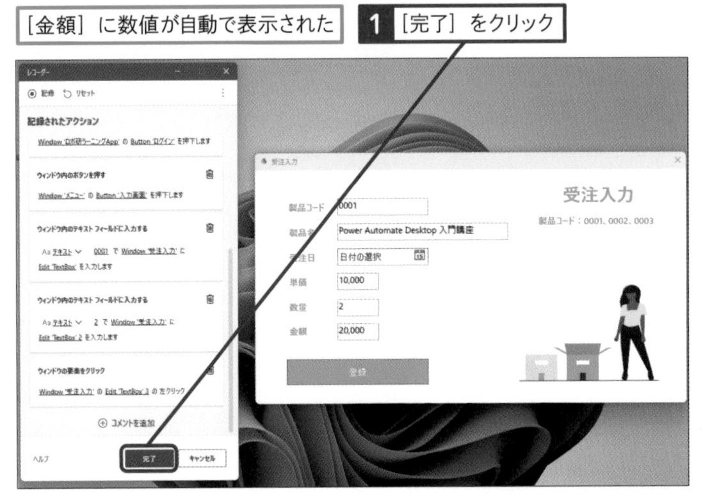

用語解説

UI

UIとは「User Interface（ユーザーインターフェース）」の略称で、ウィンドウ、チェックボックス、テキストフィールド、ドロップダウンリストなど、人とコンピューター間で情報をスムーズにやり取りすることをサポートする目的で配置されている部品のことです。

使いこなしのヒント

自動記録したUI要素は画像付きで確認できる

レコーダーを使ってテキストボックスなどのUIを記録した場合は、［レコーダー］ウィンドウのアクションに「TextBox」など、UI要素の名前が表示されます。UI要素の名前だけでは、何を記録したのか分からない場合は、UI要素ペインから画像付きで確認できます。

1 ［UI要素］をクリック

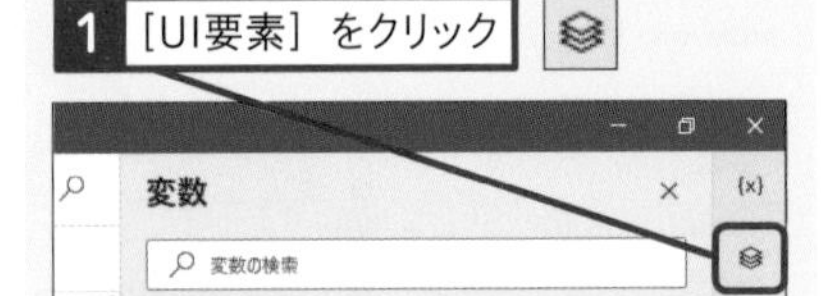

記録したUI要素が一覧で表示された

2 ［Button'ログイン'］をクリック

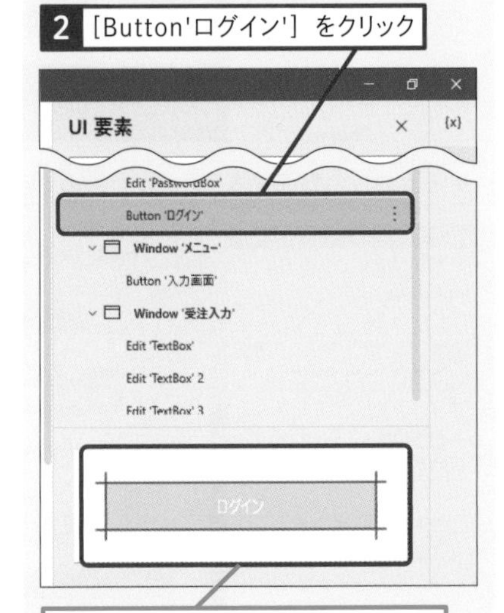

記録したUI要素の画像で表示された

●レコーダーが終了し、フローデザイナーに戻った

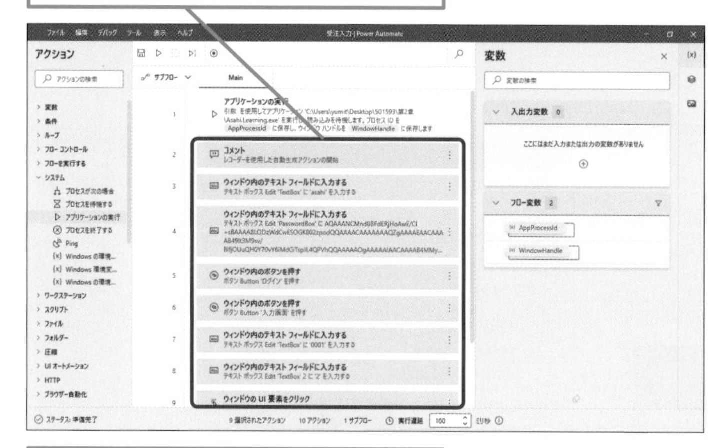

次のレッスンでフローを実行するため、フローデザイナーはこのまま表示しておく

アプリを終了する

2 ［閉じる］をクリック

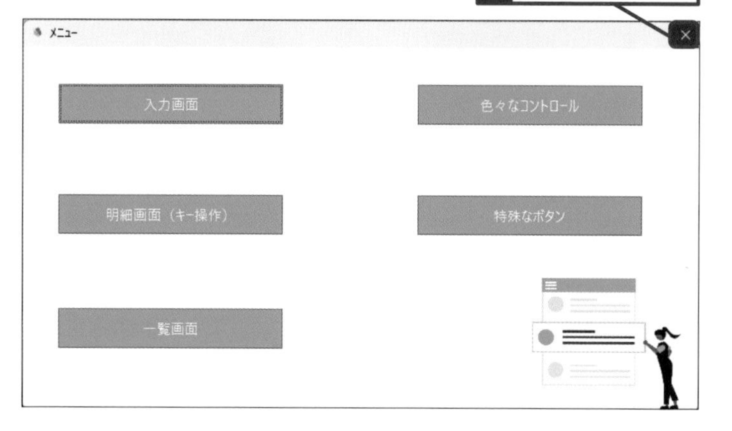

3 ［閉じる］をクリック

メニュー
入力画面
色々なコントロール
明細画面（キー操作）
特殊なボタン
一覧画面

使いこなしのヒント

レコーダーを終了するとコメントが自動で入る

レコーダー機能を使って配置したアクションの前後には、自動でコメントが入ります。レコーダー機能により配置されたアクションの開始と終了位置を示すためで、不要な場合は削除しましょう。

1 Ctrl キーを押しながら2行目と10行目の［コメント］アクションをクリック

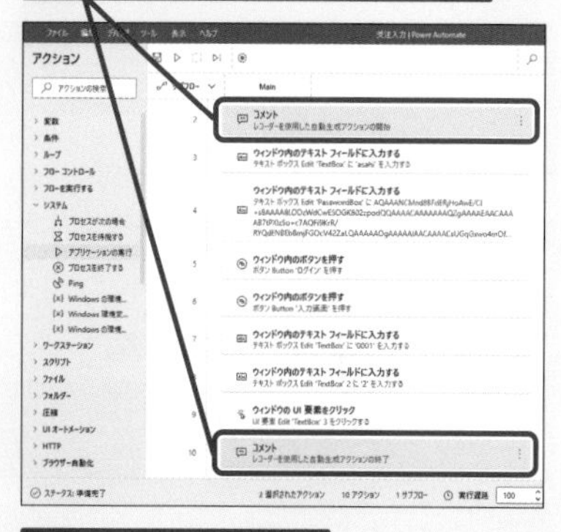

2 Delete キーを押す

まとめ 自動でフローを作成してくれるレコーダー機能

レコーダー機能は記録した操作を自動でアクションに変換するため、どのアクションを使っていいのか見当が付かない場合も活用することができます。操作が早すぎるとうまく記録されない場合があるので、いつもよりゆっくりめに操作することがコツです。また不要な操作を記録していないか、目的の操作が記録されたかも確認しましょう。うまく操作が記録できていないとフローを実行したときにエラーが起きる場合があります。

次のページに続く

スキルアップ

手順が抜けたり余分な操作が入ったりした場合

手順が抜けた場合は、その部分だけレコーダー記録をやり直してみましょう。余分な操作が入った場合は該当するアクションを削除しましょう。アクションの削除はアクションを選択した状態でDeleteキーを押すか、アクション上で右クリックし表示されたメニューから［削除］をクリックしてください。

●手順が抜けた場合

ここでは製品コードを入力する手順が抜けた場合の操作を行う

製品コードを入力する画面を表示し、レコーダーを起動しておく

1 ［記録］をクリック

2 ［製品コード］に「0001」と入力

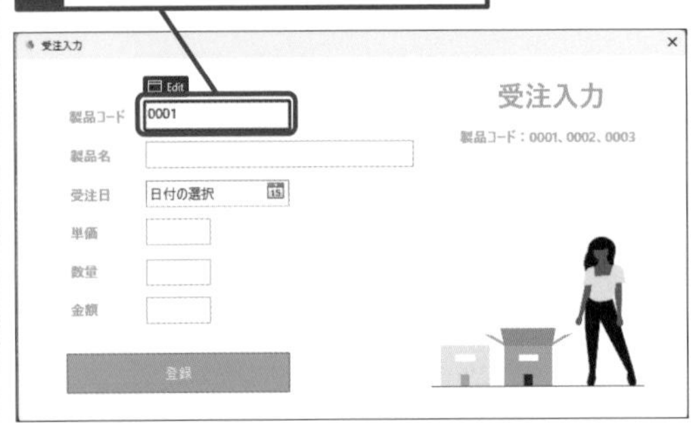

3 ［一時停止］をクリック

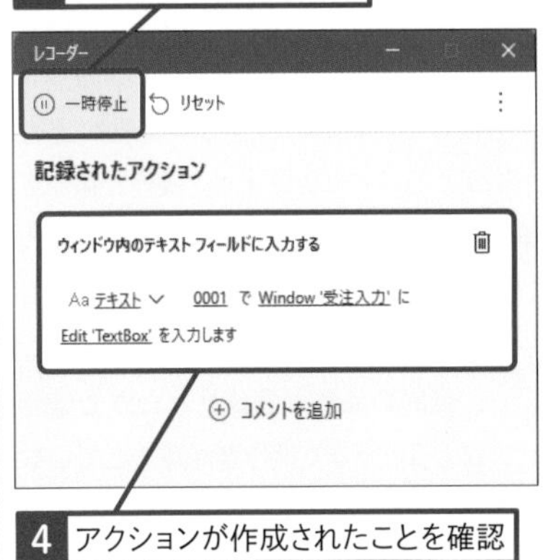

4 アクションが作成されたことを確認

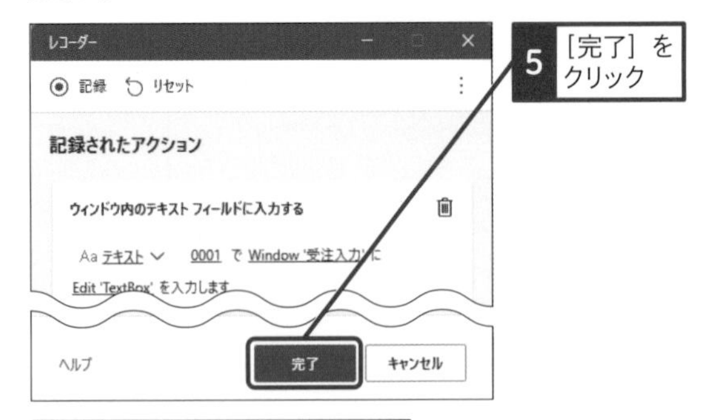

5 ［完了］をクリック

6 作成されたアクションを配置したい位置にドラッグ

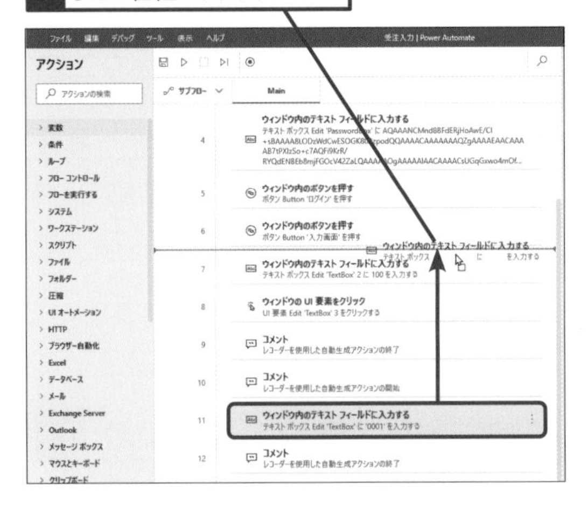

●余分な操作が入った場合

アクションを選択した状態でDeleteキーを押す

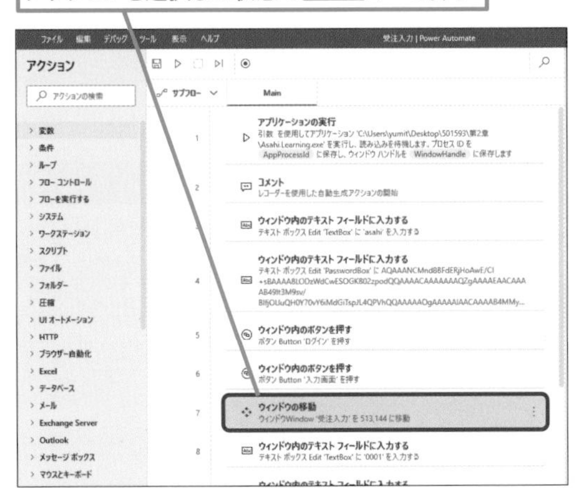

スキルアップ

レコーダー中に右クリックすると便利なメニューが表示される

アプリに表示されているテキストをコピーする、画面のスクリーンショットを撮るなど、レコーダーではうまく記録できない操作がある場合は右クリックで表示されるメニューを使ってみましょう。

レコーダーの記録を開始し、赤枠が出た状態で右クリックするとメニューが表示される

●アプリ上のテキストをコピーしたい

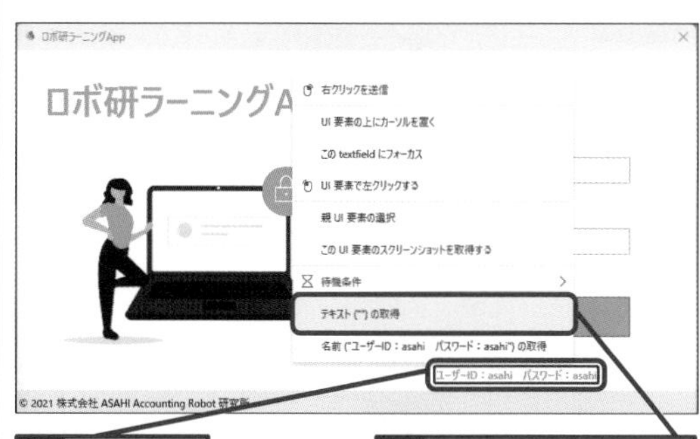

1 テキストを右クリック

2 ［テキストの取得］をクリック

［ウィンドウにあるUI要素の詳細を取得する］アクションが作成され、変数［AttributeValue］にテキストが格納される

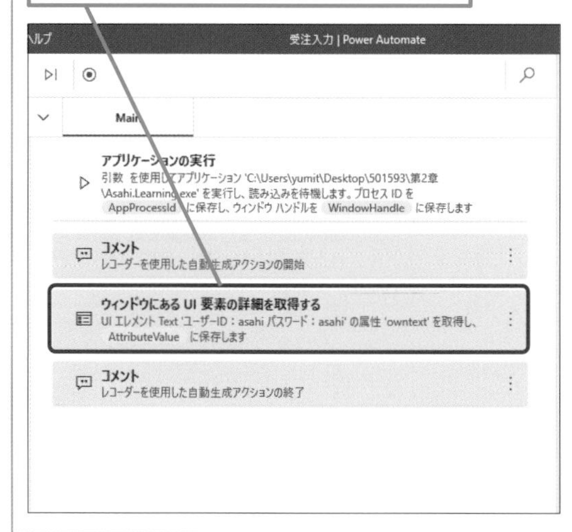

●画面スクリーンショットをとりたい

1 右クリック

2 ［このUI要素のスクリーンショットを取得する］をクリック

［UI要素のスクリーンショットを取得する］アクションが作成され、クリップボードに画像が保存される

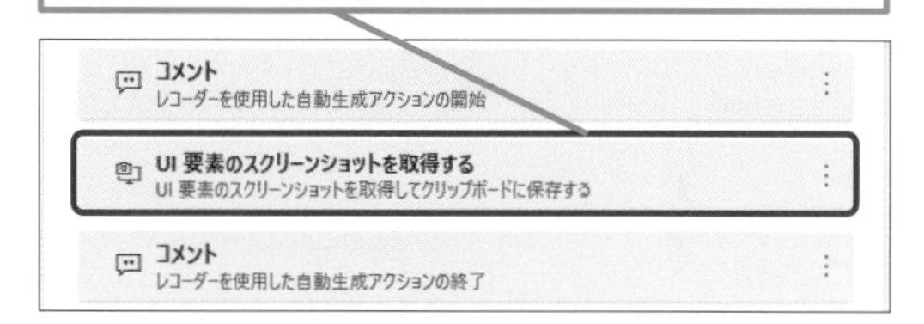

●完全に画面表示されるまで待機する

［待機条件］をクリックすると詳細メニューが表示される

［UI要素が表示されます］を選ぶと、［ウィンドウコンテンツを待機］アクションが作成され、指定したUI要素が表示されるまで待機できるようになる

レッスン

11 作成したフローを実行・保存するには

フローの実行と保存

練習用ファイル なし

レッスン10で作成したフローを実行してから保存してみましょう。また作ったフローが自分が意図したとおりの動きをしているか確認する際に便利な方法もスキルアップで紹介しています。しっかりと確認しておきましょう。

1 フローを実行する

ここではレッスン10で作成したフローを実行する

1 ［実行］をクリック

アプリが起動し、レコーダーで記録した操作が実行された

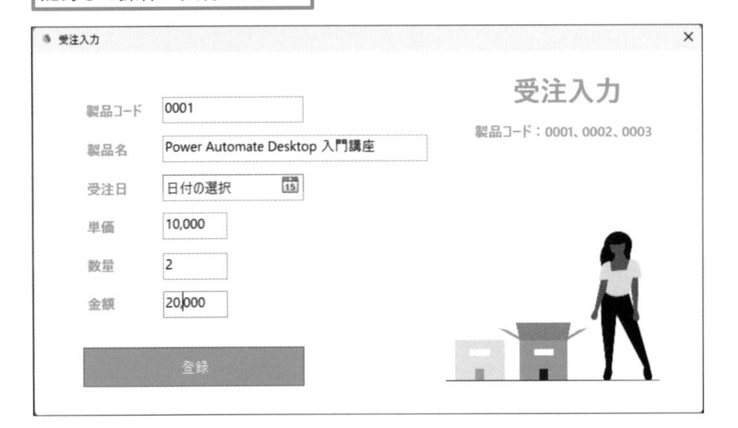

キーワード

変数 P.220

使いこなしのヒント

1行ずつ確認しながら実行したい

［実行］の右にある［次のアクションを実行］は、アクションを1つ実行するごとに自動で一時停止される機能です。［実行］では動きが早すぎて分からないときや、アクションごとに［変数ペイン］の変数を確認したい場合に便利です。

1 ［次のアクションを実行］をクリック

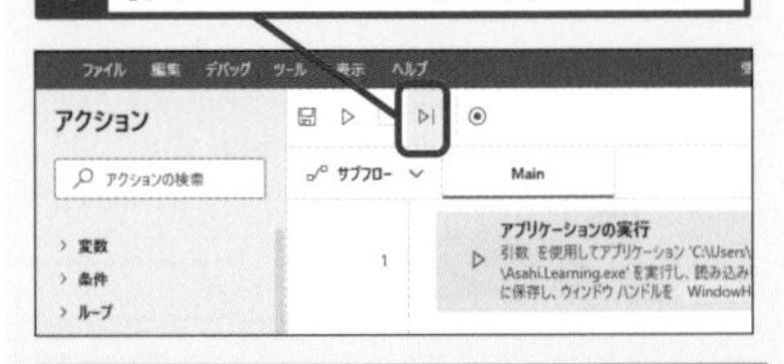

［次のアクションを実行］をクリックするたびに、次のアクションが実行される

スキルアップ

任意のアクションから実行するには

任意のアクションから実行したい場合は［ここから実行］が便利です。次のページのスキルアップに記載の［ブレークポイント］と組み合わせることで、実行するアクションの範囲を任意で指定することが可能です。

アクションを右クリックし［ここから実行］をクリックする

2 フローを保存する

1 ［保存］をクリック

フローが保存される

まとめ フローを作成したら実行してみよう

スキルアップで紹介したブレークポイントは、フロー作成中に「この部分だけテスト実行してみたい」というときに活躍する便利な機能です。アクション上で右クリックすると表示される［ここから実行］と組み合わせて使えば、フローの途中からブレークポイントの位置まで実行することもできます。フローが完成したら、ブレークポイントは不要になるので忘れずに削除しておきましょう。

スキルアップ

ブレークポイントの使い方を知りたい

ブレークポイントとは、フロー作成中に実行内容の確認やテストのため、途中で意図的にフローを一時停止させる箇所のことです。前ページのスキルアップで解説した［ここから実行］と組み合わせて使用することも可能です。ブレークポイントを設定して、不具合箇所を特定し修正していく作業をプログラミング用語で「デバッグ」と呼びます。

1 ブレークポイントを設定したいアクションをクリック

2 ［デバッグ］をクリック

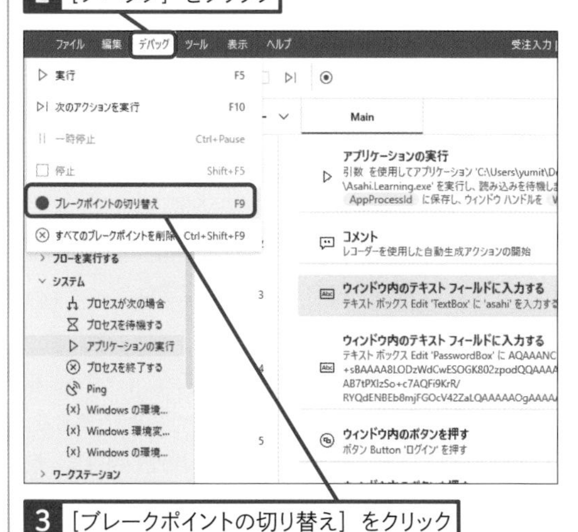

3 ［ブレークポイントの切り替え］をクリック

ブレークポイントが設定された

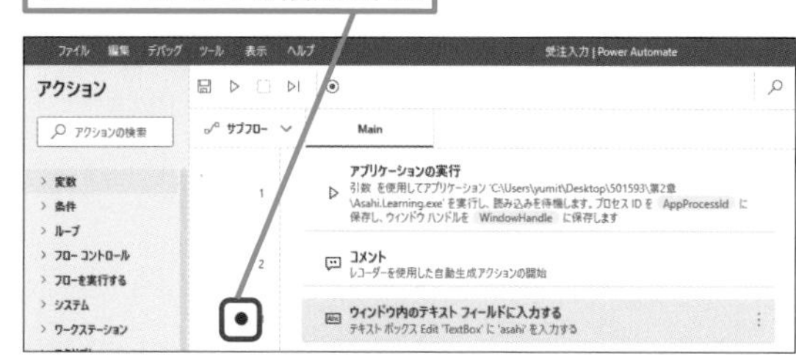

4 ［デバッグ］タブをクリック

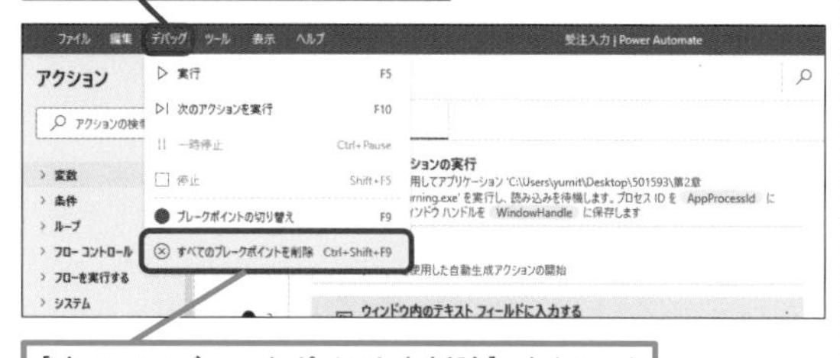

［すべてのブレークポイントを削除］をクリックすると、ブレークポイントを削除できる

レッスン

12 フローを編集するには

フローの編集

練習用ファイル なし

各アクションには「ダイアログボックス」というアクションの設定画面が用意されています。レッスン10で作成したフロー内のアクションの設定内容を変更し、実行される内容が変わることを確認してみましょう。

1 アクションの設定内容を変更する

ここではレッスン10で作成したフローを編集する

1 8行目の［ウィンドウ内のテキストフィールドに入力する］をダブルクリック

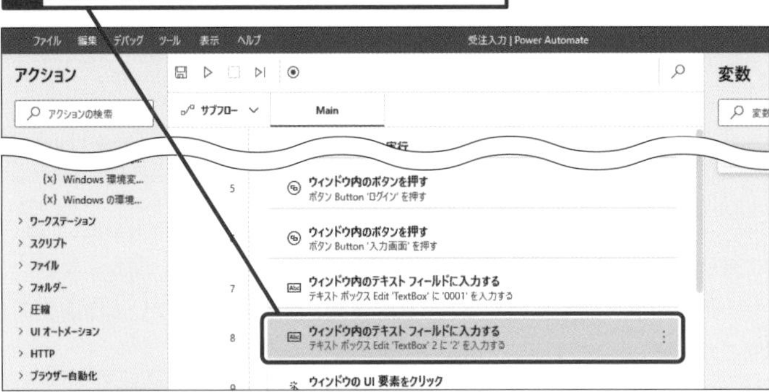

［ウィンドウ内のテキストフィールドに入力する］ダイアログボックスが表示された

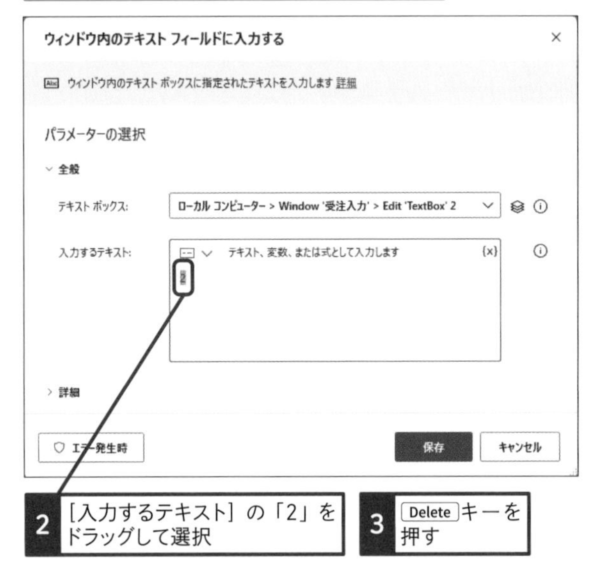

2 ［入力するテキスト］の「2」をドラッグして選択

3 Deleteキーを押す

キーワード

アクション	P.218
ダイアログボックス	P.219
フローデザイナー	P.220

使いこなしのヒント

アクションの順番はドラッグで入れ替えられる

ワークスペース内のアクションは移動させたいアクションをドラッグするか、ショートカットキーで上下に移動できます。上に移動するときはAlt+Shift+↑キーを、下に移動するときはAlt+Shift+↓キーを押します。

ショートカットキー

上に移動	Alt+Shift+↑
下に移動	Alt+Shift+↓
コピー	Ctrl+C
貼り付け	Ctrl+V
切り取り	Ctrl+X
編集	Enter

使いこなしのヒント

アクションはコピーできる

ワークスペース内のアクションは、右クリックで表示される操作メニューから、切り取りやコピー、貼り付けができます。ショートカットキーでの操作も可能で、切り取りはCtrl+Xキー、コピーはCtrl+Cキー、貼り付けはCtrl+Vキーを押します。

●入力するテキストを変更する

4 ［入力するテキスト］に「100」と入力

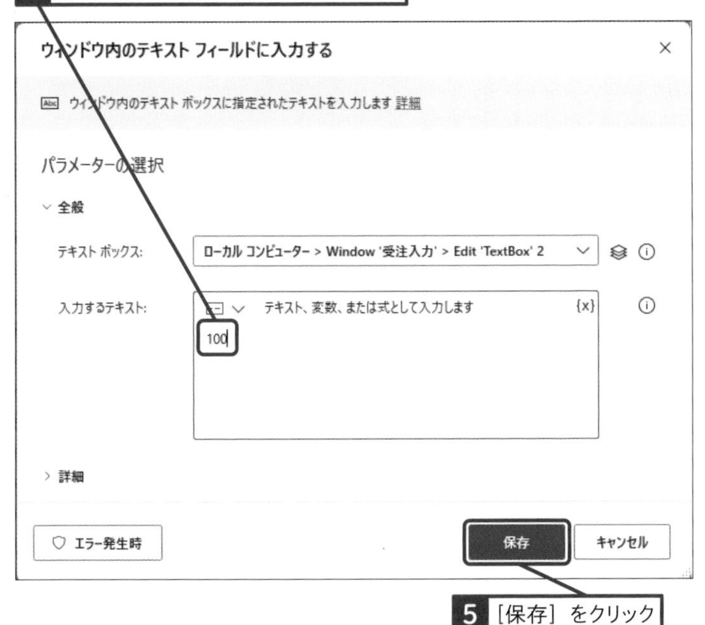

5 ［保存］をクリック

2 変更を保存する

8行目のアクションで入力するテキストを「100」に変更できた

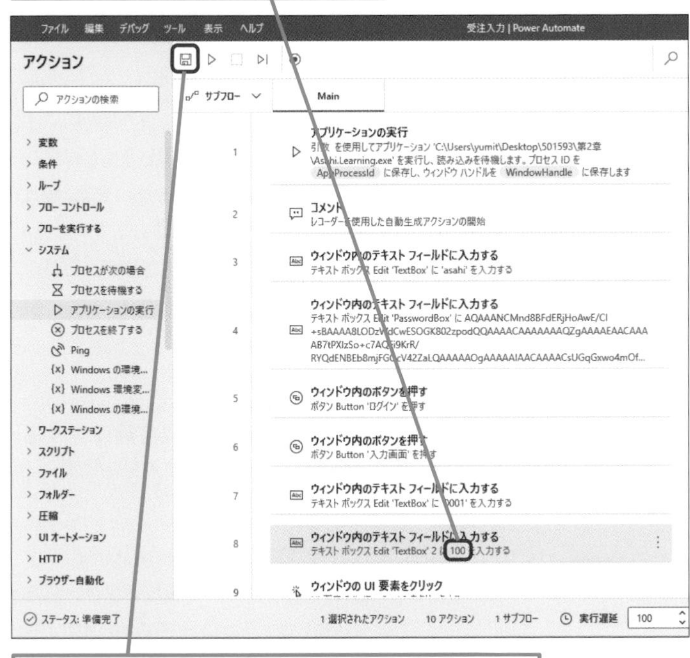

レッスン11を参考に、フローを実行した後に保存しておく

使いこなしのヒント

アクションを無効化するには

アクション上で右クリックすると表示される［アクションを無効化する］をクリックすると、そのアクションが無効化できます。無効化されたアクションはグレーアウトになり、実行がスキップされます。有効化したい場合は無効化されたアクション上で右クリックし、表示された［アクションを有効化する］をクリックしてください。

ここでは8行目のアクションを無効化する

1 8行目のアクションを右クリック

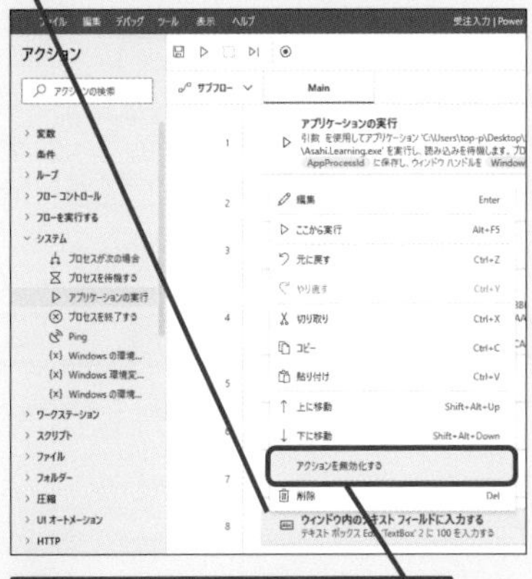

2 ［アクションを無効化する］をクリック

アクションが無効化される

まとめ 細かな設定ができるダイアログボックス

［アクションペイン］からアクションを追加した際、表示される設定画面のことを「ダイアログボックス」と呼びます。設定内容はアクションごとに異なり、操作に慣れてくるとダイアログボックスを見れば、そのアクションでできることが分かるようになってきます。ダイアログボックスは［ワークスペース］上のアクションをダブルクリックすることで開けることを覚えておきましょう。

レッスン 13

保存したフローのファイルを確認するには

OneDrive

練習用ファイル なし

保存したフローのデータがどこに保存されているか確認しておきましょう。また作成したフローを別のMicrosoftアカウントでサインインしているパソコンで使用する方法をスキルアップで解説しています。

1 OneDriveにアクセスするには

Microsoft Edgeを起動しておく

1 右記のWebページにアクセスし、Microsoftアカウントでサインイン

▼OneDriveのWebページ
https://onedrive.live.com/

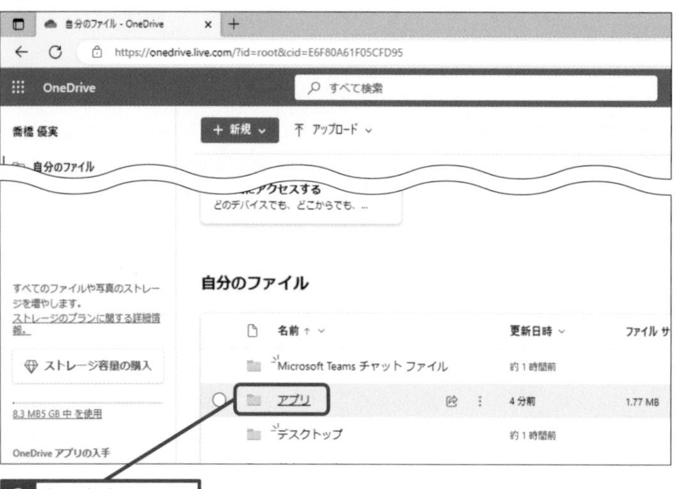

2 ［アプリ］クリック

3 ［Power Automate Desktop For Windows］をクリック

作成したフローのファイルが表示される

キーワード

Microsoft 365	P.218
Microsoftアカウント	P.218
UI要素	P.218

用語解説

OneDrive

「OneDrive」は、マイクロソフトが提供するクラウド上のオンラインストレージサービスです。インターネット上の自分専用のデータの保存場所として写真や文書を保存できます。Microsoftアカウントを持っていれば無料で5GBまで使えます。

使いこなしのヒント

データの削除に要注意！

OneDriveに保存されている［Power Automate for desktop For Windows］フォルダーのデータを削除してしまうと作成したフローを開けなくなってしまいます。誤って消さないように注意しましょう。なお、組織アカウント（レッスン03参照）の場合は保存したフローデータはDataverseに保存されます。

まとめ クラウド上に自動保存することで消失リスクを軽減

フローの保存先はクラウド上のOneDriveです。そのため、Power Automate for desktopをインストールしたパソコンが万が一故障しても、フローデータを消失することはありません。

スキルアップ

作成したフローを別のアカウントで使いたい

作成したフローを、別のMicrosoftアカウントのPower Automate for desktopにコピーできます。この方法を使えば、フローをほかの人に渡すことができ、とても便利です。フローのアクションだけでなく、変数やUI要素（50ページの使いこなしのヒントを参照）もコピーされます。ただし、アクション中に［直接暗号化されたテキスト］（49ページの使いこなしのヒントを参照）があると、コピー後にエラーとなってしまいます。コピーする前に暗号化されたテキスト使っているアクションのダイアログボックスを開き、通常のテキストに変更し、保存をしたうえでコピーをしてください。

ここではフロー全体をコピーして別のアカウントで使用する

1 フローデザイナー上で Ctrl + A キーを押す

すべてのアクションが選択される

2 そのままの状態で任意のアクションを右クリック

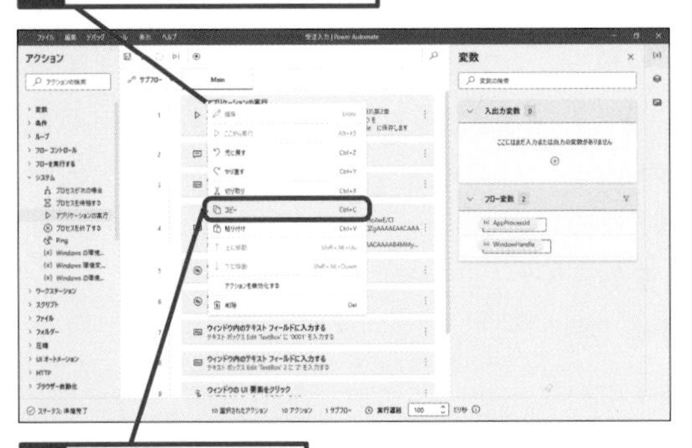

3 ［コピー］をクリック

4 ［メモ帳］アプリを起動

5 Ctrl + V キーを押す

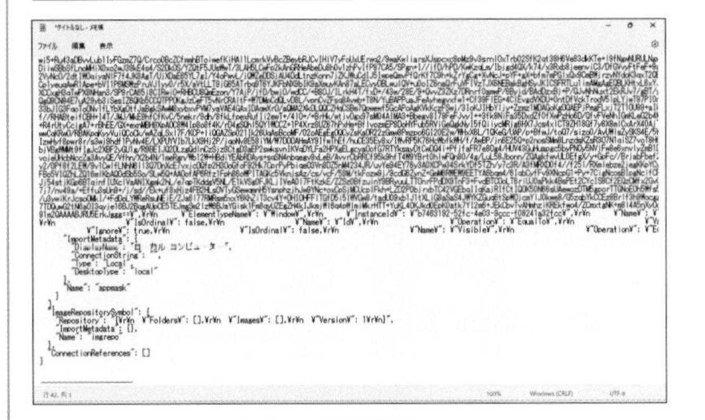

フローのコードが貼り付けられた

フローをほかの人に渡す場合は、保存し、ファイルごと渡す

フローのコードを［メモ帳］アプリで開きコードをコピーしておく

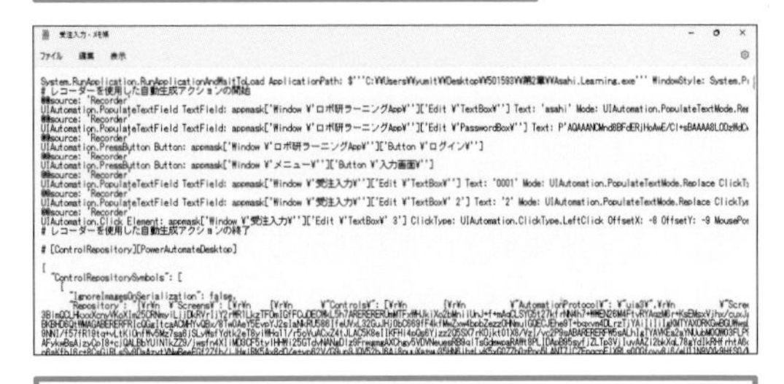

別のアカウントで［Power Automate for desktop］にサインインして新しいフローを作成しておく

6 ワークスペースをクリック

7 ワークスペースを右クリック

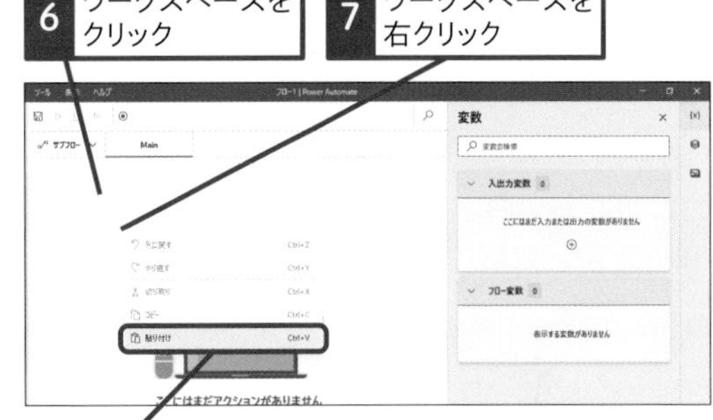

8 ［貼り付け］をクリック

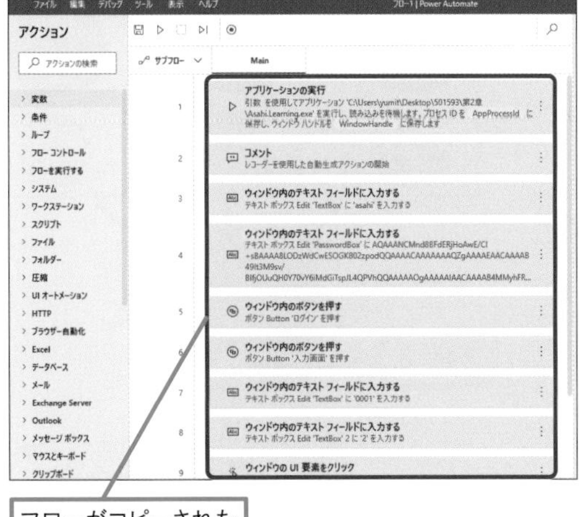

フローがコピーされた

レッスン
14 「変数」を知ろう

変数

練習用ファイル なし

Power Automate for desktopを使いこなすうえで重要な「変数」を解説します。「変数」はデジタルツール共通の概念のため理解できるとPower Automate for desktopだけでなく、さまざまなローコードツールを使いこなせるようになります。

必要な値を一時的に保管できる「変数」

「変数」とは、数値やテキストなどのデータを一時的に保管できる「箱」のようなものです。下図のように、毎日デザートとして配る果物を入れる「本日の果物」と書かれた箱があるとします。この箱に入る果物は、一昨日は「さくらんぼ」、昨日は「ぶどう」、今日は「メロン」と毎日変わっていきます。Power Automate for desktopにも、このような「箱」を「変数」として準備することができ、そのときに必要な数値やテキストなどを入れることができます。変数を入れる箱の名前を「変数名」、箱に初めて入る数値やテキストを「初期値」、現在箱の中に入っている数値やテキストを「現在値」といいます。変数に格納したデータは、変数名を使うことで自由に取り出せ、各アクションの設定にも使用できます。

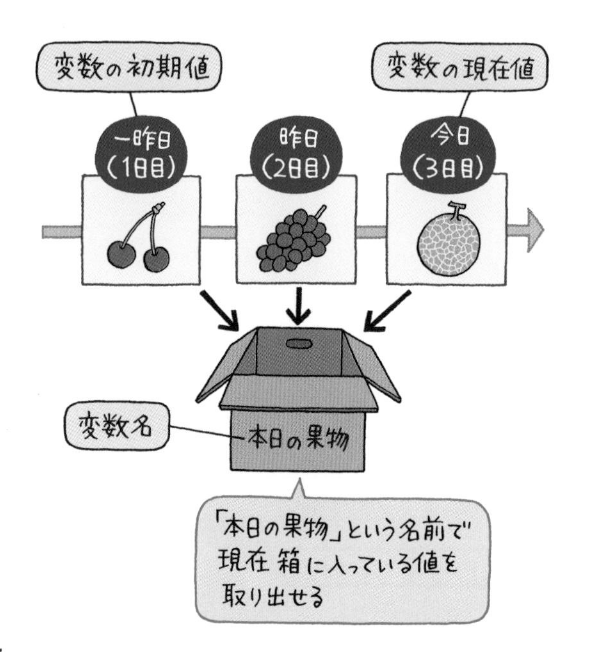

キーワード

Excelインスタンス	P.218
データ型	P.219
フロー変数	P.220

使いこなしのヒント
数学の「変数」とは違う

数学ではある数がいろいろな値を取る場合、変数「x」や「y」などとします。Power Automate for desktopの「変数」とは考え方が異なることを押さえておきましょう。

まとめ 変数は必要なデータを入れておける便利な箱

変数はそのときどきによって必要なデータを入れられる便利な箱のようなものです。箱の名前を「変数名」、箱に初めて格納されるデータを「初期値」、現在箱に格納されているデータを「現在値」と呼ぶことをまず覚えましょう。変数の使い方が分かるようになると、実践的なフローが作れます。

変数の作られ方は2種類ある

変数は、［変数の設定］アクションを使って自分で作る場合と、選択したアクションによって自動で作られる場合があります。［変数の設定］アクションの場合は、自分で変数の初期値を決めることができます。一方、選択したアクションによって自動で変数が作られる場合、初期値はそのアクションによって取得される値となります。例えば、ExcelワークシートのセルA1のデータを読み取るアクションを配置した場合、「ExcelData」という変数がアクションにより作られ、読み取ったデータは初期値として格納されます。

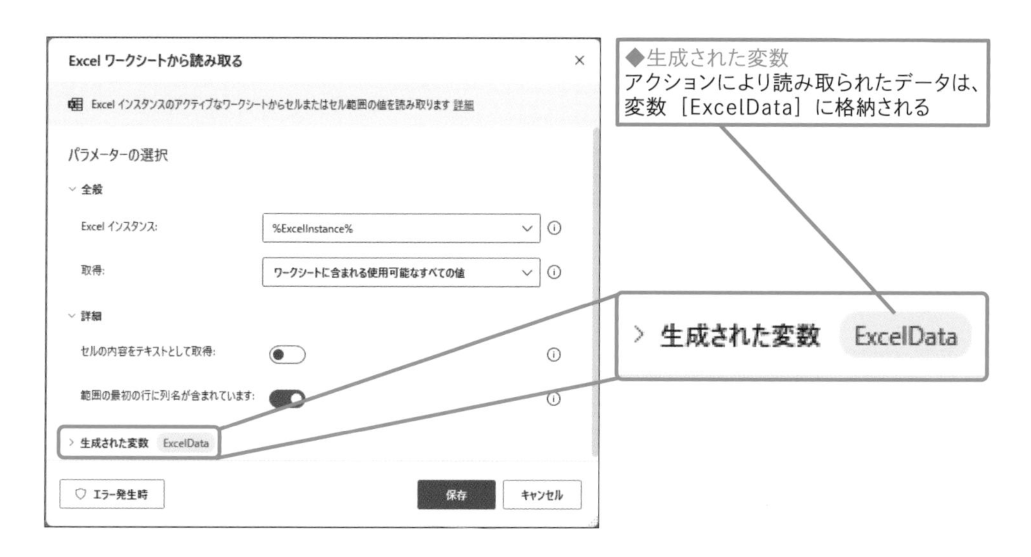

変数には「型」がある

変数にデータが格納されると、データの種類ごとに「型」が決められます。氏名などのテキストが格納された場合は「テキスト型」、100や200などの数字が格納された場合は「数値型」など、複数の型が存在します。変数の「型」は自動で決められるので、あまり意識しなくても使うことができますが、0から始まる数字を変数に格納する場合に注意が必要です。例えば、「001」を変数に格納したい場合、変数の型が「数値型」になっていると、先頭の0が自動で消去されてしまいます。このような場合は、変数の「型」を「数値型」から「テキスト型」に変更するアクションを使って「型」を変更する必要があります。

●変数の主なデータ型

データ型	説明
数値型	0～9（マイナスも含む）までの数字に適用される数学演算が可能なデータ型
テキスト型	あいうえお、abcde、.,* といった文字列に適用される
Datetime型	「5/17/2021」「3:04:42 PM」といった日付や時間に適用される
データテーブル型	Excelのような表形式のデータの場合、データテーブル型となる。値を使用するには、「%変数［行数］［列数］%」と値を指定する必要があり、プログラミング用語では2次元配列に相当
インスタンス型	WebブラウザーやExcelなどのアプリケーションの起動や、アプリケーションのウィンドウを取得した際に適用される型。操作するウィンドウを識別する際に必要となる

レッスン

15 アクションを使って変数の仕組みを理解しよう

［変数の設定］アクション

練習用ファイル なし

変数への理解を深めるため、フロー内で変数を作って値を格納し、変数に格納されている現在値を確認してみましょう。またフローで使用する変数がすべて確認できる［変数ペイン］の見方も解説していきます。

キーワード

データ型	P.219
フロー変数	P.220
変数	P.220

変数を作って、値を入れてみよう

変数の仕組みを理解するために「Box」という名前の変数を作り、初期値を格納したのち、変数の中身を書き換えるフローを作成します。また、変数の現在値をメッセージボックスで表示させる方法も紹介します。

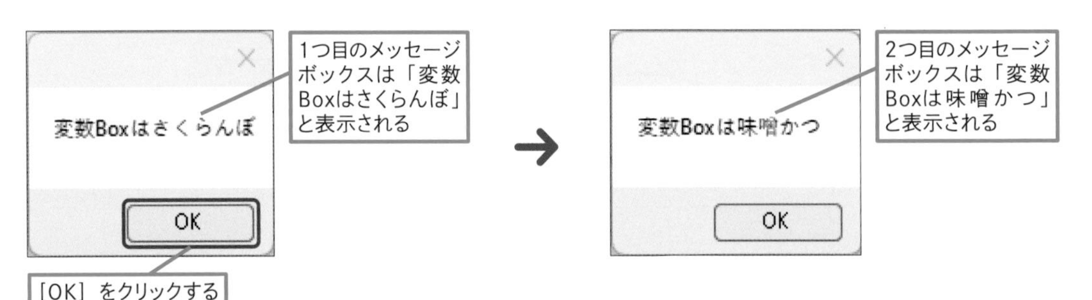

1 ［変数の設定］アクションを追加する

レッスン05を参考に「変数」という名前のフローを作成し、フローデザイナーを表示しておく

使いこなしのヒント

［フロー変数］の上部にある［入出力変数］って何?

［変数ペイン］の［入出力変数］は、Power Automate for desktopとPower Automateを連携させる場合や、フロー内からすでに作成済みのデスクトップフローを呼び出して使用する場合に、値の受け渡しをするために使う変数です。なお、本書では［入出力変数］は扱いません。

● ［変数の設定］アクションをドラッグする

3 ［変数の設定］をクリック

4 ワークスペースにドラッグ

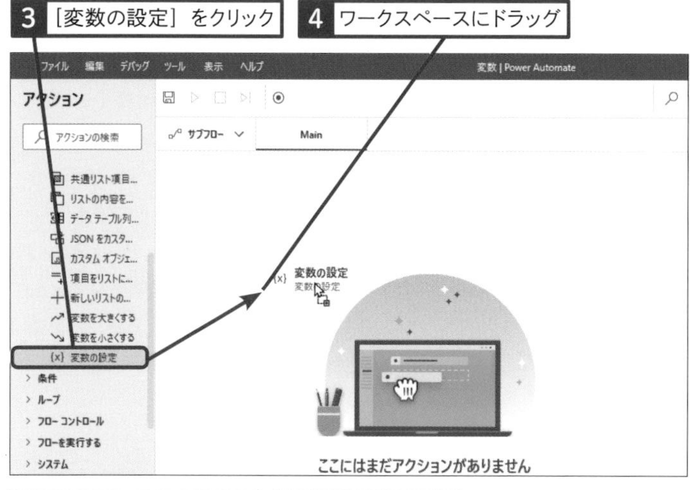

［変数の設定］ダイアログボックスが表示された

5 ［NewVar］をクリック

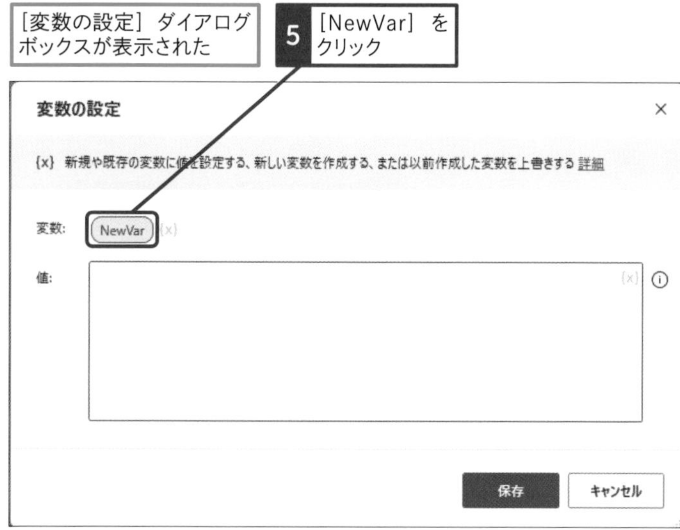

2 変数名を変更する

［%NewVar%］と表示された

1 ［%NewVar%］が選択された状態で Delete キーを押す

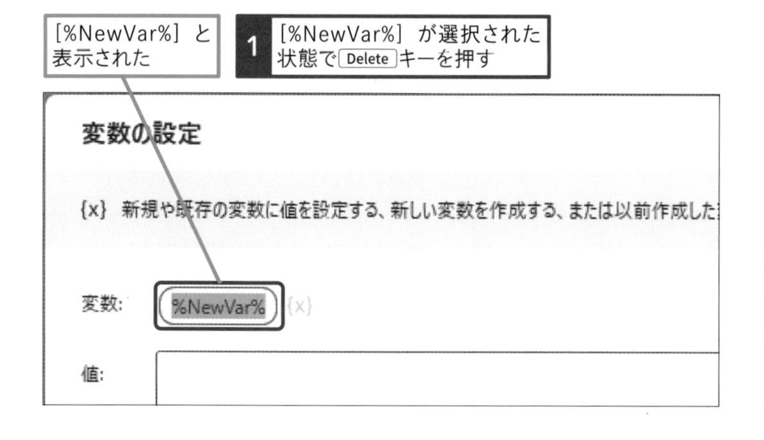

使いこなしのヒント

［変数］に表示されている［NewVar］って何？

［変数の設定］アクションで変数を作ると、名前は［NewVar］になります。変数は、英語では「Variable」であることから、「Variable」が「Var」と省略され［NewVar］と表記されます。今回は、変数の名前を［NewVar］から［Box］に変更します。

スキルアップ

変数がどのアクションで使用されているか調べられる

［変数ペイン］には［使用状況の検索］メニューがあり、変数ごとにどのアクションで使われているのか調べることができます。［変数ペイン］で変数名にマウスポインターを合わせ、［その他のアクション］-［使用状況の検索］の順にクリックすると、状態バー上部に検索結果が表示されます。

1 ［その他のアクション］をクリック

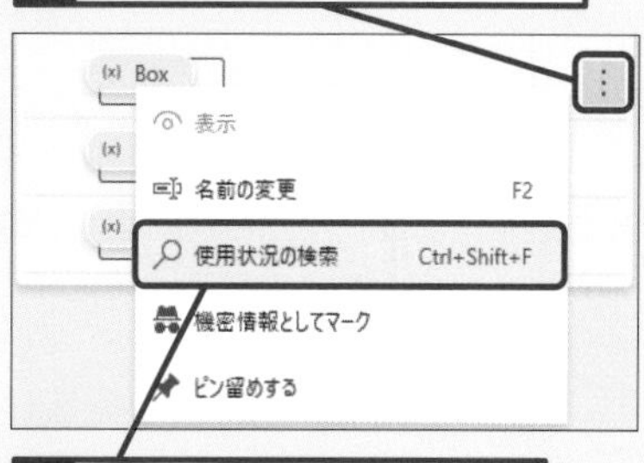

2 ［使用状況の検索］をクリック

状態バーに検索結果が表示される

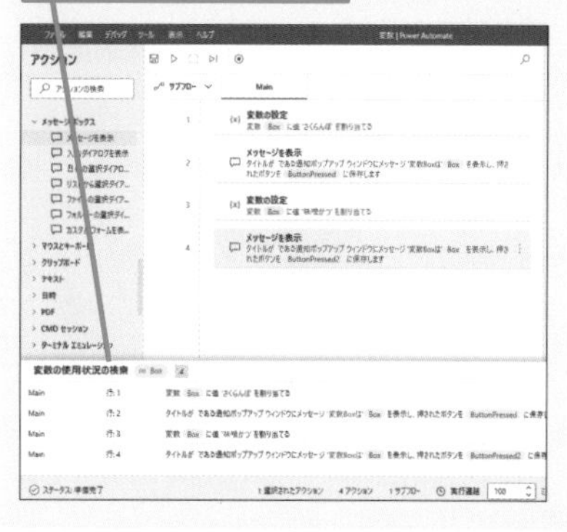

次のページに続く

●変数名を入力する

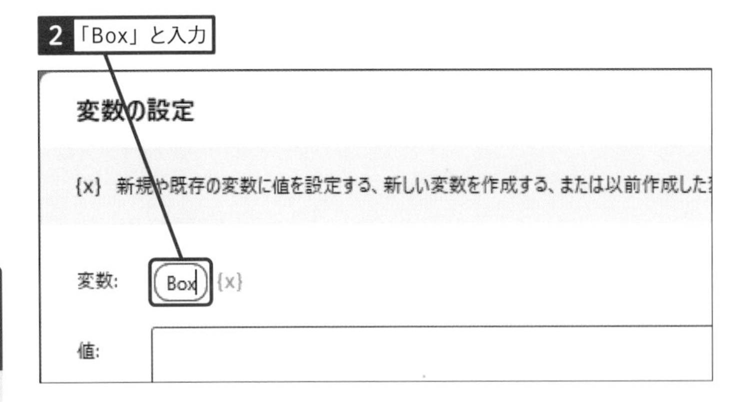

3 変数に格納する値を設定する

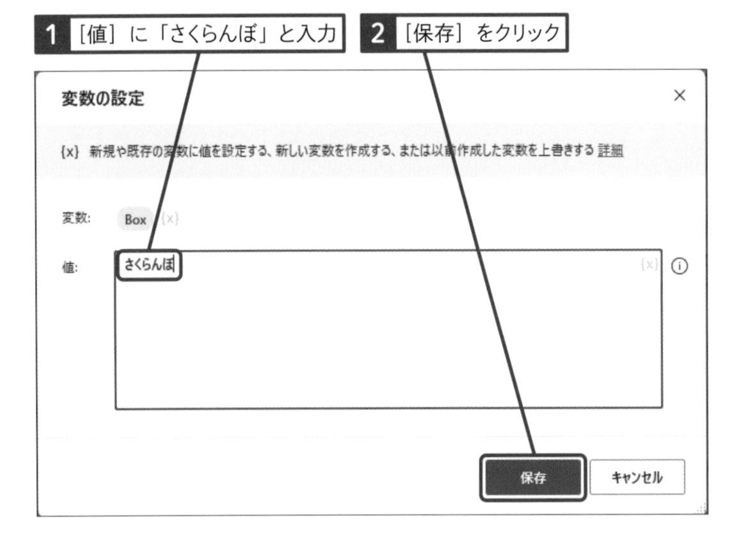

使いこなしのヒント

［値］欄に入力した値は何?

手順3で［変数の設定］アクションの［値］に入力した値がこの変数の初期値になります。今回は「さくらんぼ」が初期値として変数［Box］に格納されます。

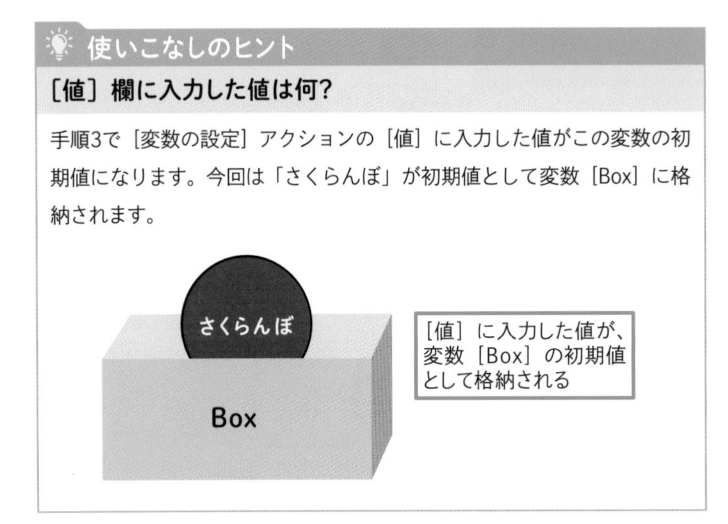

使いこなしのヒント

変数名は変更できる

手順2の操作2で行っているように変数の名前は変更できます。変数名に使えるのは、アルファベット、数字、記号の半角文字です。ひらがな、漢字、全角文字は使用できません。簡単な英単語やローマ字表記で分かりやすい名前を付けておくと、どのようなデータが格納されている変数かすぐに分かります。例えば、住所を入れるための変数であれば「%Juusho%」や「%Address%」などとするとよいでしょう。

使いこなしのヒント

重要な変数を上部にピン留めできる

［変数ペイン］で変数名の左余白部分にマウスポインターを合わせると、ピンマークが表示され、クリックするとその変数を「ピン留め」できます。ピン留めされた変数は上位表示され、初期値や現在値が確認しやすくなり便利です。

4 ［メッセージを表示］アクションを追加する

［変数の設定］アクションが追加された

1 ［メッセージボックス］のここをクリック

ファイル　編集　デバッグ　ツール　表示　ヘルプ　変数 | Power A

アクション

アクションの検索

サブフロー　Main

1　{x} 変数の設定　変数 Box に値 'さくらんぼ' を割り当てる

メッセージ ボックス
- メッセージを表示
- 入力ダイアログを表示
- 日付の選択ダイアロ...
- リストから選択ダイア...
- ファイルの選択ダイア...
- フォルダーの選択ダイ...
- カスタム フォームを表...

マウスとキーボード

メッセージを表示　メッセージを表示

2 ［メッセージを表示］をクリック

3 ［変数の設定］の下にドラッグ

［メッセージを表示］ダイアログボックスが表示された

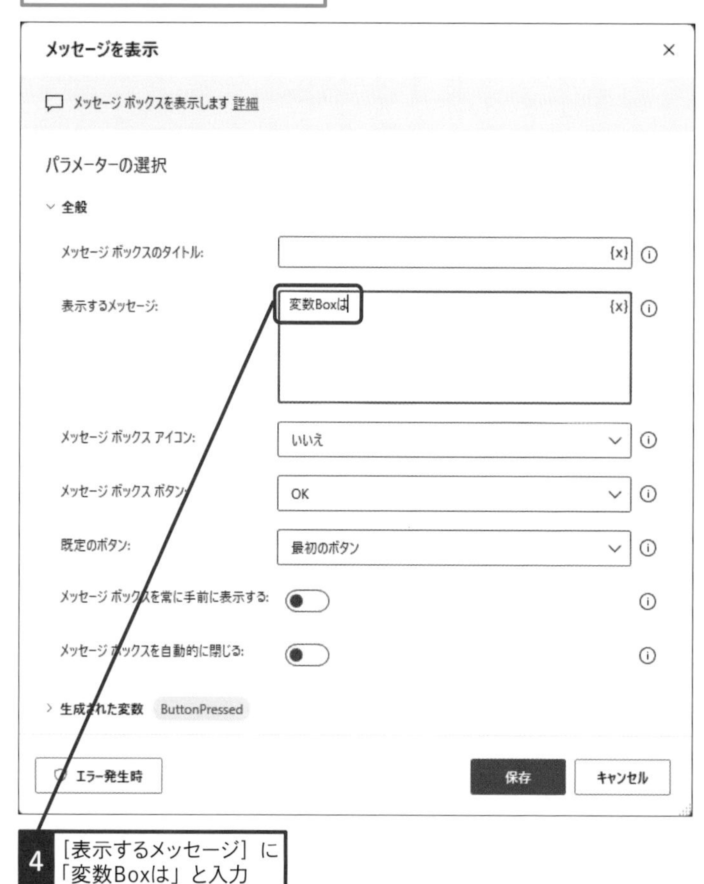

4 ［表示するメッセージ］に「変数Boxは」と入力

使いこなしのヒント

変数名の前後に付く「%」の意味は?

通常のテキストや数字と区別するために、変数の前後に「%」が付きます。例えば、［メッセージを表示］アクションを使い「注文数は□個です」という文章を変数「Suuryo」を使って作成する場合は「注文数は% Suuryo%です」と記入します。「%」で囲われた部分は変数だと認識され、変数の現在値が表示されます。

使いこなしのヒント

［メッセージを表示］アクションってどんなときに使う?

フロー開始時や終了時にユーザーに伝えたいことがある場合に便利なアクションです。例えば「●●アプリを開いている場合は終了した上で、OKボタンをクリックしてください」「締め処理が完了しました。次は出力フローを実行してください」などの任意メッセージを表示させることができます。

次のページに続く

5 表示するメッセージに変数を指定する

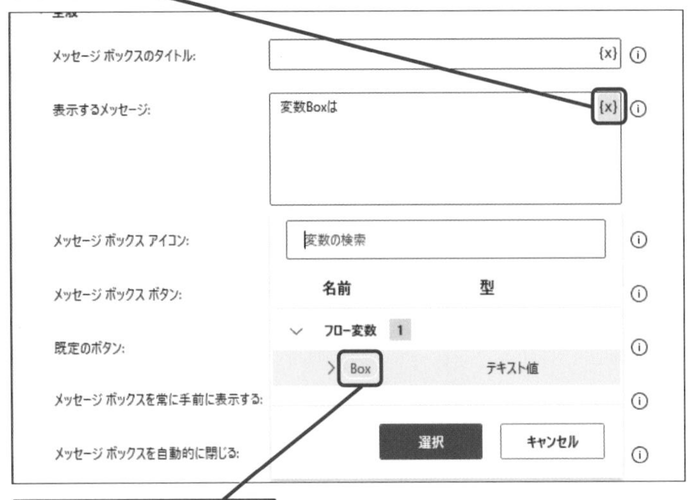

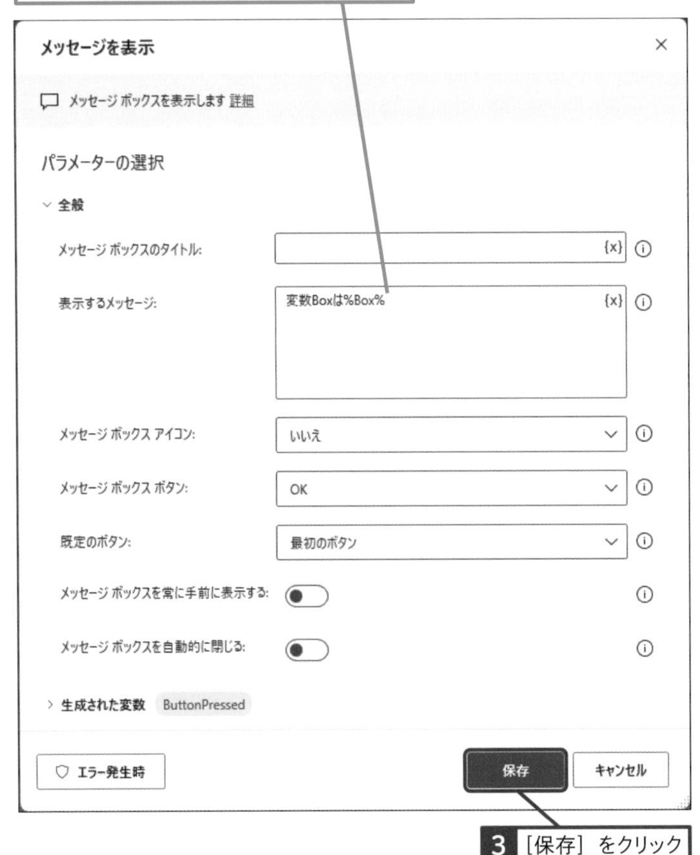

使いこなしのヒント

変数は［変数の選択］から選ぼう

すでに作成された変数をダイアログボックス内で指定する場合は（{x}）マークの［変数の選択］をクリックしましょう。直接変数名を入力することもできますが、変数名の入力ミスによるエラーを防止するために、［変数の選択］での入力がおすすめです。

使いこなしのヒント

［メッセージを表示］アクションも変数が作られている

［メッセージを表示］アクションを配置すると、［ButtonPressed］という名前の変数が作られます。この変数にはメッセージボックスのボタン選択結果が格納されます。今回であれば、［OK］を押すと、変数［ButtonPressed］に「OK」が格納されます。

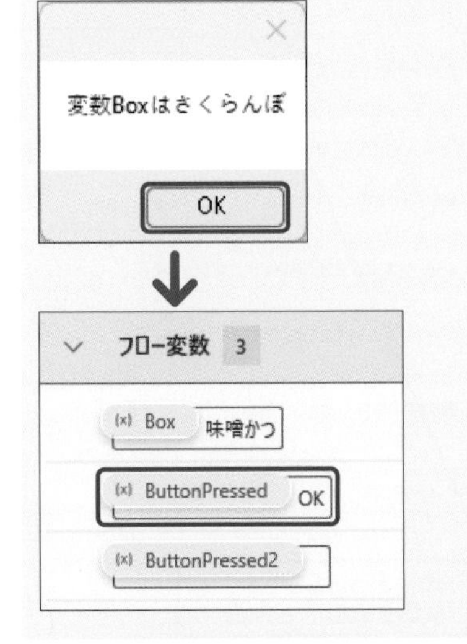

6 作成した変数に別の値を格納する

［メッセージを表示］アクションが追加された

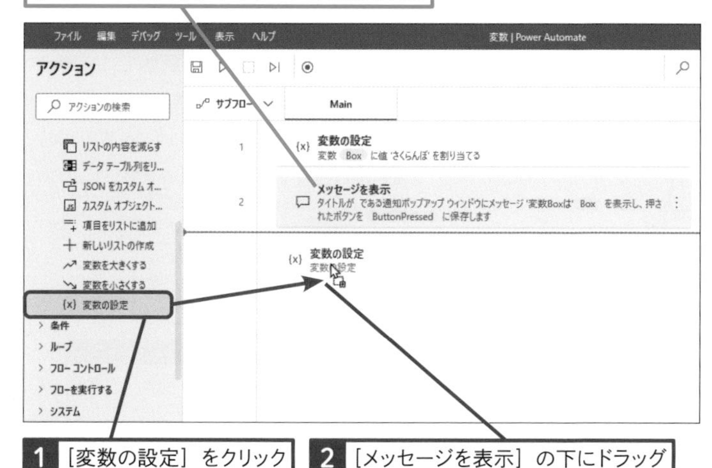

1 ［変数の設定］をクリック

2 ［メッセージを表示］の下にドラッグ

［変数の設定］ダイアログボックスが表示された

3 ［変数の選択］をクリック

4 「Box」をダブルクリック

使いこなしのヒント

［変数の設定］アクションで変数を上書きすることもできる

手順6で行っているように、すでに作られた変数に格納されているデータを上書きすることもできます。［変数］で上書きしたい変数名を選んで、［値］に上書きしたいデータを入力するとアクション実行時に変数の現在値が上書きされます。

使いこなしのヒント

複数のアクションで使用している変数名を変更するには

本レッスンの変数［Box］のように、複数のアクションで使っている変数の名前を変更したい場合は［変数ペイン］から行うとよいでしょう。［変数ペイン］から変数名を変更すれば、その変数を使用しているアクション内の変数名も修正されるので、アクションごとに修正する手間が省けます。［変数ペイン］で変数名にマウスポインターを合わせて、［その他のアクション］-［名前の変更］の順にクリックすると、変数名が編集できます。

次のページに続く

●変数に格納する値を設定する

5 [値] に「味噌かつ」と入力

6 [保存] をクリック

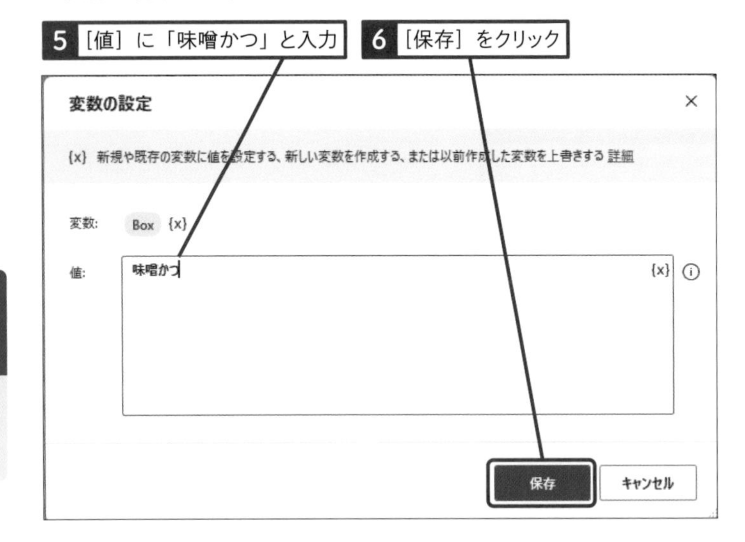

7 変数の現在値をメッセージボックスで表示する

2つ目の［変数の設定］アクションが追加された

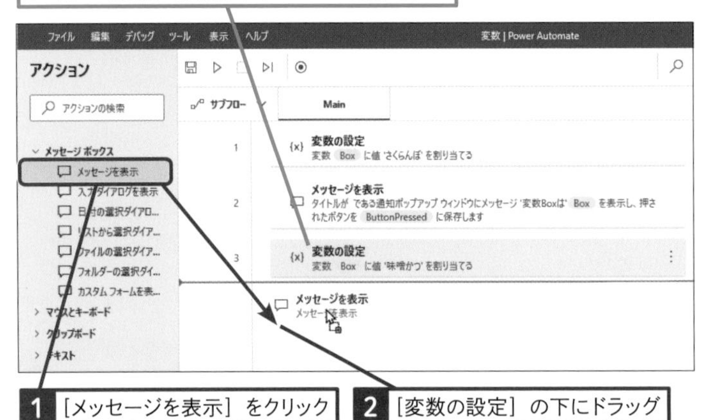

1 [メッセージを表示] をクリック

2 [変数の設定] の下にドラッグ

3 [表示するメッセージ] に「変数Boxは」と入力

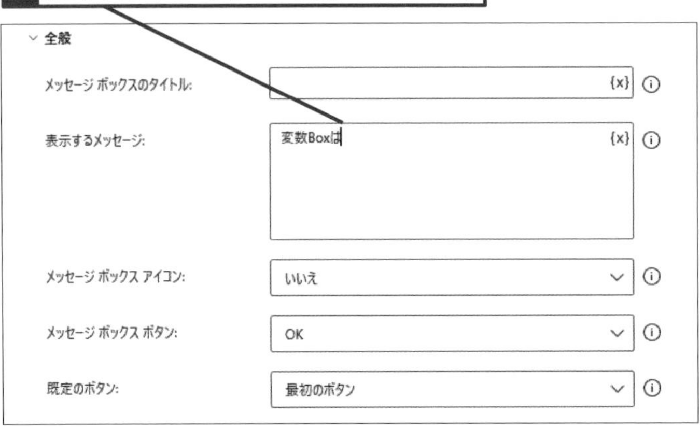

スキルアップ

変数の「型」はどこで確認できる?

変数の型は、フローやアクションが実行されると確認できます。変数の初期値や現在値が表示されている状態で［変数ペイン］の各変数にマウスポインターを合わせて、［その他のアクション］-［表示］の順にクリックすると確認できます。

フローを実行してから確認する

1 [その他のアクション] をクリック

2 [表示] をクリック

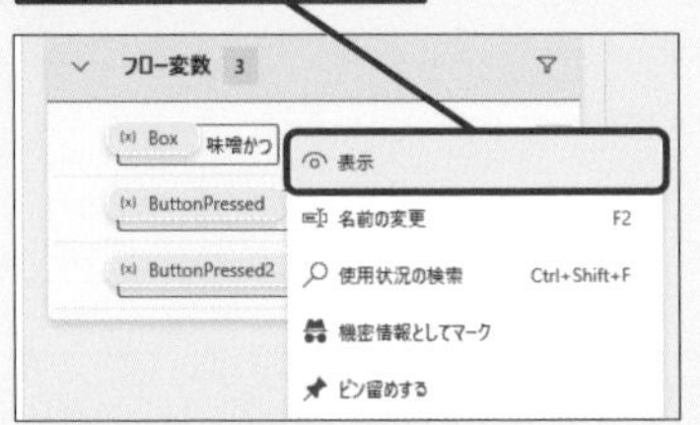

変数名の右に変数の「型」が表示される

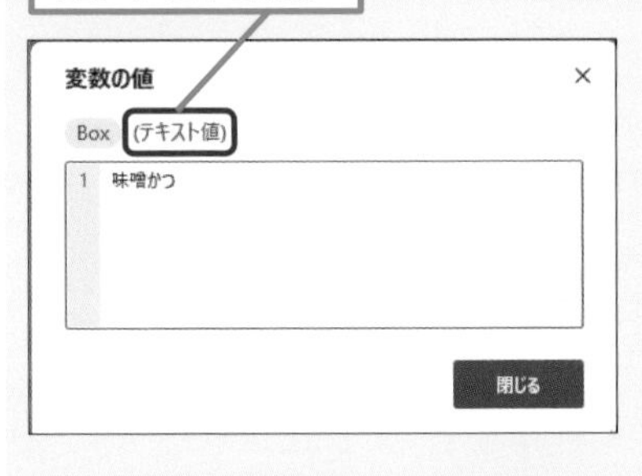

●変数を選択する

4 ［変数の選択］をクリック

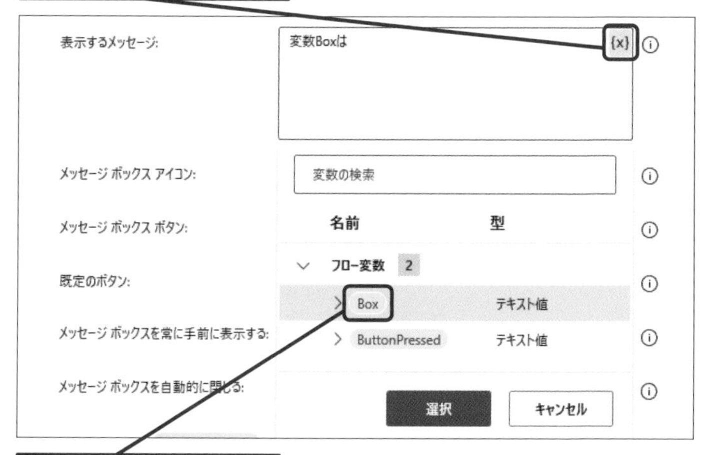

5 「Box」をダブルクリック

6 ［保存］をクリック

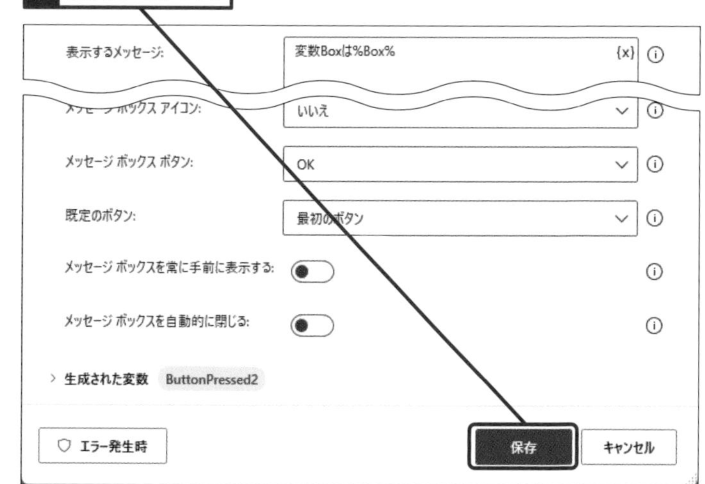

［メッセージを表示］アクションが追加された

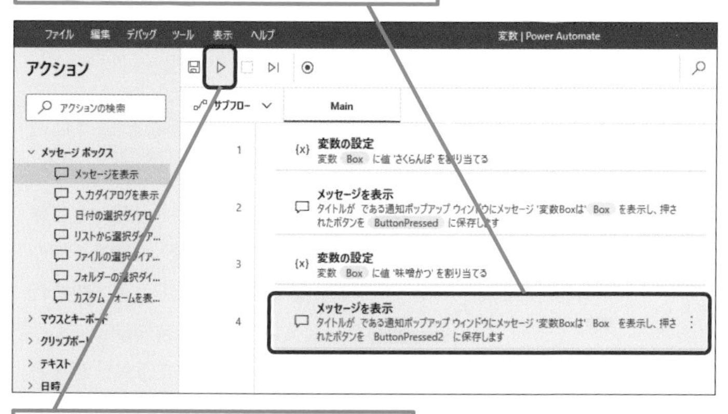

［実行］をクリックしてフローを実行するとメッセージボックスが表示される

使いこなしのヒント

変数の現在値の確認方法

フロー内で使用している変数は［変数ペイン］の［フロー変数］に表示されます。フローを実行し変数にデータが格納されると変数名の横に変数の現在値が表示されます。

フローを実行すると変数名の横に現在値が表示される

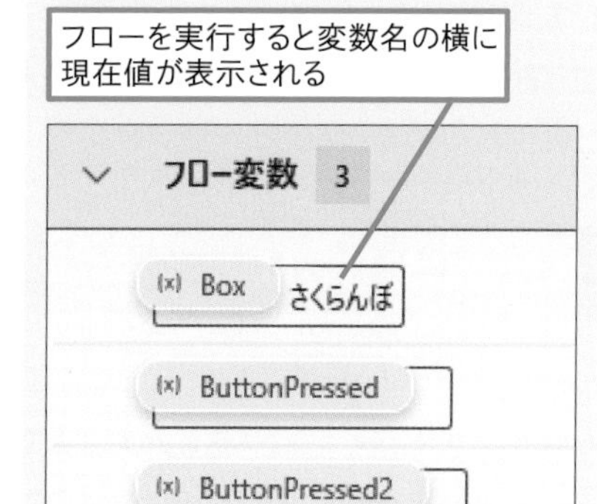

まとめ ［生成された変数］をチェックするようにしよう

アクションを追加するたびに、ダイアログボックスで[生成された変数]をチェックする習慣を付けましょう。また実行するとそれらの変数にどのような値が入ってくるか観察してみてください。変数に興味を持つことで学びが深まるでしょう。

レッスン

16 繰り返し処理を実行するには

繰り返し処理　練習用ファイル　なし

Power Automate for desktopが最も得意とする「手順が決められている繰り返し作業」を自動化する方法を学びましょう。特によく使う2つのアクションの特徴や活用例を解説しています。

キーワード

アクション	P.218
繰り返し処理	P.219
変数	P.220

繰り返し処理とは

Excelファイルに記載された「売上日」「売上額」などのデータをWebシステムなどに繰り返し入力する場合、入力するデータは1件ずつ変わりますが、同じWebページの同じ入力枠に対して、繰り返し入力を行っています。このようなデータだけを変えて同じ作業を繰り返し行っていくことを「繰り返し処理」と呼びます。Power Automate for desktopには繰り返し処理を行うアクションが準備されており、上記のような作業を高速でミスすることなく何百件と自動で処理することが可能です。繰り返し処理を実行するアクションは［ループ］グループに格納されており、実務での使用頻度が高いのは［Loop］アクションと［For each］アクションです。

	売上日	得意先コード	得意先名称	売上額
1件目	2023/02/01	001	株式会社 ASAHI SIGNAL	100,000
2件目	2023/02/02	002	あさひAvi 株式会社	200,000
3件目	2023/02/03	003	Asahi capsule 株式会社	300,000

Power Automate Desktop 練習サイト

売上入力

作業内容は変わらないが、入力するデータを変えて繰り返し行っている作業は自動化できる

まとめ　繰り返し処理を使うことでフロー作りも楽になる

繰り返し処理のアクションを活用せず、作業ごとにアクションを配置した場合、アクション数が増えてしまったり、入力枠の仕様などが変更になった場合の修正にも手間が掛かります。活用できる部分があれば、積極的に使ってみることをおすすめします。

指定回数分、繰り返し処理を行ってくれる［Loop］アクション

［Loop］アクションは［Loop］アクションと［End］アクションに挟まれたアクションを、指定された回数分繰り返し実行するアクションです。例えば毎日10件ずつ注文票を作成したいといった処理件数が決まっている業務の自動化に活用できます。**レッスン17**でExcelワークシートに繰り返し書き込みを行うフローを作成します。［Loop］アクションは「いま何回目の繰り返しか」をカウントする変数を持っており、それを使ってExcelワークシートに書き込む行を1行ずつ下げていく方法も解説しています。

データ行数分、繰り返し処理を行ってくれる［For each］アクション

［For each］アクションは［For each］アクションと［End］アクションに挟まれたアクションを、Excelなどから取り込まれたデータの行数分繰り返し実行するアクションです。実際の業務では、入力対象となるデータ数は都度変わります。［For each］アクションを使えば、実行したタイミングでExcelワークシートに入力されたデータの分だけ処理を行うことができ非常に便利です。

下の図でロボットを［For each］アクションだと思ってください。Excelワークシートから読み取ったデータが変数［ExcelData］に格納されています。 ロボットは繰り返しの1回目は変数「ExcelData」の1行目のデータ、1行分を記憶し、変数[CurrentItem]に格納します。データを使いたい場合、ロボットが変数[CurrentItem]に今回繰り返し処理で使う1行分のデータを格納してくれているので、列名を指定するだけで、必要なデータを指定することができます。繰り返し2回目は次の1行分のデータを記憶し、変数［CurrentItem ］に格納します。この動きを変数［ExcelData］の行数分繰り返し行い、最後の行が終わると、繰り返し処理を終了します。

レッスン

17 [Loop] アクションで繰り返し処理を作ろう

ループ

練習用ファイル L017_Loop.xlsx

ExcelワークシートのセルA1～セルA5までに、繰り返し「あいうえお」と入力する操作を作成します。[Loop] アクションと [End] アクションの間に配置されたアクションは、指定された回数だけ繰り返されることを理解しましょう。

1 [Excelの起動] を追加する

レッスン05を参考に「Loop」という名前のフローを作成し、フローデザイナーを表示しておく

1 [Excelの起動] をドラッグ

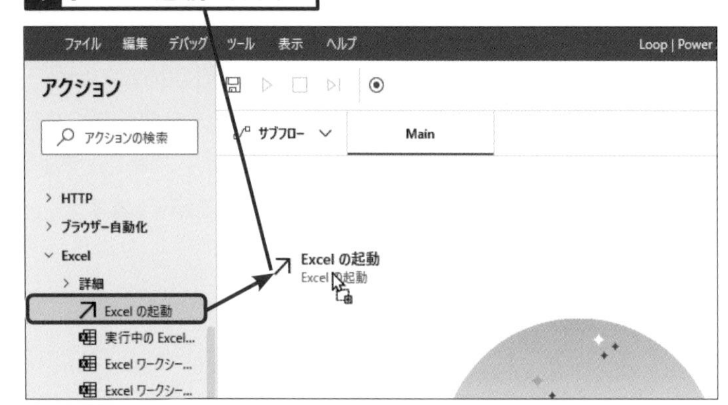

● [Excelの起動] アクション

Excel の起動

新しい Excel インスタンスを起動するか、Excel ドキュメントを開きます 詳細

パラメーターの選択

全般

Excel の起動: 次のドキュメントを開く

ドキュメント パス: C:\Users\yumit\Desktop\501593\第2章\L017_Loop.xlsx

インスタンスを表示する:

読み取り専用として開く:

エラー発生時 保存 キャンセル

キーワード

ここに注意

インプレスブックスからダウンロードし展開した [501593] をデスクトップに保存してください。[501593] フォルダーの [第2章] フォルダーに格納されている「L017_Loop.xlsx」を使用します。「L017_Loop.xlsx」の保存先を変えてしまうと、フローがエラーになる場合があるので、移動させないようにしてください。

使いこなしのヒント

[空のドキュメントを使用] を選択したときは

手順1で [空のドキュメントを使用] を選択した場合は、Power Automate for desktopにより新規のExcelファイルが作成されます。[空のドキュメントを使用] で起動したExcelファイルに書き込みを行った場合は必ず [Excelを閉じる] アクションなどを使い、保存先を指定して保存してからフローを終了しないとファイルが保存されません。保存先とファイル名を指定してExcelファイルを保存する方法は第3章のレッスン29で解説しています。

項目	設定内容
Excelの起動	[次のドキュメントを開く] を選択します。
ドキュメントパス	[ファイルの選択]（[アイコン]）をクリックし、[ファイルの選択] ダイアログボックスで「L017_Loop.xlsx」を選択し [開く] をクリックします。ファイルを選択するとドキュメントパスが表示されます。

2 [Loop] を追加する

1 [Loop] を最下部にドラッグ

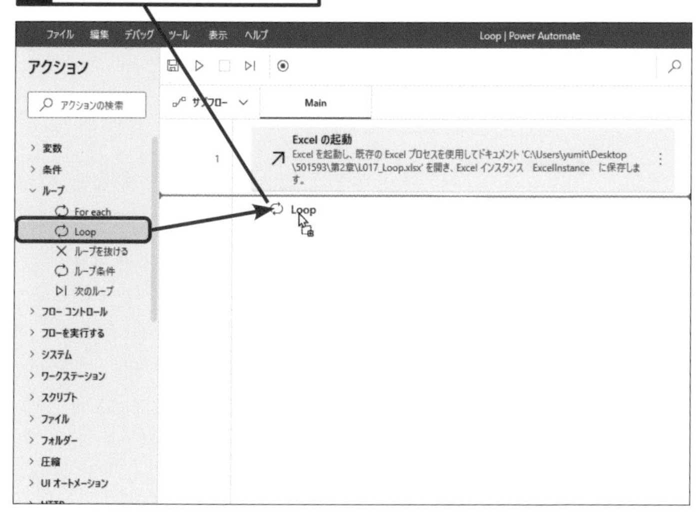

● [Loop] アクション

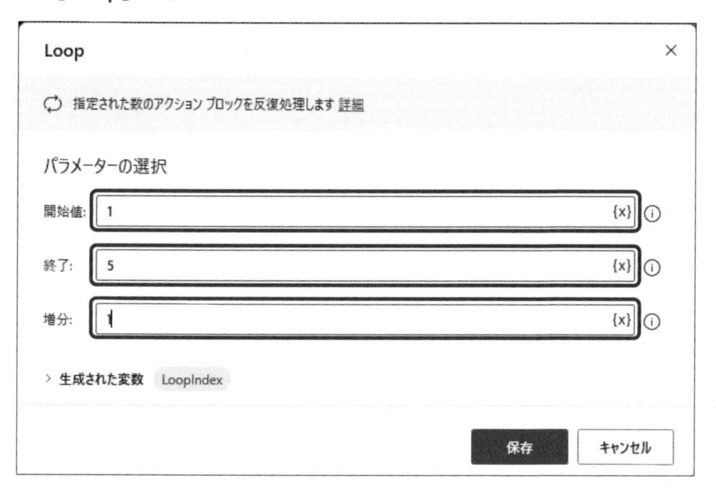

項目	設定内容
開始値	「1」を入力します。
終了	「5」を入力します。
増分	「1」を入力します。

使いこなしのヒント

社内ファイルサーバー上のExcelファイルも開ける

ファイルサーバー上に保存されているExcelファイルもPower Automate for desktopを使って、開いたり、書き込んだりすることができます。その場合、Power Automate for desktopがインストールされているパソコンや、サインインしているユーザーにファイルサーバーや、開こうとするフォルダーのアクセス権がないと操作できません。操作したいファイルへの接続が許可された状態になっていることを確認してください。

使いこなしのヒント

「増分」って何?

[増分] は、変数 [LoopIndex] をどういう刻みで増やすかを設定する項目です。[開始値] が「1」、[終了値] が「10」、[増分] が「1」であれば、変数 [LoopIndex] の値は「1、2、3…」と1ずつ増えていき、10に達するとLoopを終了します。[増分] には「-1」など負の値も設定できます。[開始値] が「10」、[終了値] が「0」、[増分] が「-1」であれば、変数 [LoopIndex] の値は「10、9、8…」と減っていき、0に達するとLoopが終了します。

使いこなしのヒント

[Loop] アクションで生成される変数

[Loop] アクションを使うと自動的に変数 [LoopIndex] が作られます。ダイアログボックス内の [開始値] に入れた値が、変数 [LoopIndex] の初期値として格納されます。変数 [LoopIndex] は繰り返しごとに自動で値が変わるようになっており、[終了値] に到達すると繰り返し処理を終了します。

次のページに続く

3 [メッセージを表示] を追加する

1 [メッセージを表示] を [Loop] と [End] の間にドラッグ

● [メッセージを表示] アクション

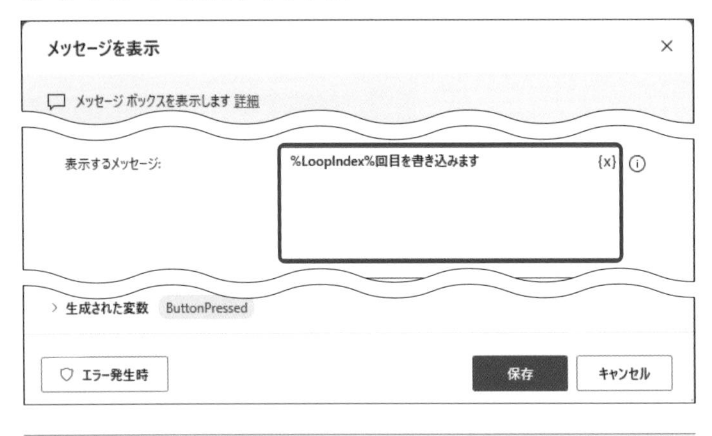

項目	設定内容
表示するメッセージ	「%LoopIndex%回目を書き込みます」と入力します。「%LoopIndex%」は [変数の選択] をクリック後 [LoopIndex] をダブルクリックして入力します。

4 [Excelワークシートに書き込む] を追加する

1 [Excelワークシートに書き込む] を [メッセージを表示] の下にドラッグ

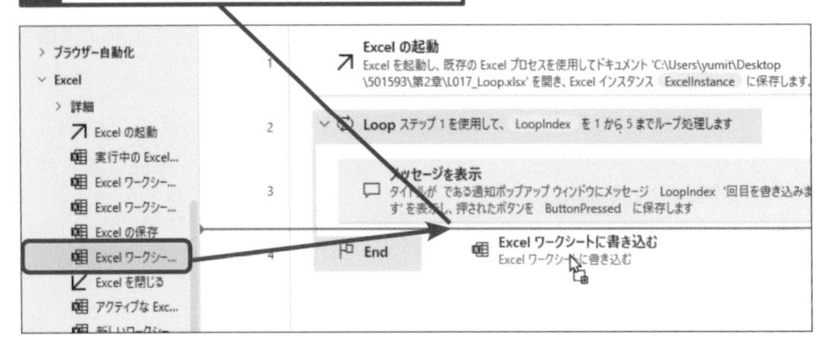

使いこなしのヒント
繰り返すアクションの挿入位置に注意

繰り返し実行させたいアクションは、[Loop] アクションと [End] アクションの間に挿入する必要があります。[End] アクションは [Loop] アクションを追加すると自動的に配置されるアクションで、繰り返し処理の対象となるアクションの範囲を指定する役割を果たしています。

ここに注意

テキストと変数を組み合わせて文字列を作成する場合は、テキストと変数を区別するために変数の前後を「%」で囲む必要があります。[変数の選択] を使って、変数を挿入すると自動的に「%」で囲われるので削除しないようにしましょう。

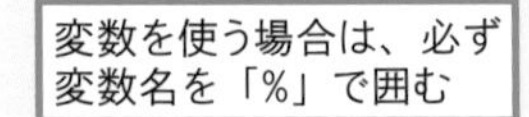
変数を使う場合は、必ず変数名を「%」で囲む

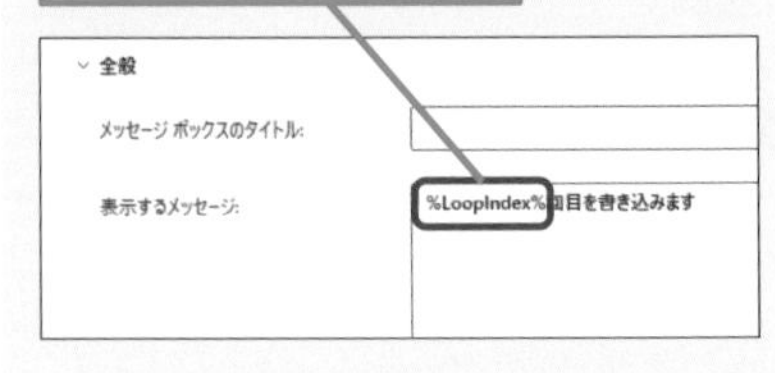

使いこなしのヒント
[End] アクションを削除してしまった場合は

[End] アクションは、[フローコントロール] グループの中にあります。誤って削除してしまった場合は、ワークスペースにドラッグして配置し直してください。

● ［Excelワークシートに書き込む］アクション

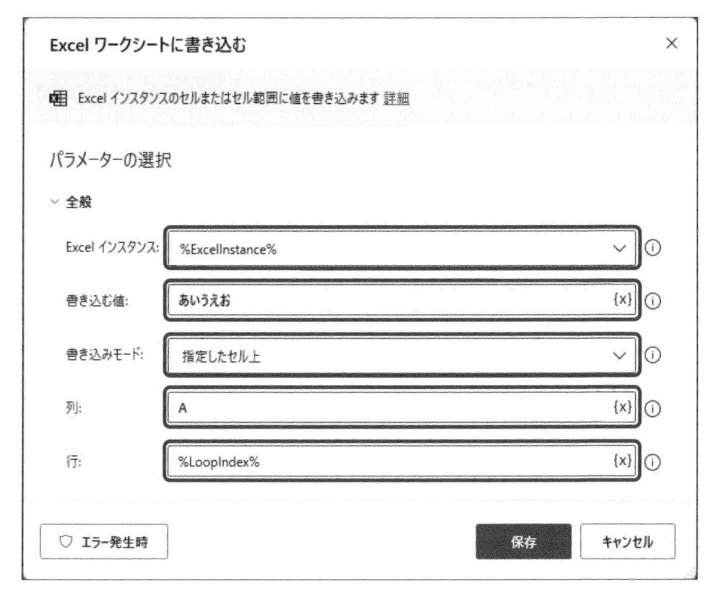

項目	設定内容
Excelインスタンス	「%ExcelInstance%」が選択されていること確認します。
書き込む値	「あいうえお」と入力します。
書き込みモード	［指定したセル上］を選択します。
列	「A」と入力します。
行	「%LoopIndex%」と入力します。［変数の選択］をクリック後［LoopIndex］をダブルクリックすると入力されます。

●フローを実行する

フローを実行するとメッセージボックスが表示される

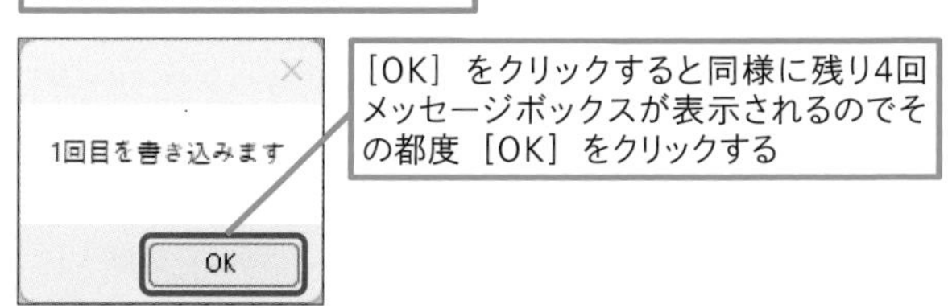

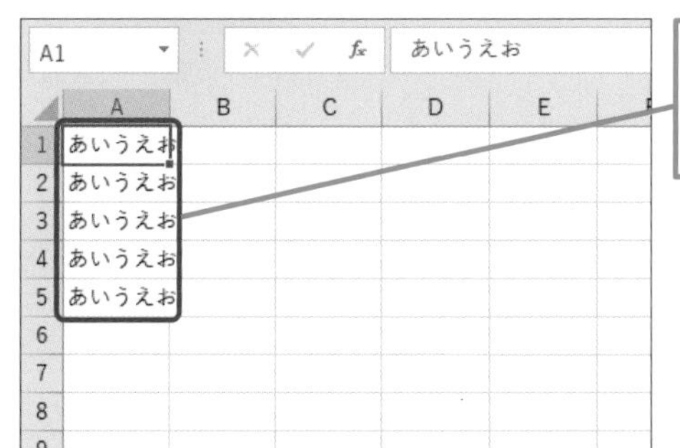

L017_Loop.xlsxのセルA1 ～ A5までに「あいうえお」と入力された

使いこなしのヒント
列に変数［LoopIndex］を指定すると?

［Loop］アクションでは［開始値］を「1」［終了値］を「5」［増分］を「1」に設定しています。そのため、繰り返し1回目には、変数［LoopIndex］には「1」が格納され、セルA1に「あいうえお」が入力されます。以降は、繰り返しのたびに変数［LoopIndex］の現在値が「1」ずつ増えるため、2回目にはセルA2に、3回目にはセルA3、4回目はセルA4、5回目にセルA5に入力され、Loopが終了します。

使いこなしのヒント
［変数ペイン］で［LoopIndex］の現在値を見てみよう

フローを実行して［変数ペイン］の変数［LoopIndex］の現在値がどのように変化していくかも確認してみましょう。［Loop］アクションの［増分］を「2」に変え、繰り返しの回数や［LoopIndex］の初期値や現在値がどうなるか観察すると［Loop］アクションの仕組みについて理解が深まります。

まとめ
繰り返し処理の基本が学べるアクション

［Loop］アクションを使って、同じアクションを繰り返し実行する方法を解説しました。［Loop］アクションは、繰り返しのたびに、アクションで作った変数の値を変化させていき、繰り返しの回数や終了するタイミングをコントロールしています。繰り返し実行させたいアクションは、［Loop］アクションと［End］アクションの間に必ず挿入しましょう。

レッスン

18 [For each] アクションで繰り返し処理を作ろう

For each　練習用ファイル　L018_Foreach.xlsx

Excelワークシートの「取引先リスト」を使って、[For each] アクションで繰り返し処理を行います。また列名を指定して任意のデータを取り出す方法を学びましょう。

キーワード

アクション	P.218
繰り返し処理	P.219
フローデザイナー	P.220

基本編　第2章　業務の自動化に必要な基本操作を覚えよう

Excelデータを元に繰り返し処理を行いながら、任意のデータを取り出す

取引先一覧.xlsxを読み取り、変数 [ExcelData] に格納します。[For each] アクションの [反復処理を行う値] に変数 [ExcelData] をセットし、繰り返しごとに列名「取引先名」に入っている値をメッセージボックスに表示させます。

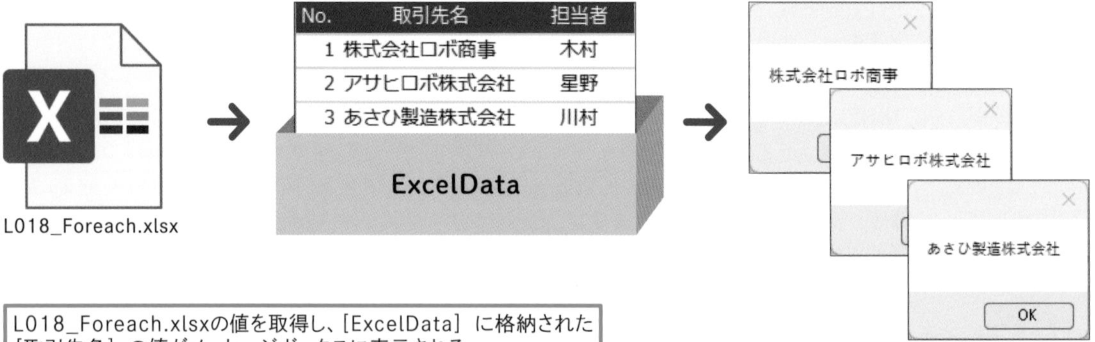

L018_Foreach.xlsxの値を取得し、[ExcelData] に格納された [取引先名] の値がメッセージボックスに表示される

1 [Excelの起動] を追加する

レッスン05を参考に「Foreach」という名前のフローを作成し、フローデザイナーを表示しておく

1 [Excelの起動] をドラッグ

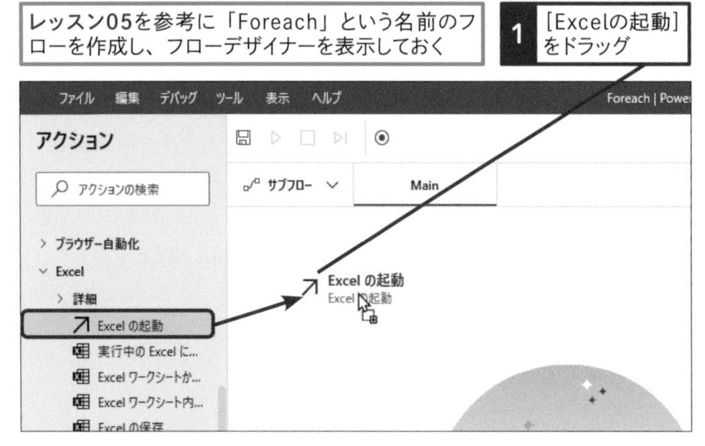

ここに注意

インプレスブックスからダウンロードし展開した [501593] フォルダーをデスクトップに保存してください。[501593] フォルダーの [第2章] フォルダーに格納されている「L018_Foreach.xlsx」を使用します。「L018_Foreach.xlsx」の保存先を変えてしまうと、フローがエラーになる場合があるので、移動させないようにしてください。

● [Excelの起動] アクション

項目	設定内容
Excelの起動	[次のドキュメントを開く] を選択します。
ドキュメントパス	[ファイルの選択] (□) をクリックし、[ファイルの選択] ダイアログボックスで「L018_Foreach.xlsx」を選択し [開く] をクリックします。ファイルを選択するとドキュメントパスが表示されます。

2 [Excelワークシートから読み取る] を追加する

1 [Excelワークシートから読み取る] を最下部にドラッグ

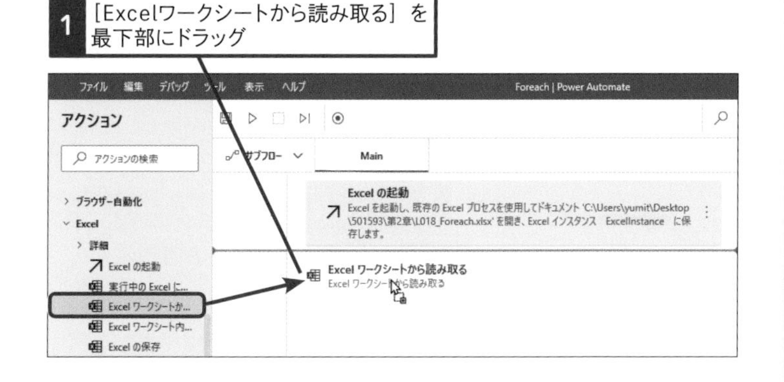

使いこなしのヒント

Excelインスタンスって何?

インスタンスとは「実体」という意味です。Power Automate for desktopはExcelを起動した際に自動的に変数 [ExcelInstance] を作成し、起動したExcelファイルを識別できる状態になります。2つ目のExcelファイルを立ち上げた場合は、変数「ExcelInstance2」が作成され、別のExcelファイルとして認識します。Excel操作のアクションを利用する際は、必ず [Excelインスタンス] を指定する必要があり、複数のExcelファイルが同時に起動する状態でも、それぞれを識別し、正確に操作を行うことができます。

使いこなしのヒント

[詳細] をクリックして項目を表示する

[詳細] があるアクションがあります。今回のようにより使いやすくなる設定が選択できる場合があるので、[詳細] があるアクションを見つけたらぜひ開いてみましょう。

[詳細] をクリックすると設定項目が展開される

使いこなしのヒント

[Loop] アクションと [For each] アクションの使い分け

本レッスンのようにExcelなどのデータ数に応じて繰り返し処理をしたい場合は [For each] アクションが便利です。一方、繰り返し回数が決まっているケースや、いま繰り返し何回目かという情報が欲しい場合は [Loop] アクションが便利です。レッスン17の73ページの使いこなしのヒントで解説した通り、変数 [LoopIndex] を使えば現在の繰り返し回数を取得することができます。

次のページに続く ➡

● [Excelワークシートから読み取る] アクション

項目	設定内容
Excelインスタンス	「%ExcelInstance%」が選択されていること確認します。
取得	[ワークシートに含まれる使用可能なすべての値] を選択します。
範囲の最初の行に列名が含まれています	[詳細] をクリックしてこの設定項目を表示し、オンにします。

3 [For each] を追加する

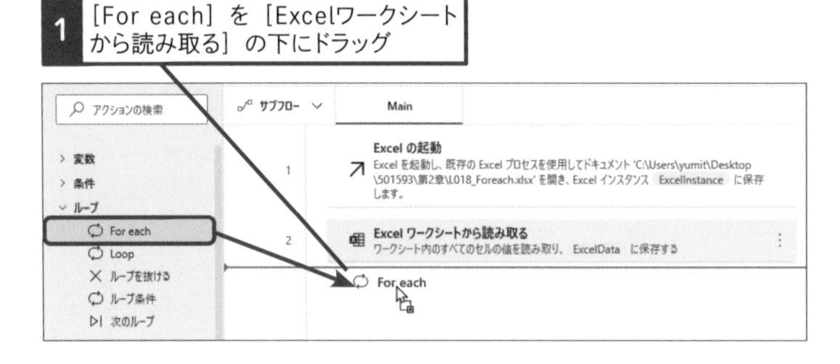

● [For each] アクション

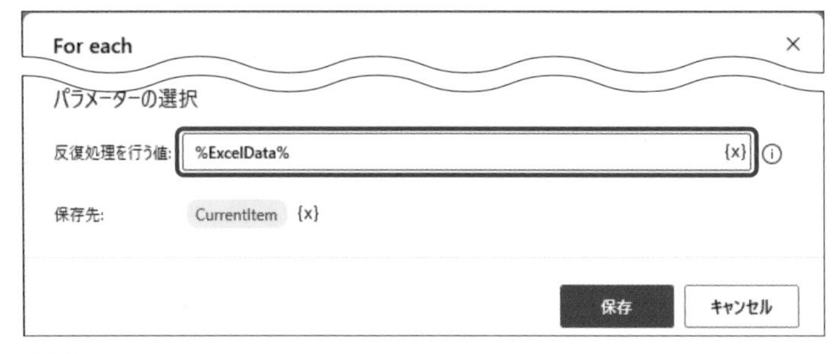

使いこなしのヒント

「ワークシートに含まれる使用可能なすべての値」とは?

ワークシート内のすべてのデータを読み取ることができます。実務では毎月ワークシート内のデータ行数が変わることがあります。この機能を使えば行数や列数が変わっても必要なデータを読み取ることができるようになります。

使いこなしのヒント

[範囲の最初の行に列名が含まれています] をオンにする理由

[範囲の最初の行に列名が含まれています] をオンにすることで、最初の1行目は列名として読み取られます。今回のケースでは、1行目の「No.」「取引先名」「担当者」が列名になり、変数 [ExcelData] の行と列を指定して取り出す際に、これらの列名を使用できるようになります。

使いこなしのヒント

[反復処理を行う値] に「Exceldata」を設定する理由

手順2で読み取ったExcelデータの行数分繰り返し処理を行いたいので、データ格納されている変数「Exceldata」を指定します。

使いこなしのヒント

['取引先名'] の「'」は何?

変数 [CurrentItem] で取り出す行や列を指定する際に、列名を使用する場合は「('シングルクォーテーション)」で囲う必要があります。これはPower Automate for desktopに変数内に数字ではなく、文字列が入っていることを伝えるためです。半角で入力する必要があります。誤って全角のシングルクォーテーションを入力するとエラーメッセージ「構文エラーです」が出ます。

項目	設定内容
反復処理を行う値	「%ExcelData%」と入力します。［変数の選択］をクリック後［ExcelData］をダブルクリックすると入力されます。

4 ［メッセージを表示］を追加する

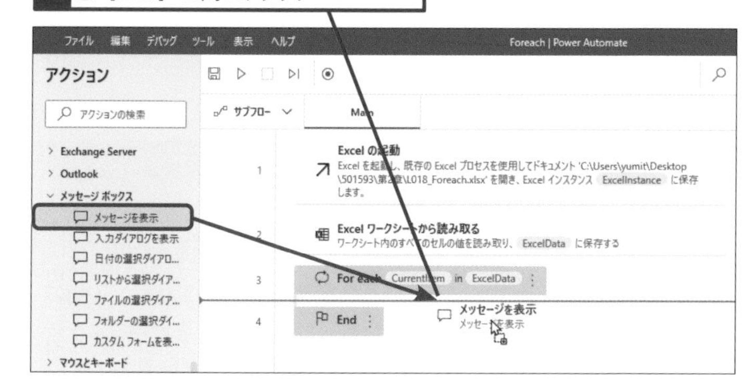

●［メッセージを表示］アクション

項目	設定内容
表示するメッセージ	「%CurrentItem ['取引先名'] %」と入力します。「%CurrentItem%」は［変数の選択］をクリック後［CurrentItem］をダブルクリックして入力します。

使いこなしのヒント

シングルクォーテーション「'」や「[]」角括弧を入力するには

手順4で入力する['取引先名']の「'」「[]」のキーの位置は下図を参照ください。パソコンによってはキーの位置や形が以下と異なる場合があります。

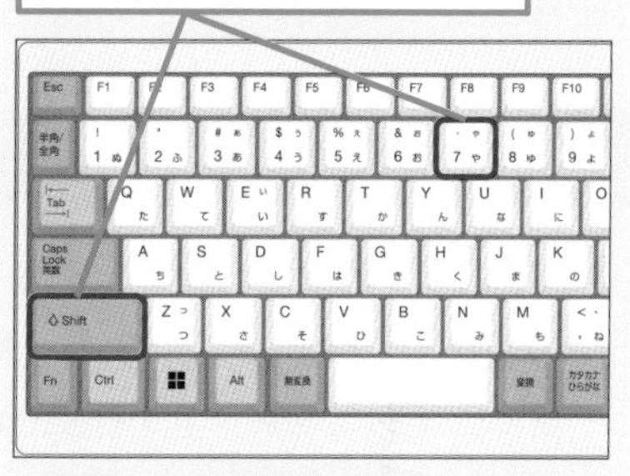

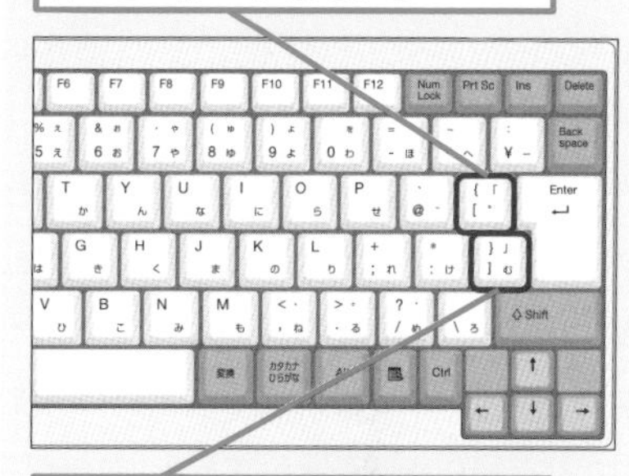

まとめ Excelデータの転記に便利なアクション

［For each］アクションは、繰り返しごとに［ExcelData］を1行ずつ記憶し、変数［CurrentItem］に格納します。繰り返しの回数は［ExcelData］の行数だけ行うので、［Loop］アクションのように［開始値］や［終了値］を設定する必要もありません。ExcelデータをWebシステムやアプリケーションに繰り返し入力する際、非常に便利なアクションです。

レッスン

19 条件によって処理を変えてみよう

条件分岐

練習用ファイル なし

年齢や金額によって作業内容を変える、といったことが実際の業務ではよく行われます。このレッスンでは条件に応じて、実行する内容を変える「条件分岐」について学んでいきます。

キーワード

条件によって処理を変える「条件分岐」とは

「曜日によって処理を変える」「一定金額以下は処理をスキップさせる」「品番がマスター上に存在しない場合は処理を停止させる」など、Power Automate for desktopでは条件によって処理を変えることができます。このように条件によって、処理内容を変えることを「条件分岐」と呼びます。条件分岐を行うには、[条件]グループ内のアクションを使います。基本的な条件分岐のアクションは、[If]アクション、[Else if]アクション、[Else]アクションです。[If]アクションは、設定した条件に一致した場合にのみ、処理を行うアクションです。[Else if]アクションと[Else]アクションは、2つ以上の条件を設定する場合、[If]アクションと組み合わせて使用します。このレッスンでは3種類の条件分岐アクションを組み合わせ、入力された値によって表示するメッセージを変えるフローを作成します。

● [If]アクションについて

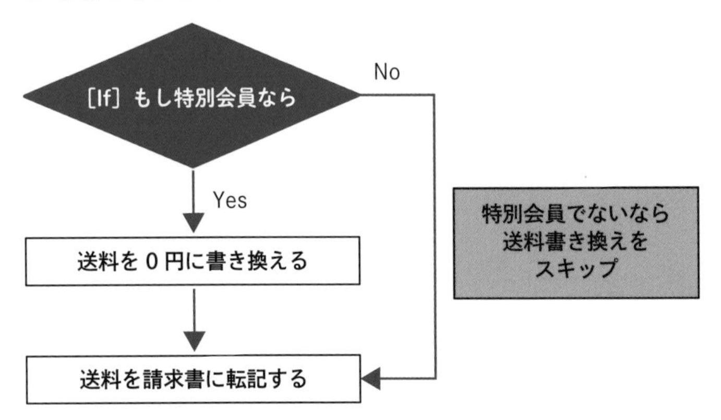

使いこなしのヒント

[If]アクションも[End]アクションとセットで使う

[If]アクションを配置すると、[Loop]アクションを配置したときと同じように[End]アクションが自動で配置されます。[If]アクションで設定した条件に一致した場合、[End]アクションまでのアクションを実行します。[If]アクションで設定した条件に一致しなかった場合、[End]アクションまでのアクションをスキップし、[End]アクションの次のアクションに移動します。

2つ以上の条件がある条件分岐もできる

2つ以上の条件がある条件分岐を作ることもできます。以下は、次ページ以降で作成するフローのイメージ図です。会員の年齢が6歳以上12歳未満かを判定するフローです。設定した条件に一致した場合のみに処理を行う［If］アクションと、［If］アクションの条件に一致しなかった場合にのみ、設定した条件に一致するか判定する［Else if］アクション、［If］アクションと［Else if］アクションの条件に一致しなかった場合に実行する［Else］アクションを配置して、3通りの結果を表示します。フローを作りながら、［If］アクションの使い方や［Else if］アクション、［Else］アクションとの組み合わせ方を学んでみましょう。

●フローの流れ

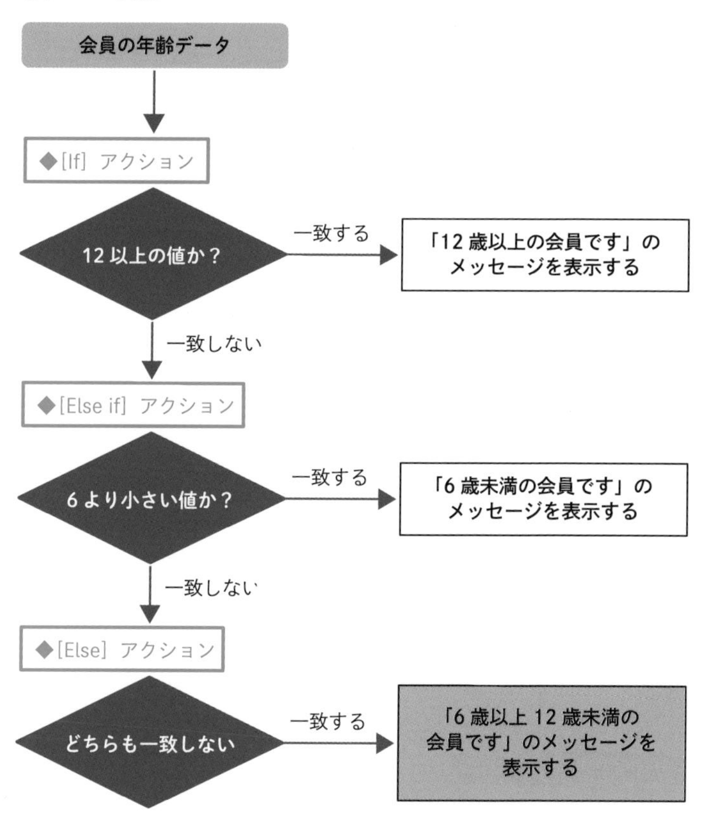

使いこなしのヒント

条件にはファイル名やUI要素を設定できる

［If］アクションと［Else if］アクションの条件には、テキスト、数字、変数以外にファイル名やUI要素も指定できます。特定のキーワードを含むファイル名だけ処理を行う、特定のボタンがWebページ上に出ている場合は処理を行うなどの条件分岐も設定できます。

使いこなしのヒント

条件分岐は何個まで設定できるの？

条件分岐の設定上限はありません。例えば、都道府県ごとに処理内容を変えたい場合は、47の条件分岐を設定することが可能です。しかし条件分岐の個数が増えれば増えるほど、フローは長く複雑になり、修正などする場合、大変になってしまいます。条件分岐の個数はできるだけ少なくし、シンプルなフロー作りを心掛けましょう。

まとめ

手順書が作れる業務は自動化できる可能性がある

数値や特定の文字列が含まれる場合など、明確な判断基準を示すことができる業務であれば、Power Automate for desktopで自動化できる可能性があります。経験値や感覚値がないとできない業務も手順を書き出してアイディアを出すと明確な条件が見つかる場合もあります。自動化をきっかけに業務をシンプル化するという視点を身に付けていくとよりよい活動になるでしょう。

レッスン
20 [条件] のアクションを使ってみよう

条件　練習用ファイル　なし

基本的な条件分岐のアクション、[If] アクションの使い方を学びましょう。また組み合わせて使うことで、条件を追加できる [Else if] アクション、[Else] アクションについても解説しています。

キーワード

演算子	P.219
オペランド	P.219
条件分岐	P.219

入力された年齢によって表示されるメッセージを変えてみよう

会員の年齢が小学生相当の6歳以上、12歳未満かどうかを判定するフローを作ります。[If] アクションで「12以上の値かどうか」を判定し、一致する場合は「12歳以上の会員です」と表示し、一致しない場合は [Else if] アクションに進みます。[Else if] アクションでは「6より小さい値かどうか」を判定し、一致する場合は「6歳未満の会員です」を表示します。[If] アクションと [Else if] アクションのどちらの条件にも一致しない場合は [Else] アクションに進み、「6歳以上12歳未満の会員です」と表示させます。前ページの図も参考にしてください。

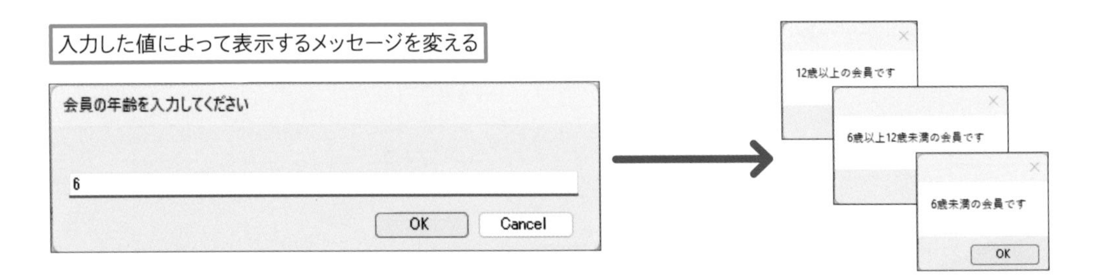

1 [入力ダイアログを表示] を追加する

レッスン05を参考に「条件分岐」という名前のフローを作成し、フローデザイナーを表示しておく

1 [入力ダイアログを表示] をドラッグ

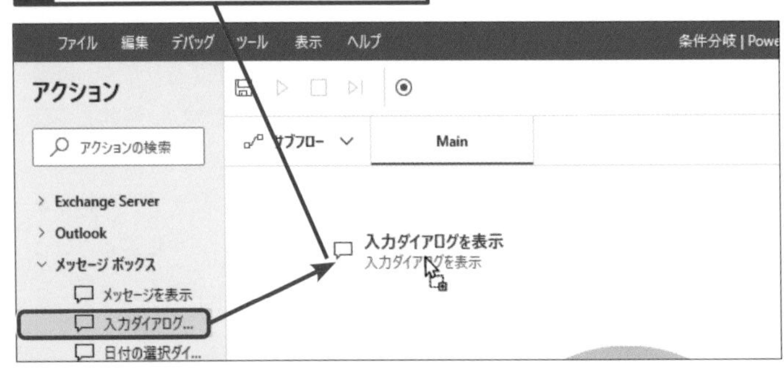

● ［入力ダイアログを表示］アクション

項目	設定内容
入力ダイアログのタイトル	「会員の年齢を入力してください」と入力します。

2 ［If］を追加する

1 ［If］を最下部にドラッグ

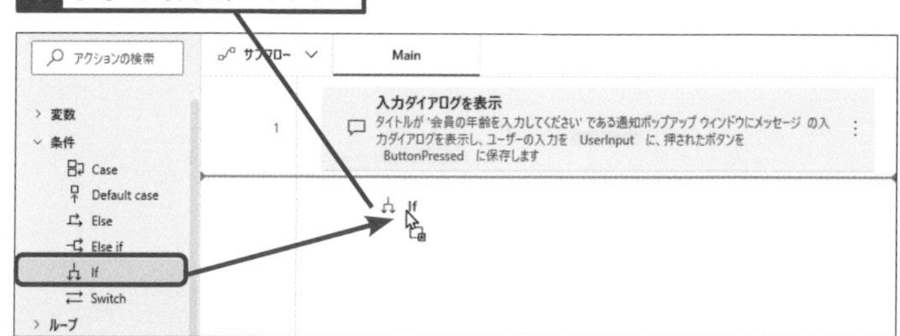

● ［If］アクション

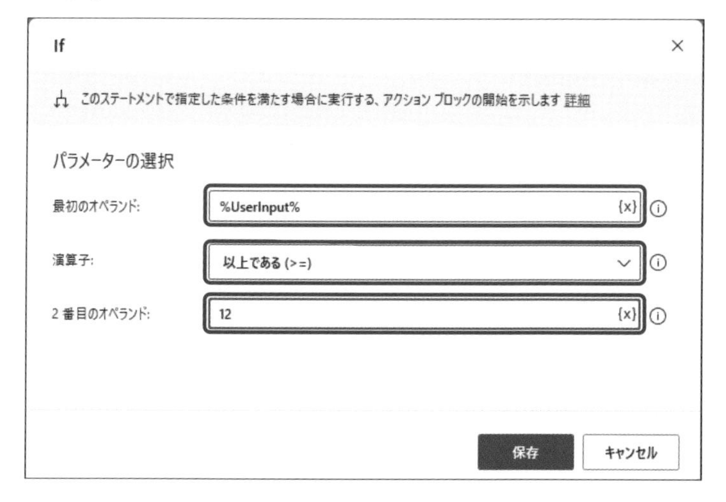

使いこなしのヒント

入力欄を表示するアクション

［入力ダイアログを表示］アクションは、入力された値を変数として取り込むことができます。入力した値は［入力ダイアログを表示］アクションによって作られる変数［UserInput］に格納されます。例えば、配達指定日だけはユーザーが決めた日時にしたい場合にこのアクションを使うと便利です。

使いこなしのヒント

オペランドとは?

オペランドとはパソコンなどが行う演算の対象となる値です。例えば、「x <5」のオペランドは「x」と「5」になります。演算子には「+」「−」「<」「=」などがあり、「<」のように2つのデータを比較するときに使う記号を「比較演算子」といいます。

使いこなしのヒント

演算子の種類

演算子は、合計14種類あります。等しい(=)、等しくない（<>）などの比較演算子以外に「次を含む」「次を含まない」などの演算子もあります。特定のキーワードが含まれていたら処理を実行するといった条件分岐を設定することができます。

次のページに続く

項目	設定内容
最初のオペランド	「%UserInput%」と入力します。[変数の選択]をクリック後 [UserInput] をダブルクリックすると入力されます。
演算子	[以上である(>=)] を選択します。
2番目のオペランド	「12」を入力します。

3 [If] に一致する場合にメッセージを表示する

1 [メッセージを表示] を [If] と [End] の間にドラッグ

● [メッセージを表示] アクション

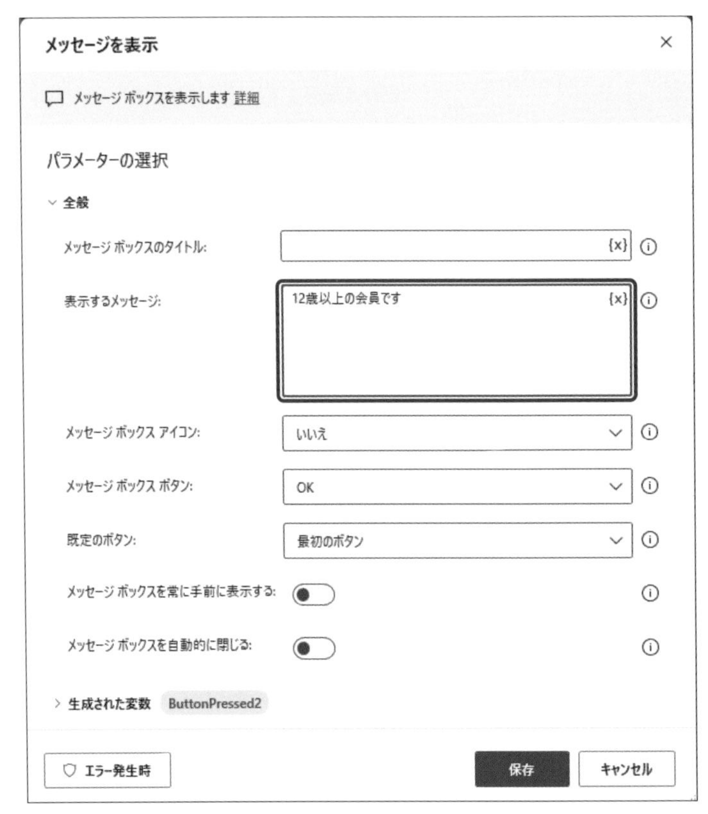

使いこなしのヒント

ここまでできたらフローを実行してみよう

手順3までできたら、フローを実行してみましょう。メッセージボックスに「0～100」の値を入力し、12以上の値が入力されたときはメッセージボックスが表示され、12より小さい値が入力されたときはメッセージボックスが表示されないことを確認してみましょう。

使いこなしのヒント

アクション同士のつながりを[ブロック]という

アクション同士がつながっている部分をブロックと呼びます。ブロックは一連の処理として扱われるため、ブロックの途中から「ここから実行」を行うことはできませ

◆ブロック

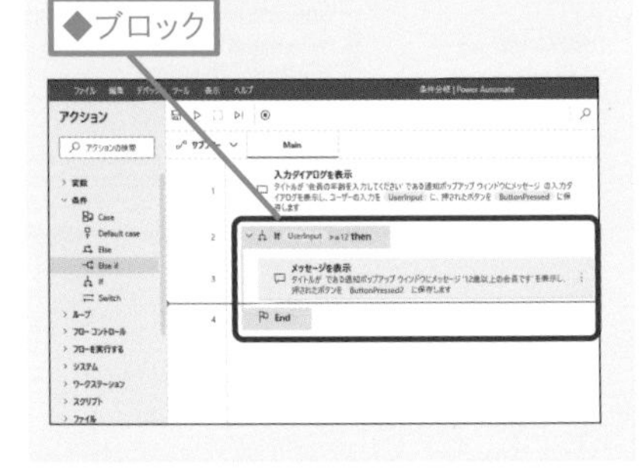

項目	設定内容
表示するメッセージ	「12 歳以上の会員です」と入力します。

4 [Else if] を追加する

1 [Else if] を [メッセージを表示] の下にドラッグ

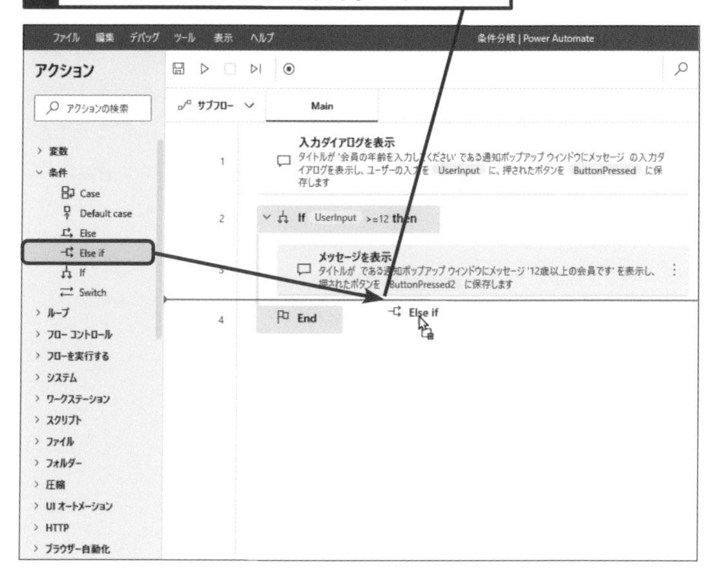

● [Else if] アクション

Else if

前の If ステートメントで指定した条件を満たしていないが、このステートメントで指定した条件を満たす場合に実行する、アクション ブロックの開始を示します 詳細

パラメーターの選択

最初のオペランド: %UserInput%

演算子: より小さい (<)

2 番目のオペランド: 6

保存 キャンセル

項目	設定内容
最初のオペランド	「%UserInput%」と入力します。[変数の選択] をクリック後 [UserInput] をダブルクリックすると入力されます。
演算子	[より小さい(<)] を選択します。
2番目のオペランド	「6」を入力します。

使いこなしのヒント

[Else if] アクションは [If] アクションとセットで使う

[Else if] アクションは、前に [If] アクションがない状態で配置するとエラーが表示されます。[Else if] アクションは [If] アクションの条件に一致しなかった場合に実行されるアクションです。単独で配置することはできません。

ここに注意

各アクションのダイアログボックス内で数字を入力する場合は「半角数字」で必ず入力しましょう。誤って全角数字を入力してもエラーは表示されないので、注意してください。

使いこなしのヒント

「より小さい(<)」「以下である(<=)」「未満」の違いは?

[より小さい(<)] を設定した場合、対象となる数字は含みません。[以下である(<=)] を設定した場合は、対象とする数字も含みます。「未満」は [より小さい(<)] と同じで、対象となる数字は含まない、という意味になります。

次のページに続く ➡

5 ［Else if］に一致する場合にメッセージを表示する

1 ［メッセージを表示］を［Else if］と［End］の間にドラッグ

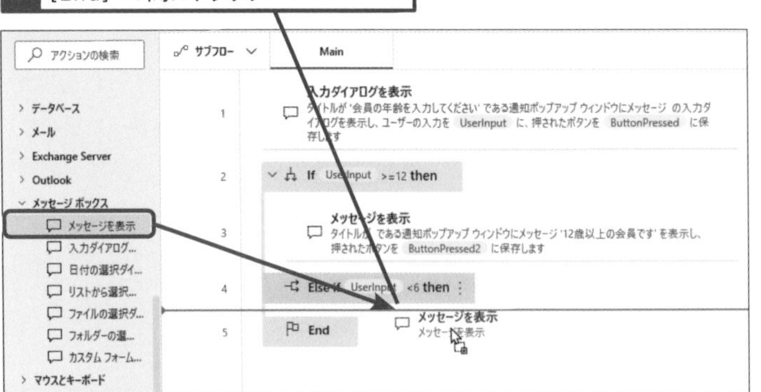

● ［メッセージを表示］アクション

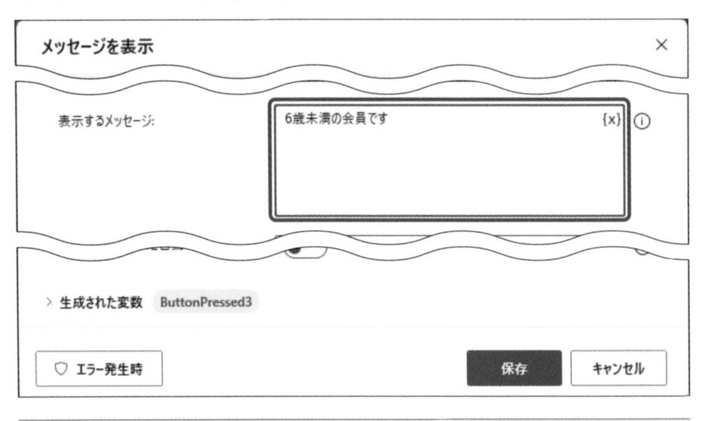

項目	設定内容
表示するメッセージ	「6歳未満の会員です」と入力します。

6 ［Else］を追加する

1 ［Else］を［メッセージを表示］の下にドラッグ

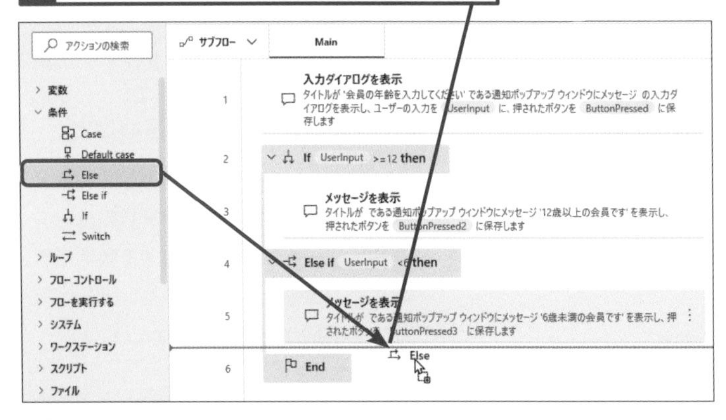

使いこなしのヒント

［Else］アクションはダイアログボックスが自動で開かない

［Else］アクションと［End］アクションの間に配置されたアクションは、［If］アクションや［Else if］アクションの条件に一致しなかった場合に実行される仕組みになっています。そのため、［Else］アクションのダイアログボックスには設定項目がなく、ワークスペース配置した際もダイアログボックスは表示されません。ダイアログボックスを表示したい場合は、ワークスペース上の［Else］アクション上でダブルクリックしてください。

7 どちらにも一致しない場合にメッセージを表示する

1 ［メッセージを表示］を［Else］と［End］の間にドラッグ

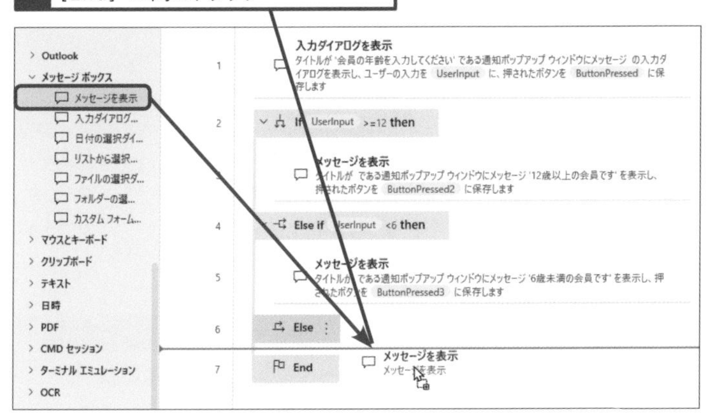

● ［メッセージを表示］アクション

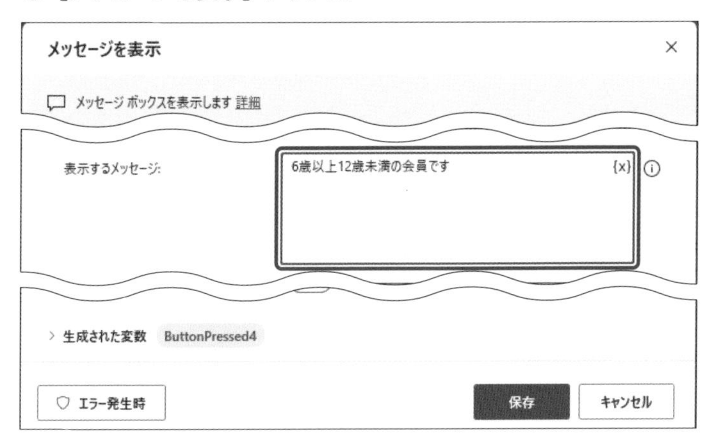

項目	設定内容
表示するメッセージ	「6歳以上12歳未満の会員です」と入力します。

使いこなしのヒント

実際の業務でこのフローを使う際の注意点

フロー実行時に出てくる［会員の年齢を入力してください］画面で［OK］ではなく［Cancel］を押してもフローは実行されてしまいます。もしこのフローを実際の業務で使いたい場合は［入力ダイアログ表示］アクションのボタン選択結果を格納する変数［ButtonPressed］に「OK」が格納された場合のみ実行される条件を追加した方がよいでしょう。［入力ダイアログを表示］アクションの後に［If］アクションを追加し［ButtonPressed］＝OKという条件設定をし、このレッスンで作成した［If］から［End］までのアクションを［End］で囲います。

まとめ 「もし●●が△△なら」と考えると分かりやすい

条件分岐は［オペランド］に格納された2つのデータを「演算子」で比べることで、条件に一致するか、しないかを判定しています。本レッスンで作成したフローのように、［If］アクションで1つの条件分岐を行えるだけでなく、条件に一致しなかった場合は［Else if］アクションでさらに条件分岐を設定することができます。

使いこなしのヒント

フローを実行し、いろんな数字を入力してみよう

［実行］▷の右にある［次のアクションを実行］▷|を使うと、アクションの動きを1つずつ確認しながらフローを実行することができます。メッセージボックスにいろいろな数字を入力して、［If］［Else if］［Else］の各アクションによって、どのように条件分岐が進んでいくか確認してみましょう。

12歳以上の会員です
OK

12以上の値を入力すると「12歳以上の会員です」と表示される

6未満の値を入力すると「6歳未満の会員です」と表示される

レッスン

21 エラーを確認するには

エラー

練習用ファイル　なし

フロー作成中やテスト実行の際にエラーが出る場合があります。エラーが出た場合に表示される［エラーペイン］は、エラーの場所やエラー内容を知らせてくれる重要な画面となるため、確認しておきましょう。

キーワード

エラー発生時の画面

エラーは主にフロー作成中と実行中に発生します。フロー作成中にエラーが表示された場合は、画面下部に表示される［エラーペイン］でエラーが発生したアクションとエラー内容を確認し、アクションの編集を行います。実行中に問題が発生してフローが停止した場合は、変数が格納できていない、違う値が格納されてしまっている、読み込むはずのファイルがフォルダー内になかった、など複数の要因が考えられます。**レッスン11**のスキルアップにあるブレークポイントや［次のアクションを実行］を使って、［変数ペイン］に表示される変数の現在値を確認しながら、エラーが起こった原因を探していきます。このレッスンでは、フロー作成中にエラーメッセージが出た場合の見方を解説します。

使いこなしのヒント

［エラーペイン］を閉じるには

［エラーペイン］右上の［閉じる］（⊠）をクリックすると閉じることができます。エラーが解消していない場合は、状態バーの右端に（ⓘ）が表示され、クリックすると［エラーペイン］が再表示されます。また状態バーのステータスも「見つかったランタイムエラー」という表示が維持されます。エラーが解消されれば、ステータスが「準備完了」に変わります。

●ランタイムエラーの例

エラーが発生するとアクションの番号の左にⓘマークが付く

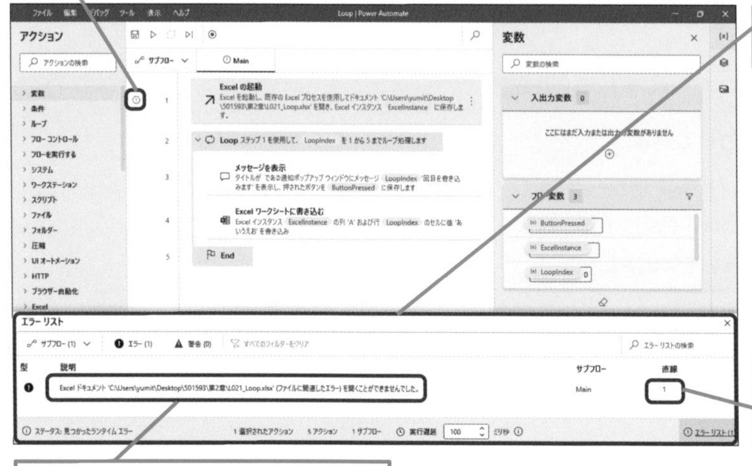

◆エラーペイン
エラー情報が表示される領域

［アクション］にはエラーを発生させたアクションの行番号が表示される

［エラー］にはエラーの内容が表示される

1 エラーメッセージを確認する

ここではレッスン17で作成した「Loop」フローを編集する

[コンソール] 画面を表示しておく

1 [自分のフロー] をクリック

2 [Loop] をダブルクリック

フローデザイナーが表示された

3 [Excelの起動] をダブルクリック

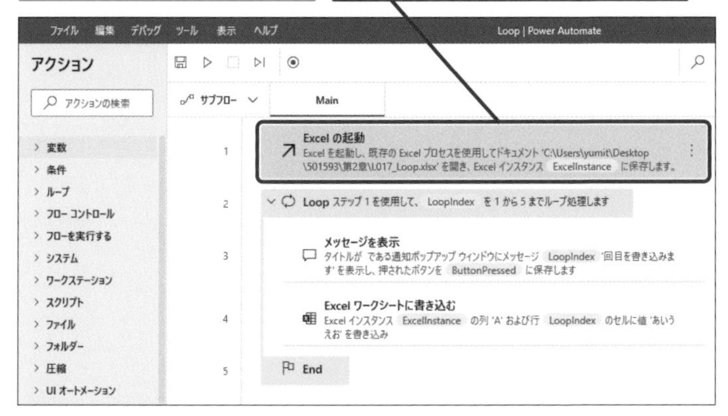

4 [ドキュメントパス] の「L017」を「L021」に変更

5 [保存] をクリック

フローを実行すると、エラーが表示される

使いこなしのヒント

ブレークポイントを設定して変数を確認しよう

[Loop] アクションなどの繰り返し処理を行うアクションにブレークポイントを付けると、繰り返し処理の1件ずつについて、変数の現在値が確認できます。55ページのスキルアップを参考に、[デバッグ] をクリックすると、ブレークポイントの切り替えやすべてのブレークポイントの削除ができます。

1 [Loop] アクションの番号の左をクリック

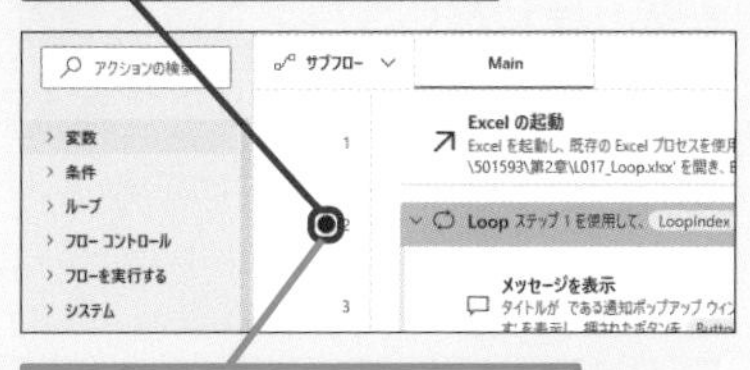

ブレークポイントが設定された

フローを実行すると、一時停止した時点でのフロー変数に格納されている値が表示される

まとめ フローはエラーを修正しながら作りこむもの

エラーの修正や実行のテストを繰り返すことは、フローを作成する過程の一部です。フローデザイナーにはエラーが発生した場合に原因箇所を特定するための機能が複数あります。アクションの設定や変数の値を確認し、エラーの原因箇所を特定し修正できるようになりましょう。

この章のまとめ

絶対押さえたい「変数」「繰り返し処理」「条件分岐」

この章で学んだことは、Power Automate for desktopの学習の基礎にあたる内容です。変数は、「変数名」「初期値」「現在値」などの言葉の意味も確認しながら、仕組みを理解していくとよいでしょう。繰り返し処理は、同じ作業を繰り返し行いたいときに便利な仕組みです。何回繰り返したら終わりにするか、必要な繰り返し回数をどうやって決めるかを考えながら使いましょう。

条件分岐はどのアクションを使って、条件を設定していけば対象を絞り込んでいけるか、フロー作りを通して条件分岐の組み立て方を知っていくことが大切です。これ以降はこの章で学んだ内容を使って、実践的なフローを作成していきます。「変数」「繰り返し処理」「条件分岐」に不安を感じる場合は、レッスンに戻って復習をしておくとよいでしょう。

「変数」「繰り返し処理」「条件分岐」を理解できるとさまざまなフローが作成できる

演習で作ったフローが動いて、めちゃくちゃ嬉しかったです！

すばらしいです！自分で作ったフローが動くと、とっても嬉しいですよね。その気持ちを忘れないで！

「変数」や「繰り返し処理」言葉はちょっと難しかったけど、仕組みは理解できたと思います。

その調子です！次章からは実務を想定したフローを作っていきますよ。

活用編

第3章

Excelの作業を自動化しよう

この章では、第2章で学んだ繰り返し処理と条件分岐を使いながら、データ元となるExcelファイルを読み込み、別のExcelファイルに転記し保存するフローを作成します。Excelファイルを開く、ワークシートを指定する、データを読み取る、セルに書き込むなどの操作は、Excelグループのアクションで簡単に行えます。

レッスン
22 Introduction この章で学ぶこと
取引先別の請求書を作成しよう

本章では取引先ごとの請求項目が記載されている[請求項目一覧.xlsx]から、取引先別の請求書作成を自動化するフローを作成します。フロー作成を開始する前に作業手順やアクションの組み立て方を確認しましょう。

Excelの請求書作成業務を自動化してみよう

ここからは第2章で学んだことを使って、Excelファイルの転記に挑戦しますよ!

どんな業務なんですか?

取引先別の請求項目が記載された一覧ファイルの情報を元に取引先別の請求書を作成する業務です。

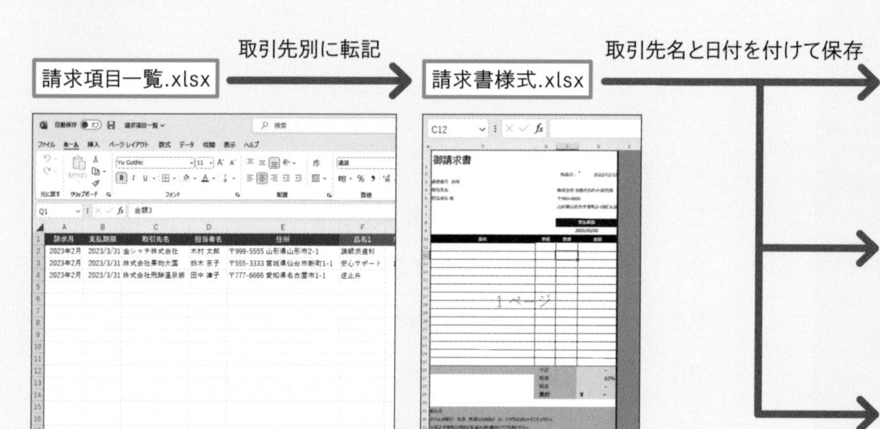

こういう業務って、ミスが許されないから気を遣うんですよね。

気を遣いますよね～。
きちんとしたフローを作れば、何百件でもミスすることなく高速で自動処理してくれて、とっても楽になりますよ。

作成するフローの流れを確認しよう

フローを作成する前に手作業の場合の業務手順を書き出してみましょう

Power Automate for desktopのフローも手作業と同じ流れて作ればいいのでしょうか?

手作業とPower Automate for desktopでは手順が変わるところもあるんですよ。またフローを作り始める前に、どの部分が繰り返し処理や条件分岐を使うとよいか目星を付けておくと作成しやすいです。

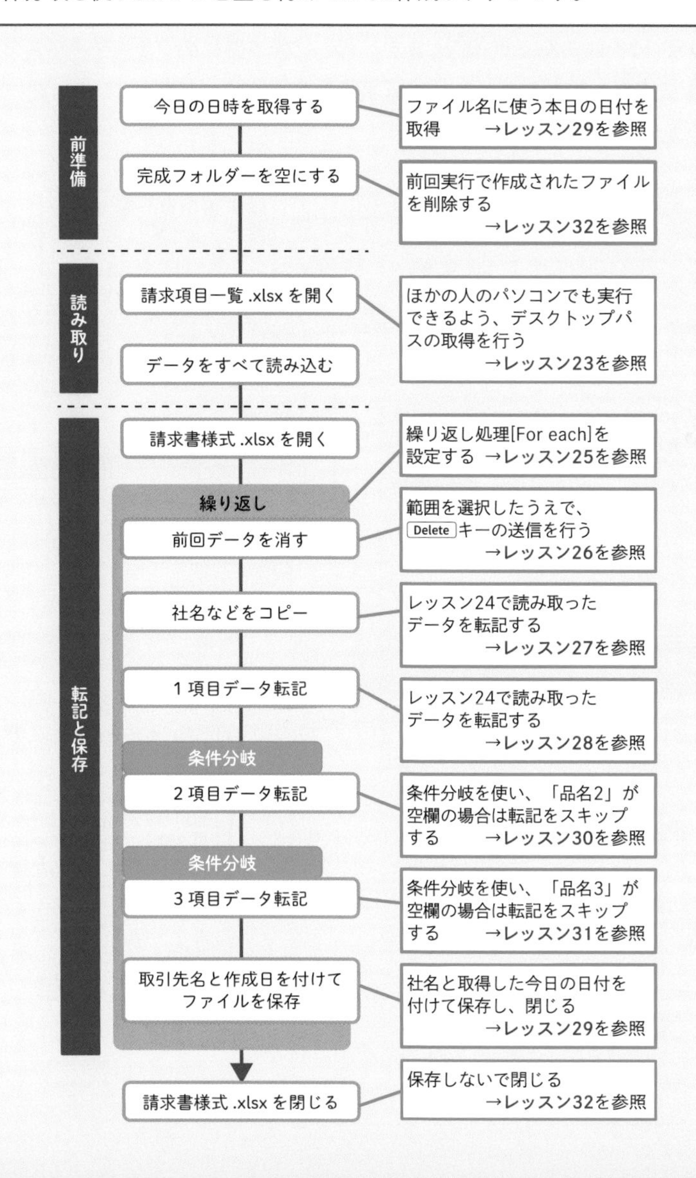

レッスン

23 Excelを開いて操作するワークシートを指定するには

Excelの起動

練習用ファイル [第3章] フォルダー

練習用ファイルを[デスクトップ]に保存しフローを作り始めましょう。目的のワークシートを選択状態にすることを「アクティブ化」といい、ここではその操作を行うアクションを配置します。

キーワード

インスタンス型	P.218
インデックス番号	P.219
ファイルパス	P.220

Excelファイルを開いてシートを選択状態にする

[請求書項目一覧.xlsx] のデータを読み取る準備をします。[デスクトップ] のフォルダーパスを [特別なフォルダー] アクションで取得、生成された変数を使って [請求項目一覧.xlsx] を起動して [一覧] シートを選択状態にするアクティブ化を行います。

1 フォルダーのパスを取得する

1 [特別なフォルダーを取得] をドラッグ

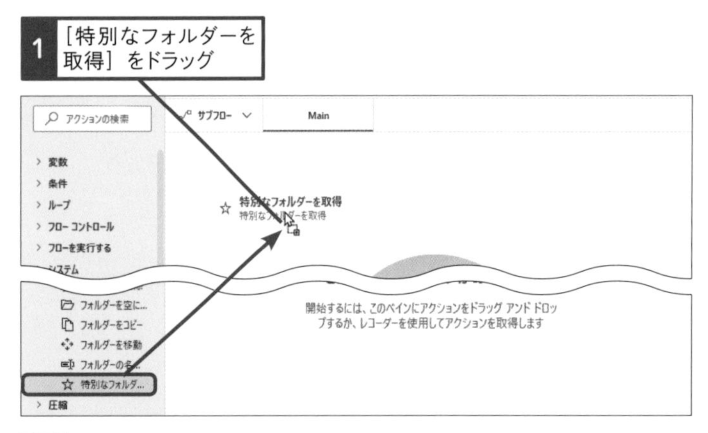

ここに注意

インプレスブックスからダウンロードしたZIPファイルを展開し、デスクトップに保存してください。

[501593] をデスクトップに保存し [第3章] フォルダー内に各ファイルが用意されているか確認する

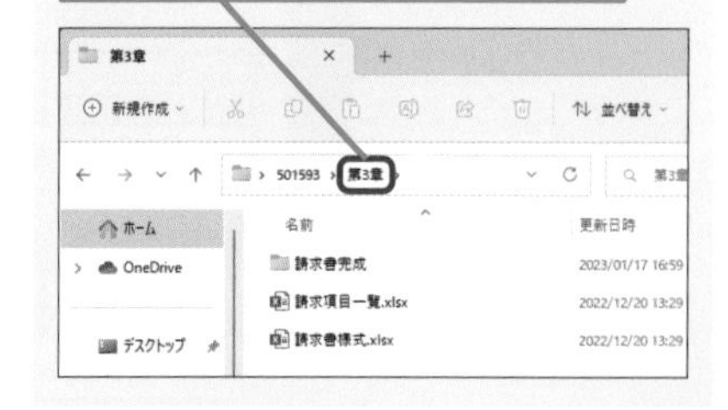

● ［特別なフォルダーを取得］アクション

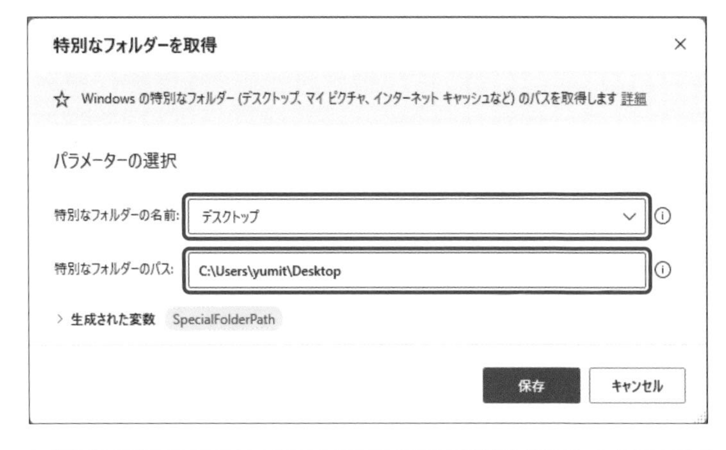

項目	設定内容
特別なフォルダーの名前	［デスクトップ］を選択します。
特別なフォルダーのパス	［特別なフォルダーの名前］で指定したフォルダーのパスが表示されます。

2 Excelを起動する

1 最下部に［Excelの起動］をドラッグ

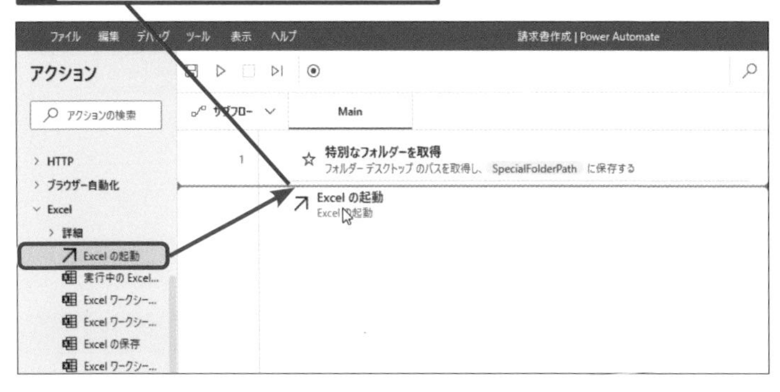

使いこなしのヒント
「特別なフォルダー」って?

［デスクトップ］や［ドキュメント］など、Windowsによって作成されているフォルダーです。フォルダーのパスは「C:\Users\ログインユーザー名\Desktop」など、パソコンにログインしているユーザー名が含まれている場合が多く、作ったフローをほかの人のパソコンのPower Automate for desktopにコピーして実行しようとすると、ユーザー名の部分が異なるため、エラーになります。このアクションを使ってパスを取得すれば、ファイルパスのログインユーザー名部分を都度取得してくれるので、フローをコピーした際もエラーが起こらなくなります。

使いこなしのヒント
Excel以外のアプリを起動するには

Excelを起動するには、専用のアクション［Excelの起動］がありますが、それ以外のアプリケーションには専用の起動アクションが用意されていません。WordやPowerPointなどほかのアプリケーションを起動する場合は、レッスン09で使用した［アプリケーションの実行］アクションを使用します。

使いこなしのヒント
ファイルなどを移動したらフローの修正も忘れずに

起動するExcelファイルの保存先を変更したときや、フォルダー名を変更した場合はファイルパスが変わります。［Excelの起動］アクションの中で設定した［ドキュメントパス］を変更しないと、一致するファイルパスがない状態となりエラーになってしまいます。忘れずに変更するようにしましょう。

［ドキュメントパス］に指定した場所にファイルがないとエラーが表示される

次のページに続く ➡

● ［Excelの起動］アクション

項目	設定内容
Excelの起動	［次のドキュメントを開く］を選択します。
ドキュメントパス	「%SpecialFolderPath%\501593\第3章\請求項目一覧.xlsx」を入力します。「%SpecialFolderPath%」は［変数の選択］をクリック後［SpecialFolderPath］をダブルクリックすると入力されます。続いて、「\501593\第3章\請求項目一覧.xlsx」を入力します。「\」は半角の「¥」を入力すると自動的に変換されます。

使いこなしのヒント

変数名は正しく入力しよう

［ドキュメントパス］には、手順1の［特別なフォルダーを取得］アクションで生成された［SpecialFolderPath］を使用してパスを指定します。変数名を正しく入力するために［{x}］をクリックして変数の一覧から［SpecialFolderPath］をダブルクリックしましょう。

1 ［{x}］をクリック

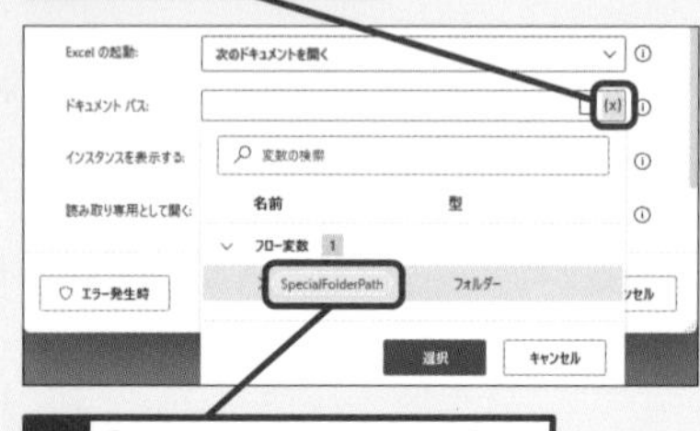

2 ［SpecialFolderPath］をダブルクリック

「%SpecialFolderPath%」が入力された

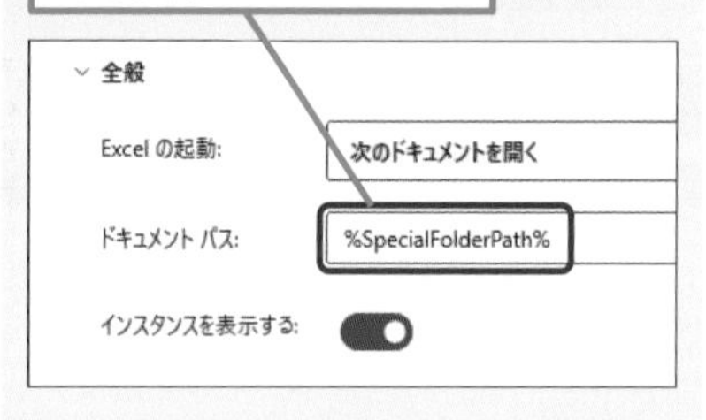

スキルアップ

変数［SpecialFolderPath］を使ってファイルパスが作成できる

デスクトップに保存してあるファイルのファイルパスを［ファイルの選択］を使って取得すると、「C:\Users\ログインユーザー名\Desktop」などユーザー名が含まれた状態でファイルパスが入ります。このままでは別のパソコンでフローを実行した場合、ユーザー名部分が異なるためエラーとなってしまいます。これを防ぐため、［特別なフォルダーを取得］アクションを使って、フローを実行しているパソコンのデスクトップパスを取得した上で、ファイルパスの「C:\Users\ログインユーザー名\Desktop」部分を%SpecialFolderPath%に書き換えておきます。

「C:\Users\ ログインユーザー名\Desktop\501593\第3章\請求項目一覧.xlsx

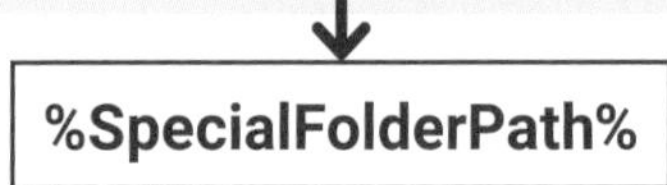

3 シートをアクティブにする

1 最下部に［アクティブなExcelワークシートの設定］をドラッグ

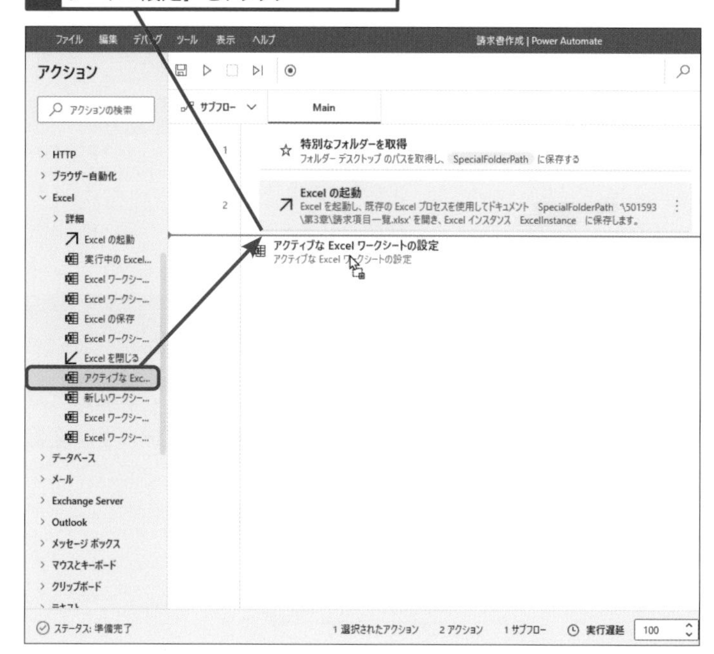

● ［アクティブなExcelワークシートの設定］アクション

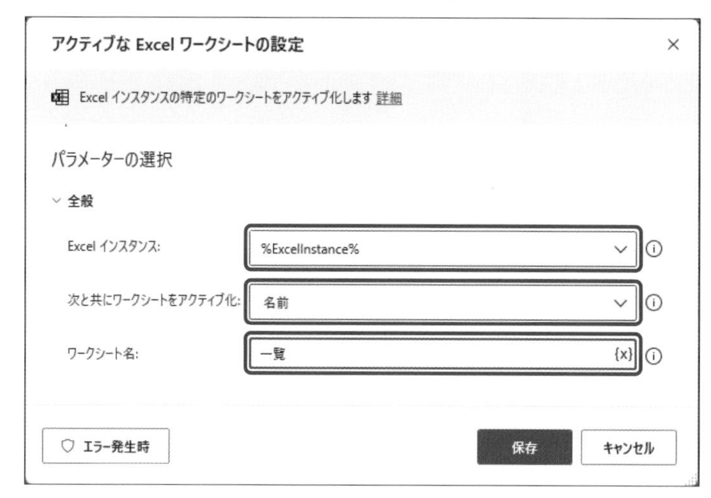

項目	設定内容
Excelインスタンス	［%ExcelInstance%］が選択されていることを確認します。
次と共にワークシートをアクティブ化	［名前］を選択します。
ワークシート名	「一覧」と入力します。

使いこなしのヒント

ワークシートをアクティブ化する理由って？

ブック内に複数のワークシートが存在する場合は、ファイル起動後に操作を行うワークシートを選択状態にする「アクティブ化」を行う必要があります。アクティブ化するワークシートは、ワークシート名またはインデックス番号で指定します。インデックス番号は、既存のワークシートの間に新しいワークシートが追加されると、番号が変わってしまう可能性があるため、ワークシート名での指定がおすすめです。

◆インデックス番号
インデックス番号はワークシートの左から順に1からの数字で割り当てられる

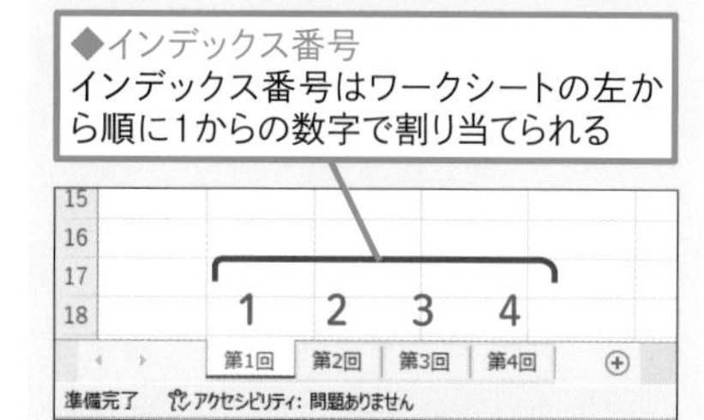

ワークシートが間に追加されるとインデックス番号も変わる

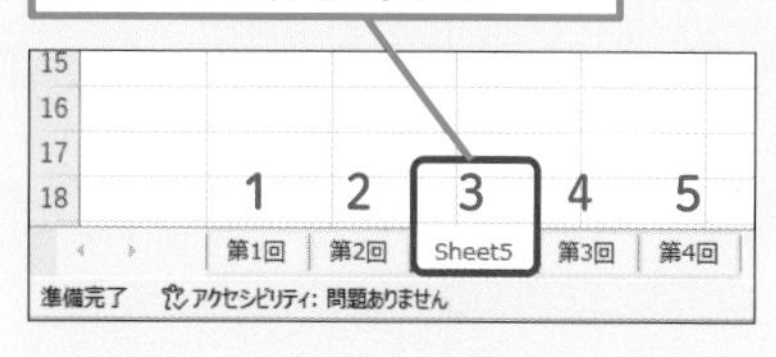

まとめ 環境変化に対応できるフロー作りを心掛ける

本レッスンでは［特別なフォルダーを取得］アクションを使うことで、フローを実行するパソコンが変わっても、ユーザー名を自動で取得し直し実行できるようにしています。また、Excelファイルは、新たにワークシートが挿入される場合があります。ワークシートの指定はインデックス番号ではなく、ワークシート名で指定する方法がより確実です。

レッスン

24 Excelの内容を読み取るには

データの読み取り

練習用ファイル ［第3章］フォルダー

Excelワークシートのデータが更新され、行数や列数が変わっても対応できるように、データが入力されている範囲を確認してから読み込みを行う方法を解説します。

キーワード

Excelインスタンス	P.218
アクティブ化	P.218
変数	P.220

入力されているデータを読み取る

レッスン23でアクティブ化した［一覧］シートのデータを読み取ります。データが入力されている範囲を読み取れるよう、［Excelワークシートから読み取る］アクションの設定を行います。読み取ったデータは変数［ExcelData］に格納し、［請求項目一覧.xlsx］を保存せずに閉じます。

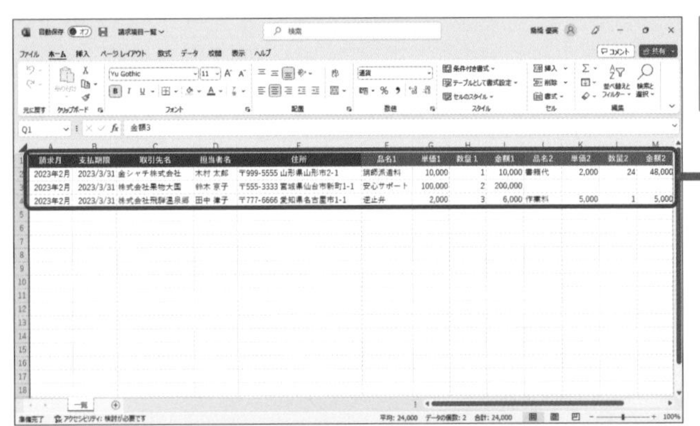

変数［ExcelData］に［一覧］シートに入力されている値を格納する

ExcelData

1 シートに含まれるデータをすべて読み取る

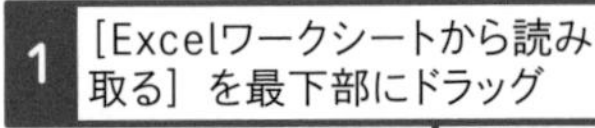

1 ［Excelワークシートから読み取る］を最下部にドラッグ

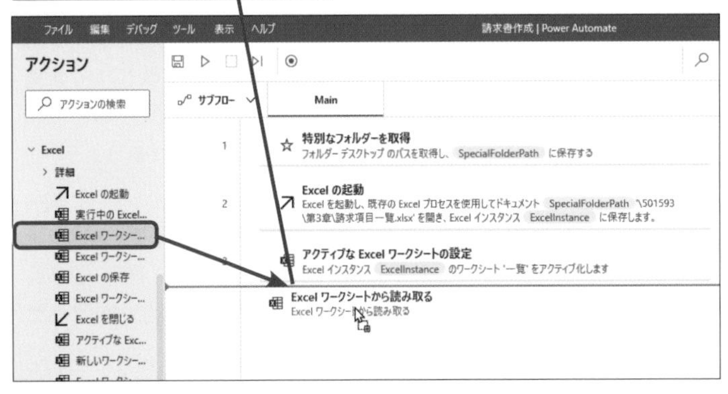

使いこなしのヒント

変数［ExcelInstance］の中身について

［Excelの起動］アクションで開いたExcelファイルに対して自動的に生成される変数が、［ExcelInstance］です。Power Automate for desktopでは、複数のExcelファイルを操作する場合、それぞれにExcelインスタンス変数を設定し、識別しています。2つ以上のExcelファイルを起動した場合、変数名の末尾に連番が振られた［ExcelInstance2］［ExcelInstance3］などが作成されます。

● ［Excelワークシートから読み取る］アクション

Excel ワークシートから読み取る ×

Excel インスタンスのアクティブなワークシートからセルまたはセル範囲の値を読み取ります 詳細

パラメーターの選択

全般

Excel インスタンス: %ExcelInstance%

取得: ワークシートに含まれる使用可能なすべての値

詳細

セルの内容をテキストとして取得:

範囲の最初の行に列名が含まれています:

生成された変数 ExcelData

エラー発生時 保存 キャンセル

項目	設定内容
Excelインスタンス	［%ExcelInstance%］が選択されていることを確認します。
取得	［ワークシートに含まれる使用可能なすべての値］を選択します。
範囲の最初の行に列名が含まれています	［詳細］をクリックしてこの設定項目を表示し、オンにします。

2 Excelファイルを閉じる

1 最下部に［Excelを閉じる］をドラッグ

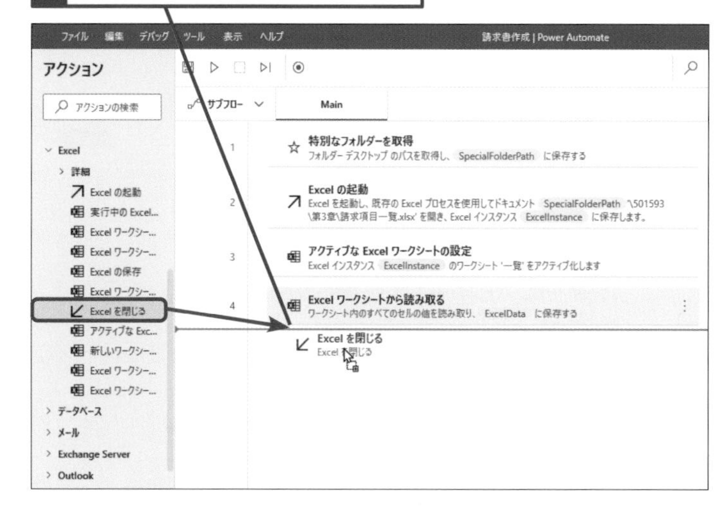

使いこなしのヒント

データの読み取り範囲の違い

データの読み取り範囲の指定方法は、以下の4つがあります。Excelワークシートに入力されているデータ全体を読み取りたい場合は［ワークシートに含まれる使用可能なすべての値］を選択します。

指定方法	機能
単一セルの値	「A1」のように1つのセルの値を読み取る
セル範囲の値	「セルA1 からセルC3まで」のように、指定した範囲内の値を読み取る
選択範囲の値	ワークシート上で選択状態になっている範囲内の値を読み取る
ワークシートに含まれる使用可能なすべての値	ワークシート全体からデータを読み取る

使いこなしのヒント

「範囲の最初の行に列名が含まれています」をオンにする理由

［範囲の最初の行に列名が含まれています］をオンにすることで、Excelファイルにある最初の列をデータではなく列名として読み込むことができます。列名を取り込んでおくと、データを取り出す際に列名を使ってデータを取り出せるようになります。

次のページに続く ➡

●［Excelを閉じる］アクション

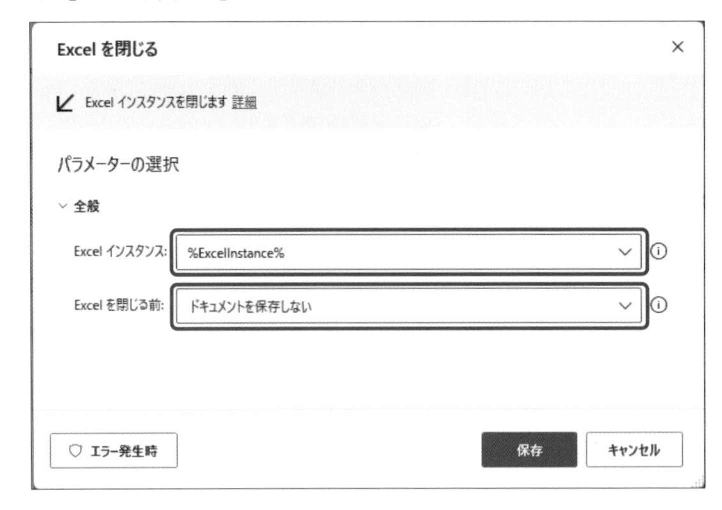

項目	設定内容
Excelインスタンス	［%ExcelInstance%］が選択されていることを確認します。
Excelを閉じる前	［ドキュメントを保存しない］を選択します。

まとめ データの行数や列数が変わっても大丈夫

［Excelワークシートから読み取る］アクションの[取得]を［ワークシートに含まれる使用可能なすべての値］に変更するとワークシート内のデータ行数の変更にも対応できます。読み取りのたびに、列数と行数を確認し、ワークシート全体からデータを取得してくることができます。

スキルアップ

ExcelDataの中身を確認する

［実行］をクリックしてフローを実行した後、［変数］ペインの変数［ExcelData］をダブルリックすると、以下のように読み込んだ値を確認できます。読み取ったデータの先頭行は「1」ではなく「0」となります。

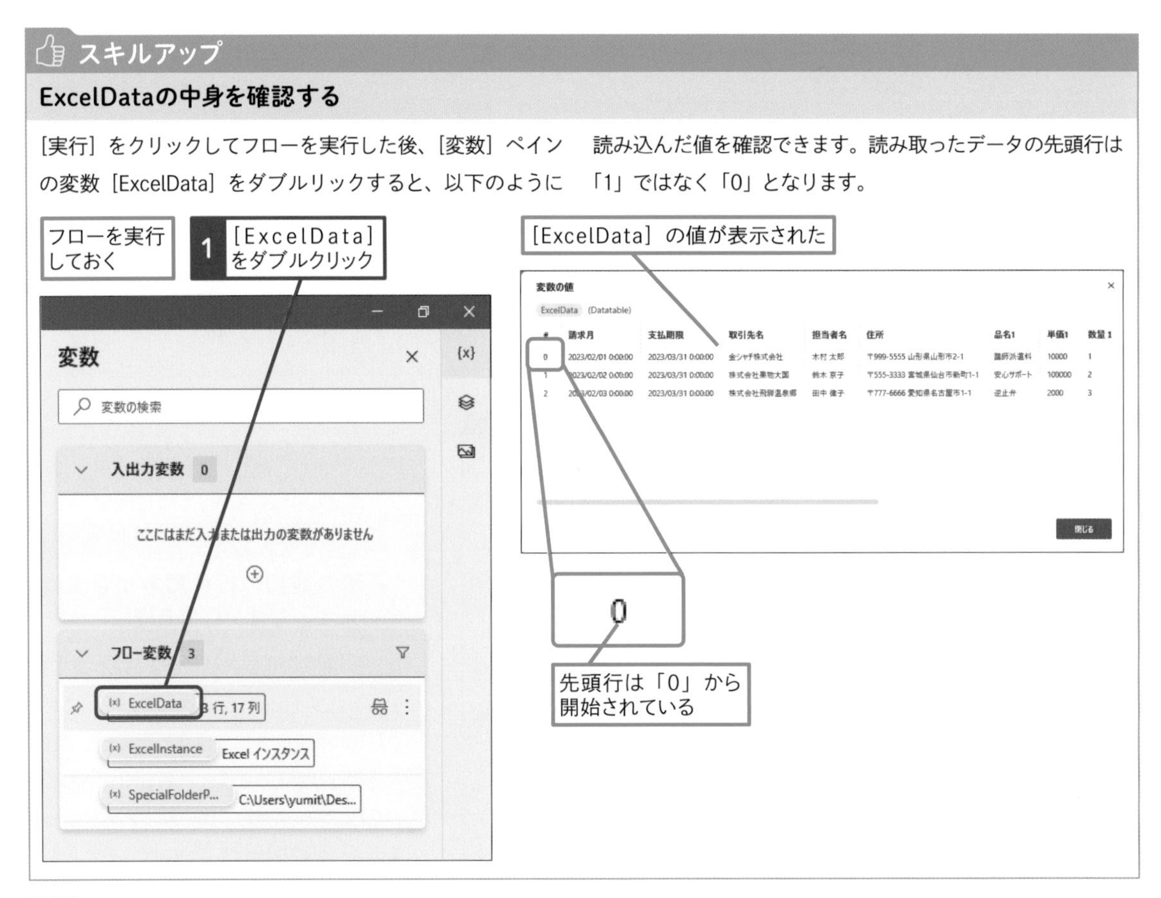

スキルアップ

ExcelDataから任意行列のデータを取り出す方法

変数[ExcelData]に取り込まれたデータから任意の行列のデータを指定して取り出すこともできます。Excelワークシートでは先頭行は1行目となりますが、Power Automate for desktopでは先頭行は0行目となります。これはプログラミングの「配列」という考え方に基づいてPower Automate for desktopが設計されているためです。例えば先頭行の列名［取引先名］のデータを指定したい場合は「%ExcelData[0]['取引先名']%」と指定することで取り出すことができます。

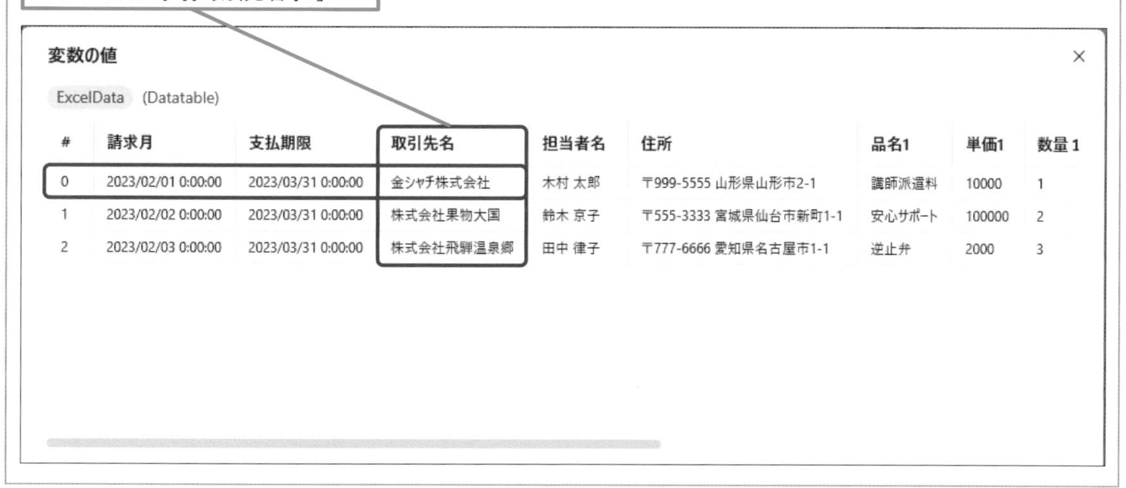

#	請求月	支払期限	取引先名	担当者名	住所	品名1	単価1	数量 1
0	2023/02/01 0:00:00	2023/03/31 0:00:00	金シャチ株式会社	木村 太郎	〒999-5555 山形県山形市2-1	講師派遣料	10000	1
1	2023/02/02 0:00:00	2023/03/31 0:00:00	株式会社果物大国	鈴木 京子	〒555-3333 宮城県仙台市新町1-1	安心サポート	100000	2
2	2023/02/03 0:00:00	2023/03/31 0:00:00	株式会社飛騨温泉郷	田中 律子	〒777-6666 愛知県名古屋市1-1	逆止弁	2000	3

スキルアップ

数値がテキストとして読み込まれてしまった場合は

数値を読み取ったところ、変数の型がテキスト型として認識されてしまう場合があります。転記先となるアプリの入力欄が数値のみしか受け付けない場合や計算処理をしたい場合、テキスト型から数値型に変換する必要があります。［テキスト］グループの［テキストを数値に変換］アクションを使って数値型に変換することができます。

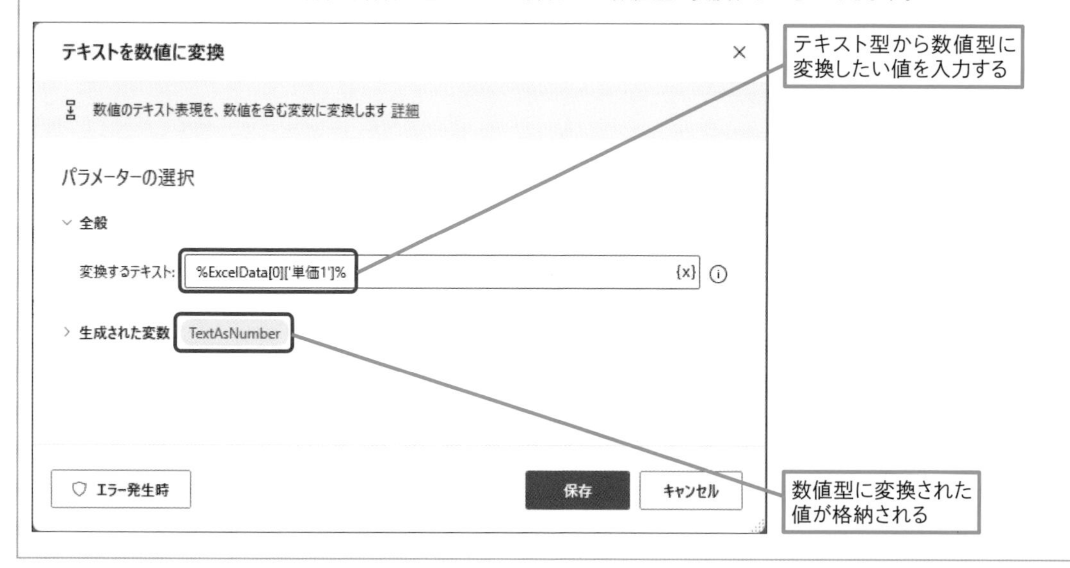

レッスン

25 繰り返し処理の[For each]を設定するには

繰り返し処理 練習用ファイル [第3章] フォルダー

読み取ったExcelデータを取引先ごとに［請求書様式.xlsx］に転記できるようにするため、繰り返し処理を行う［For each］アクションを配置します。

データの行数分、処理が繰り返されるように設定する

読み込んだデータを取引先別に転記し、ファイル名を付けて保存するまでの流れを繰り返し行うために［For each］アクションを配置します。［For each］アクションについてはレッスン18で詳しく解説しています。

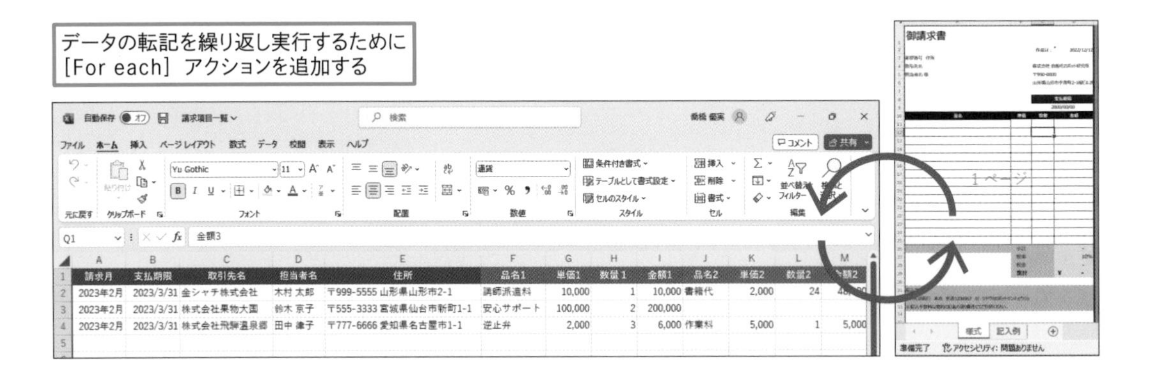

1 繰り返し処理が実行されるようにする

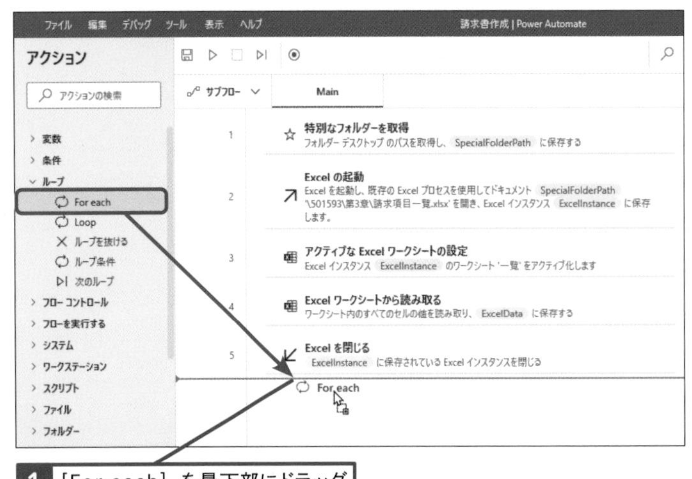

使いこなしのヒント

［反復処理を行う値］に「ExcelData」を設定した理由

変数［ExcelData］に格納されたデータの行数分、繰り返し［請求書様式.xlsx］にデータが転記されるようにします。同じ繰り返し処理を行うアクションである［Loop］アクションはあらかじめ繰り返し回数を設定する必要があるのに対し、［For each］アクションはデータの行数分、繰り返し処理を実行するため、繰り返し回数の設定なしで使用することができます。

● [For each] アクション

For each

リスト、データ テーブル、またはデータ行にあるアイテムを反復処理して、アクション ブロックを繰り返して実行します 詳細

パラメーターの選択

反復処理を行う値: %ExcelData% {x}

保存先: CurrentItem {x}

保存 キャンセル

項目	設定内容
反復処理を行う値	「%ExcelData%」と入力します。[変数の選択] をクリック後 [ExcelData] をダブルクリックすると入力されます。

まとめ For eachアクションを配置するタイミング

本書では先に [For each] アクションを配置した上で、繰り返し実行させたいアクションを配置する順番で作成していますが、繰り返し実行させたいアクションを配置した上で、[For each] アクションを配置する方法もあります。どちらが正しいということはないので、自分が作りやすい順番で作成してください。

スキルアップ

任意の条件の行だけ処理をスキップする方法

Excelワークシート内のデータに含まれる特定の取引先名だけ処理をスキップしたい場合は、[ループ] グループの [次のループ] アクションを使うことでできます。まずスキップさせたい条件を [If] アクションを使って設定し、[For each] アクション内に配置します。[If] アクションと [End] アクションの間に [次のループ] アクションを配置します。以下は第2章レッスン18のフローにこの処理を加えた場合のアクション配置です。取引先名が「アサヒロボ株式会社」のときは [メッセージを表示] アクションが実行されず、次の繰り返しに移動します。

[If] アクションと [End] アクションの間に [次のループ] アクションを配置する

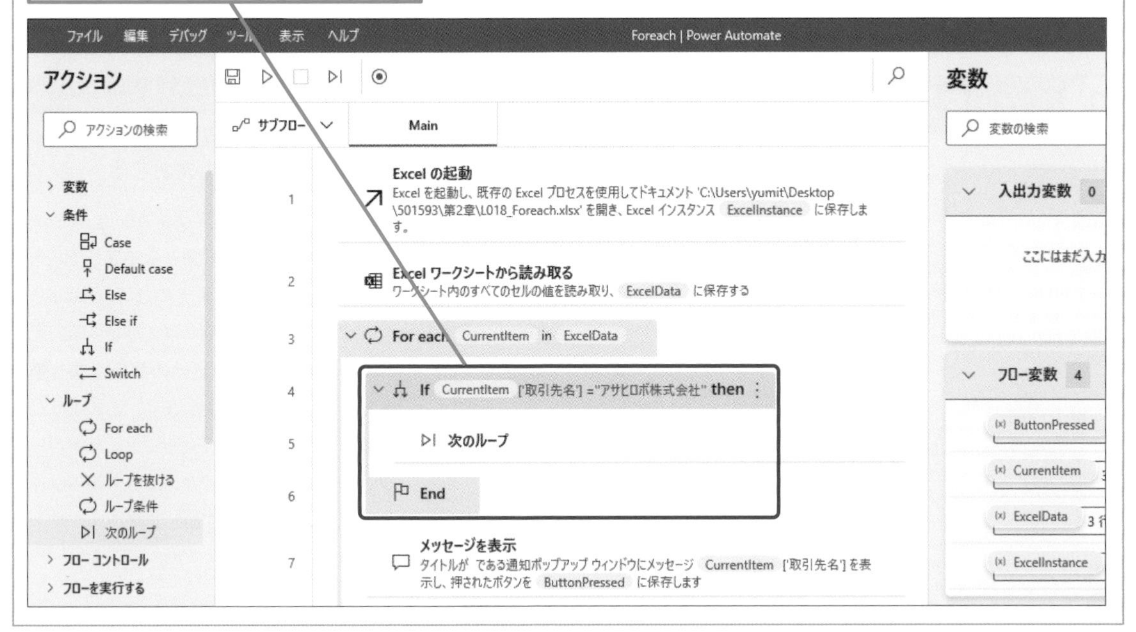

レッスン

26 Excelの不要なデータを削除するには

データ削除・キー送信

練習用ファイル ［第3章］フォルダー

すでに請求書に記載されているデータを削除した上で転記を開始できるようにします。ワークシート内の特定のセル範囲を選択した状態で、Deleteキーを送信するアクションを配置します。

キーワード

Excelインスタンス	P.218
UI要素	P.218
ウィンドウインスタンス	P.219

セル範囲を選択してデータを削除する

読み込んだデータの転記先となる［請求書様式.xlsx］ファイルを開き、セルA11 ～ D25までの値をDeleteキーで削除する操作を作成します。繰り返し処理によって取引先別に請求書を作成するため、請求書に転記された別の取引先のデータが入力されたままにならないようにします。

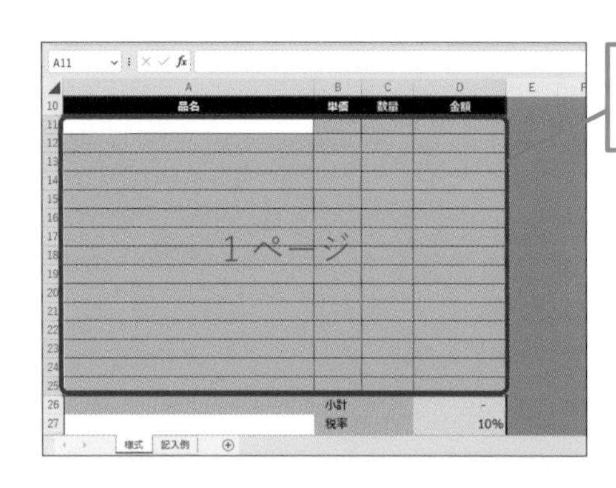

［請求書様式.xlsx］のセルA11からD25までを選択しDeleteキーを送信する

1 Excelを起動する

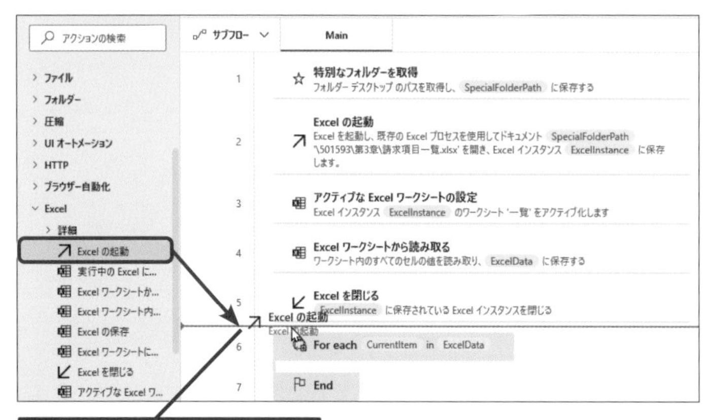

1 ［Excelを閉じる］の下に［Excelの起動］をドラッグ

使いこなしのヒント

フローを作成する前にExcelファイルはバックアップしておこう

［Excel］グループのアクションは、Excelインスタンスで操作対象となるファイルを指定して実行します。そのため、Excelインスタンスの指定を取り違えると、転記元のデータ削除や、想定外の箇所を書き換えてしまう事態が発生します。このような事態を避けるために、Excelファイルのバックアップを取っておくか、テスト用ファイルを使うことをおすすめします。

● ［Excelの起動］アクション

Excel の起動

新しい Excel インスタンスを起動するか、Excel ドキュメントを開きます 詳細

パラメーターの選択

全般

Excel の起動: 次のドキュメントを開く

ドキュメント パス: %SpecialFolderPath%\501593\第3章\請求書様式.xlsx

インスタンスを表示する:

読み取り専用として開く:

詳細

生成された変数 ExcelInstance2

エラー発生時　保存　キャンセル

項目	設定内容
Excelの起動	［次のドキュメントを開く］を選択します。
ドキュメントパス	「%SpecialFolderPath%\501593\第3章\請求書様式.xlsx」を入力します。「%SpecialFolderPath%」は［変数の選択］をクリック後［SpecialFolderPath］をダブルクリックすると入力されます。続いて、「\501593\第3章\請求書様式.xlsx」を入力します。

2 シートをアクティブにする

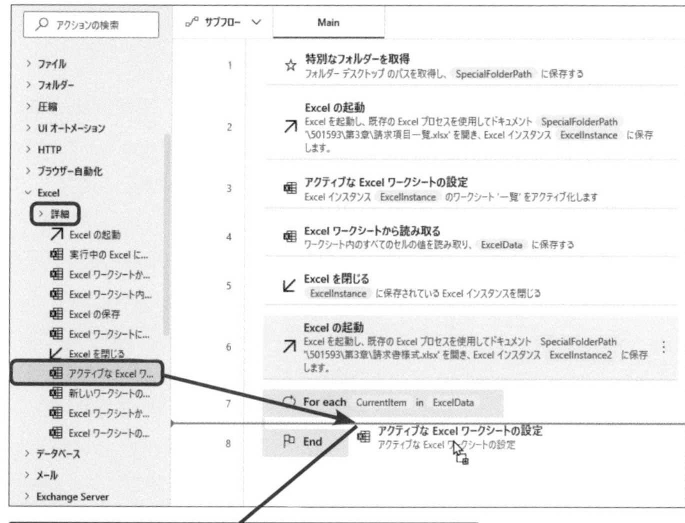

1 ［For each］と［End］の間に［アクティブなExcelワークシートの設定］をドラッグ

使いこなしのヒント

［ExcelInstance2］って何？

フロー内に［Excelの起動］アクションがすでに配置されている場合、次に［Excelの起動］アクションが配置されると、1つ目のExcelファイルと区別するために末尾に2がついた変数［ExcelInstance2］が自動生成されます。今回は[請求書様式.xlsx]が変数［ExcelInstance2］に格納されます。

変数［ExcelInstance2］が生成される

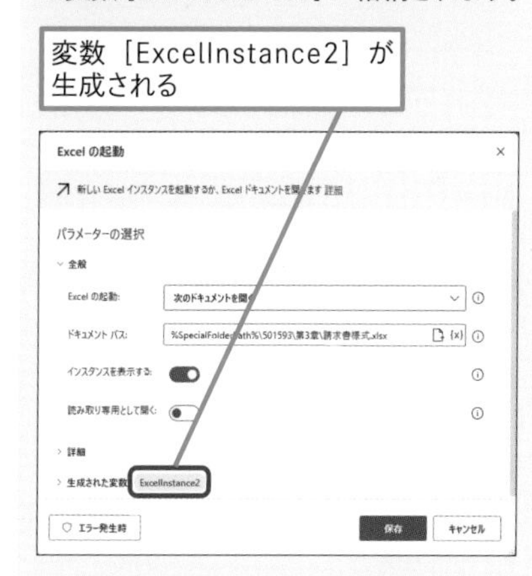

使いこなしのヒント

帳票類は原本ファイルをコピーして使うのが望ましい

レッスンでは原本ファイルとなる[請求書様式.xlsx]を開いて編集をしていますが、ファイルをコピーするアクションで原本ファイルをコピーし、コピーしたファイルを開いて編集する方法を取る場合もあります。こちらの方法のほうが原本ファイルを誤って変更してしまったり、削除してしまうリスクが低減できます。

次のページに続く

●［アクティブなExcelワークシートの設定］アクション

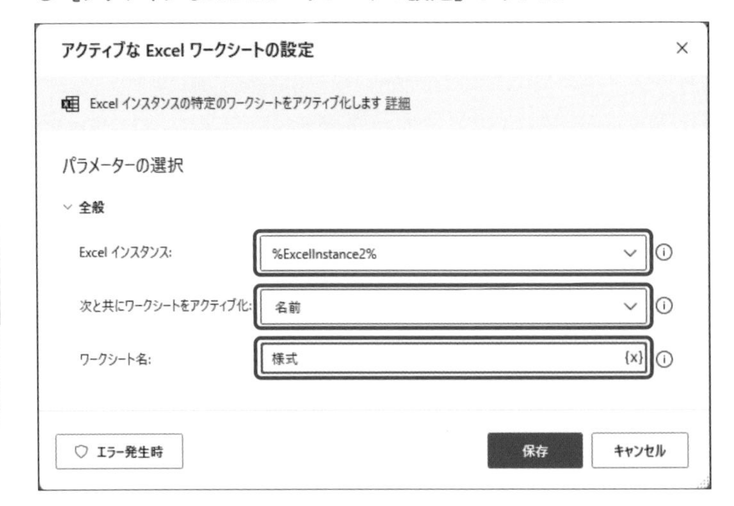

項目	設定内容
Excelインスタンス	［%ExcelInstance2%］を選択します。
次と共にワークシートをアクティブ化	［名前］を選択します。
ワークシート名	「様式」と入力します。

3 セル範囲を選択する

使いこなしのヒント

［ExcelInstance］を指定したらどうなる？

［ExcelInstance］に格納されているのは、［請求項目一覧.xlsx］です。レッスン24で配置した［Excelを閉じる］アクションにより、すでに閉じられているため、それ以降のアクションでこの変数を指定した場合、アクションのダイアログボックス設定時はエラーになりませんが、実行時に操作対象となるExceファイルが見つからずエラーとなります。

使いこなしのヒント

アクションでもデータ削除はできる

［Excel］グループの［詳細］の［Excelワークシートから削除する］アクションを使って、ワークシート内の任意の範囲のデータを削除することができます。このアクションを使った場合、罫線や色などの書式も削除されます。

使いこなしのヒント

ワークシートが1つでもワークシートのアクティブ化は必要？

Excelファイルにワークシートが1つしかない場合は、［アクティブなExcelワークシートの設定］アクションを追加しなくても、処理が行われます。しかし、新たにワークシートが追加された場合、処理対象のワークシートが指定されていないため、ファイルを開いたときにアクティブになっているワークシートに対して処理が行われてしまいます。このような事態を避けるため、ワークシートが1つしかない場合も［アクティブなExcelワークシートの設定］アクションでワークシート名を指定しておくことをおすすめします。

● ［Excelワークシート内のセルを選択］アクション

Excel ワークシート内のセルを選択

セルの範囲を Excel インスタンスのアクティブなワークシートで選択します 詳細

パラメーターの選択

全般

Excel インスタンス: %ExcelInstance2%

選択: セルの範囲

先頭列: A

先頭行: 11

最終列: D

最終行: 25

エラー発生時　保存　キャンセル

項目	設定内容
Excelインスタンス	［%ExcelInstance2%］を選択します。
選択	［セルの範囲］を選択します。
先頭列	「A」と入力します。
先頭行	「11」と入力します。
最終列	「D」と入力します。
最終行	「25」と入力します。

使いこなしのヒント

セルを選択するアクションはほかにもある

［Excelワークシート内のセルをアクティブ化］アクションは、任意のセル1つをアクティブ化することができます。1つのセルをアクティブ化したいときは［Excelワークシート内のセルをアクティブ化］、今回のように範囲を指定して複数のセルをアクティブ化したいときは［Excelワークシート内のセルを選択］を使用します。

使いこなしのヒント

削除する範囲がセルA11からセルD25までなのはなぜ？

［請求書項目一覧.xlsx］の「品名2」「品名3」は空欄の場合があるため、レッスン30やレッスン31で「品名2」や「品名3」が空欄だった場合は、転記をスキップするように設定します。「品名2」と「品名3」の転記がスキップされた場合に、前回転記された取引先の請求項目が残ってしまわないよう、転記対象となる範囲全体のデータを削除する処理を行います。

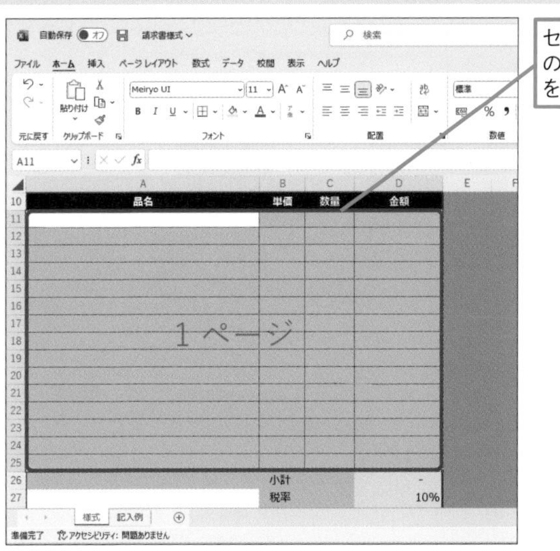

セルA11～D25の範囲にある値を削除する

次のページに続く

4 Deleteキーを押す動作を設定する

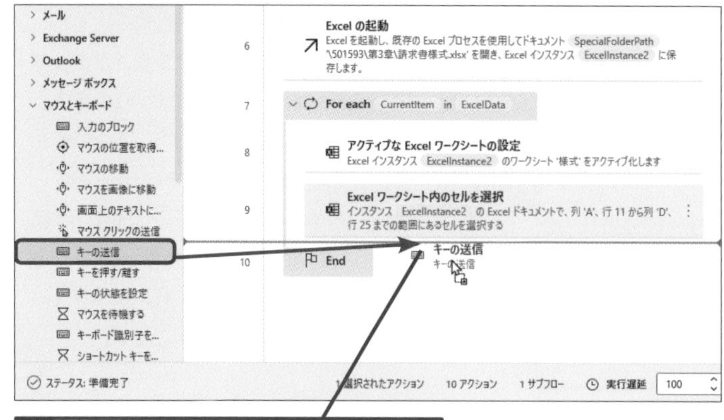

● [キーの送信] アクション

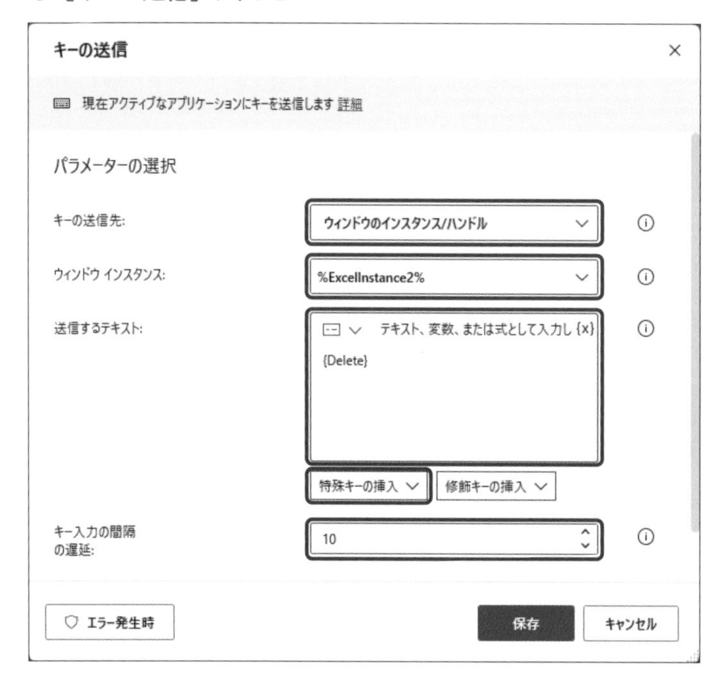

項目	設定内容
キーの送信先	[ウィンドウのインスタンス/ハンドル] を選択します。
ウィンドウインスタンス	[%ExcelInstance2%] を選択します。
送信するテキスト	「{Delete}」と入力します。「{Delete}」は [特殊キーの挿入] - [その他] - [Delete] をクリックすると入力されます。
キー入力の間隔の遅延	「10」と入力されていることを確認します。

使いこなしのヒント

[キーの送信先] には何を指定するの?

キーの送信先を、フォアグラウンド ウィンドウ、UI要素、ウィンドウ インスタンス、またはウィンドウのタイトルとクラスの組み合わせの中から選択します。今回はExcelファイルに対してキー送信を行いたいので [ウィンドウのインスタンス/ハンドル] を選択します。

使いこなしのヒント

[ウィンドウインスタンス] になぜ%ExcelInstance2%を選択するのか

[ウィンドウインスタンス] にはキーの送信を行いたいインスタンスを選択します。[請求書様式.xlsx] に対してキー送信を行いたいので、起動の際に作成されたインスタンス [%ExcelInstance2%] を選択します。

まとめ 操作したいウィンドウやワークシートをアクティブ化する

Excelファイルを操作する場合は、操作するワークシートのアクティブ化が必要です。操作対象となるワークシートのアクティブ化を怠ると、別のワークシートのデータを書き換えて保存するといったトラブルが起きてしまうので注意しましょう。人があまり意識することなく行っている操作ですが、Power Automate for desktopでは重要な設定になります。

スキルアップ

[キーの送信] って何?

人によるキーボード入力と同じことができるのが [キーの送信] アクションです。今回であれば、キーボード上で Delete キーを押す動作を [キーの送信] アクションによって行います。[キーの送信]アクションは使用頻度の高いアクションで、第5章レッスン44で活用方法を詳しく解説しています。送信できるキーの種類は特殊キーと修飾キーがあります。特殊キーとは、文字や数字、記号の入力以外の役割を果たすキーのことです。space キー、Enter キー、Delete キーなどが特殊キーにあたります。修飾キーとはほかのキーと組み合わせて機能を一時的に変更するキーのことです。Shift キーや Ctrl キー、Alt キーなどが修飾キーにあたります。

●[キーの送信]アクションで送信できるキー一覧

特殊キー

その他
コンマ
ピリオド
Space
Enter
Backspace
Escape
Help
Home
End
Insert
Delete
Page up
Page down
Tab
Caps lock
Scroll lock
Apps
Print screen
左 windows キー
右 windows キー

テンキー
NumLock
Enter
加算(+)
減算(-)
乗算(*)
除算(/)
小数(.)
テンキー 0
テンキー 1
テンキー 2
テンキー 3
テンキー 4
テンキー 5
テンキー 6
テンキー 7
テンキー 8
テンキー 9

ファンクションキー
F1
F2
F3
F4
F5
F6
F7
F8
F9
F10
F11
F12

方向キー
上
下
右
左

修飾キー

修飾キー
Control
左 control
右 control
Alt
Shift
左 shift
右 shift
左 windows キー
右 windows キー

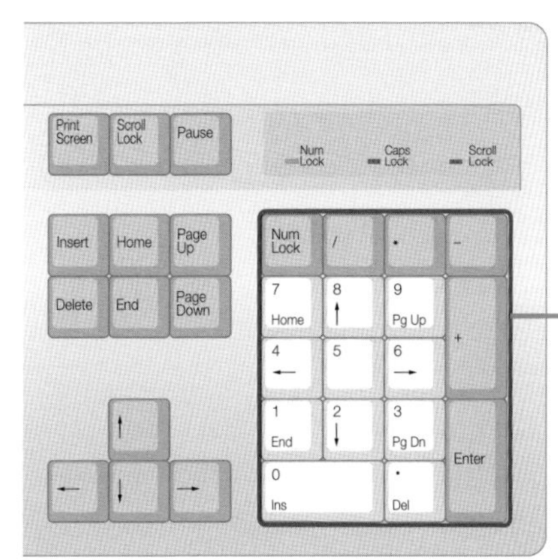

◆テンキー
数字を入力するためのキー

レッスン
27 読み取ったデータを別のExcelに転記するには

別ファイルへの転記①　練習用ファイル ［第3章］フォルダー

変数［ExcelData］のデータを［請求書様式.xlsx］に転記していく方法を解説します。この方法はアプリケーションやWebシステムへの転記作業に応用することができます。

キーワード

アクション	P.218
ダイアログボックス	P.219
フロー	P.220

変数に格納したデータを別のファイルに転記する

レッスン24で変数［ExcelData］に格納した［請求項目一覧.xlsx］のデータのうち、「住所」「取引先名」「担当者名」「支払期限」を［請求書様式.xlsx］に転記する操作を作ります。

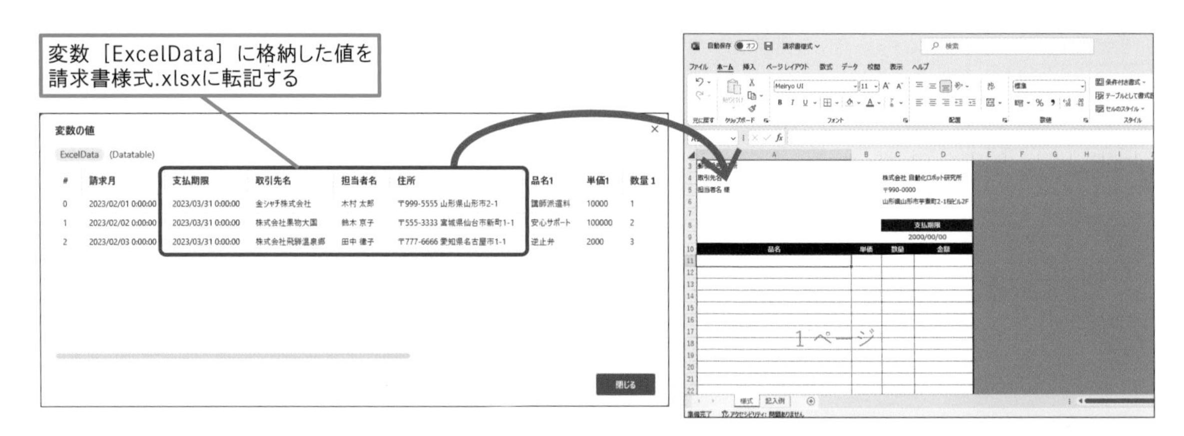

1 ［住所］列の値を転記する

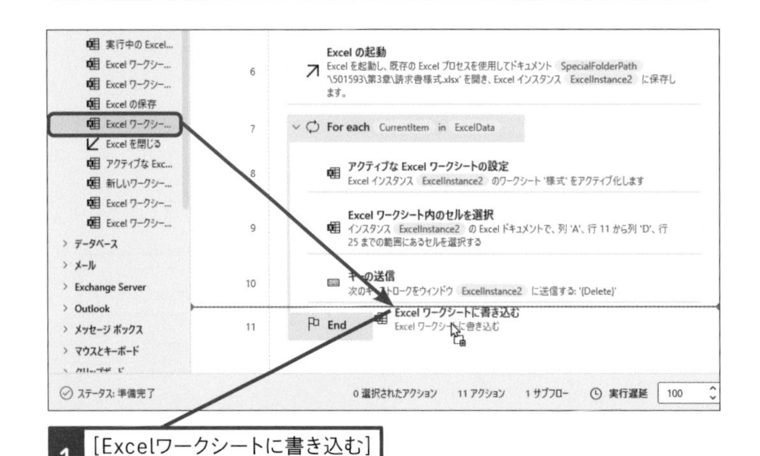

使いこなしのヒント

%CurrentItem['列名']%の入力はコピー&ペーストを活用

列名を囲う「('シングルクォーテーション)」は半角で入力しないと「'書き込む値': 構文エラーです。」というエラーメッセージが出てしまいます。正確に入力できたアクションをコピーして編集を行うことで、エラーを回避できます。

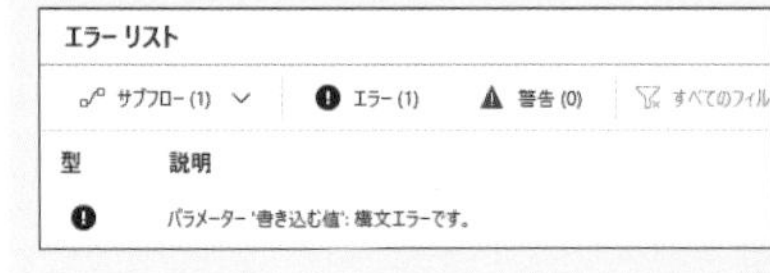

● ［Excelワークシートに書き込む］アクション

項目	設定内容
Excelインスタンス	「%ExcelInstance2%」を選択します。
書き込む値	「%CurrentItem['住所']%」と入力します。「%CurrentItem%」は［変数の選択］をクリック後［CurrentItem］をダブルクリックして入力します。
書き込みモード	［指定したセル上］を選択します。
列	「A」と入力します。
行	「3」と入力します。

2 ［取引先名］列の値を転記する

1 ［Excelワークシートに書き込む］を［End］の上にドラッグ

使いこなしのヒント

［書き込む値］に入力した「%CurrentItem['住所']%」とは？

変数［CurrentItem］の列名［住所］に格納されている値を指定しています。［For each］アクションは、取り込まれた［ExcelData］を1行ごとに順番に記憶して変数［CurrentItem］に格納するので、変数［CurrentItem］では、取り出す「行」を指定する必要がありません。列名の指定だけで、データを指定できます。

1回目の［For each］の「%CurrentItem['住所']%」ではこの値が格納される

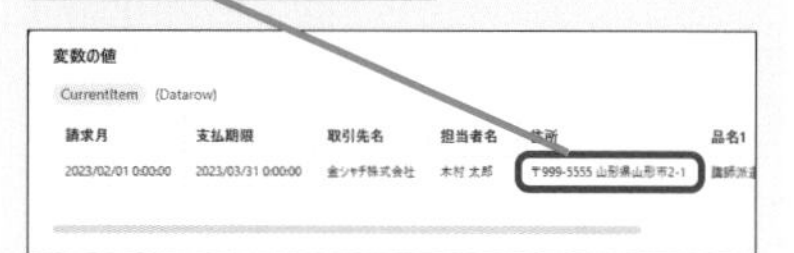

2回目の［For each］の「%CurrentItem['住所']%」ではこの値が格納される

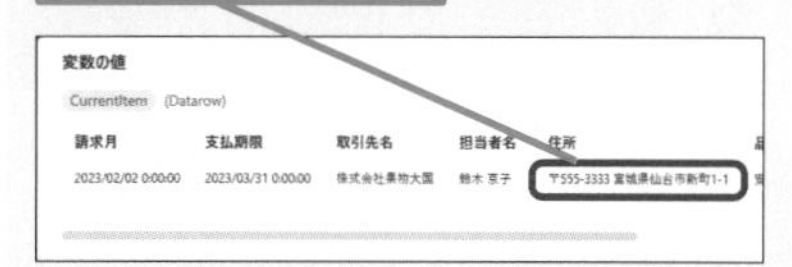

使いこなしのヒント

['住所']の「'」は何？

変数［CurrentItem］で取り出す列を指定する際に、列名を使用する場合は「('シングルクォーテーション)」で囲う必要があります。これはPower Automate for desktopに変数内に数字ではなく、文字列が入っていることを伝えるためです。半角で入力するようにしてください。

次のページに続く

● [Excelワークシートに書き込む] アクション

項目	設定内容
Excelインスタンス	「%ExcelInstance2%」を選択します。
書き込む値	「%CurrentItem['取引先名']%」と入力します。「%CurrentItem%」は［変数の選択］をクリック後［CurrentItem］をダブルクリックして入力します。
書き込みモード	［指定したセル上］を選択します。
列	「A」と入力します。
行	「4」と入力します。

3 ［担当者名］列の値を転記する

1 ［Excelワークシートに書き込む］を［End］の上にドラッグ

● ［Excelワークシートに書き込む］アクション

使いこなしのヒント

［書き込む値］を確認したい場合はメッセージボックスが便利

「%CurrentItem['住所']%」で書き込まれる値を確認したい場合はメッセージボックスが便利です。［メッセージボックス］グループから［メッセージを表示］アクションを選択し、[For each] アクションの中に配置してください。ダイアログボックス内の［表示するメッセージ］に「%CurrentItem['住所']%」のように、確認したい値を入力しアクションを保存します。フローを実行すると、メッセージボックスに取り出された値が表示され確認することができます。

［表示するメッセージ］に確認したい値を入力する

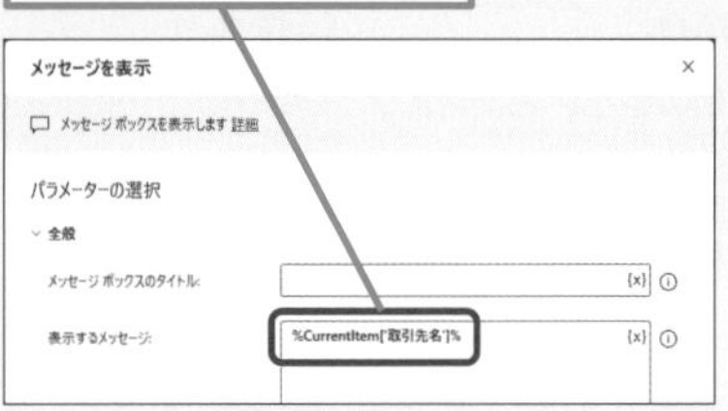

フローを実行するとメッセージボックスに指定した値が表示される

使いこなしのヒント

変数の後に「様」など任意の文字を書き足せる

[Excelワークシートに書き込む] アクションの［書き込む値］では、変数やテキスト、数字を組み合わせることができます。「%CurrentItem['担当者名']%　様」と入力すると、フロー実行時にExcelワークシートに、「木村 太郎　様」などと書き込まれるようになります。

項目	設定内容
Excelインスタンス	「%ExcelInstance2%」を選択します。
書き込む値	「%CurrentItem['担当者名']%　様」と入力します。「%CurrentItem%」は［変数の選択］をクリック後［CurrentItem］をダブルクリックして入力します。
書き込みモード	［指定したセル上］を選択します。
列	「A」と入力します。
行	「5」と入力します。

4 ［支払期限］列の値を転記する

1 ［Excelワークシートに書き込む］を［End］の上にドラッグ

● ［Excelワークシートに書き込む］アクション

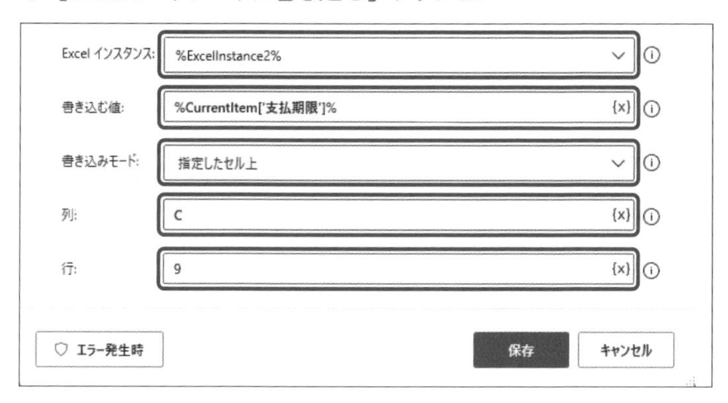

項目	設定内容
Excelインスタンス	「%ExcelInstance2%」を選択します。
書き込む値	「%CurrentItem['支払期限']%」と入力します。「%CurrentItem%」は［変数の選択］をクリック後［CurrentItem］をダブルクリックして入力します。
書き込みモード	［指定したセル上］を選択します。
列	「C」と入力します。
行	「9」と入力します。

スキルアップ

アクションはショートカットキーでコピーできる

特定のアクションを複数回使用する場合はコピーで複製すると、ダイアログボックス内の設定の手間を省けます。複数アクションをまとめてコピーする場合は、Ctrlキーを押しながらコピーしたいアクションを選択した後、Ctrl+Cキーを押してコピーし、Ctrl+Vキーで貼り付けます。

1 コピーするアクションをクリック

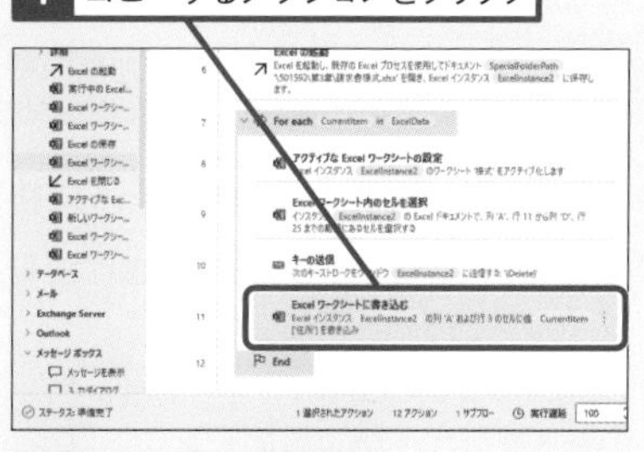

2 Ctrl+Cキーを押す

3 Ctrl+Vキーを押す

コピーしたアクションのすぐ下に貼り付けられる

まとめ　コピーを活用して効率よくフローを作成

今回のように同じアクションを複数配置する場合はアクションのコピーを活用することで、ダイアログボックス内の設定の手間を少なくすることができます。Ctrlキーを押しながらクリックすると、複数のアクションを選択することができ、一括でコピーと貼り付けをすることもできます。上手に活用して効率よくフローを作成しましょう。

レッスン

28 品名や単価などを転記するには

別ファイルへの転記②

練習用ファイル [第3章] フォルダー

続いて［品名］［単価］［数量］［金額］を［請求書様式.xlsx］に転記するアクションを配置します。使用するアクションや設定の方法はレッスン27と同様です。

キーワード

Excelインスタンス	P.218
インスタンス型	P.218
デバッグ	P.220

［品名1］から［金額1］までの値を転記する

レッスン24で変数［ExcelData］に格納した［請求項目一覧.xlsx］のデータのうち、「品名1」「単価1」「数量1」「金額1」を［請求書様式.xlsx］に転記していきます。

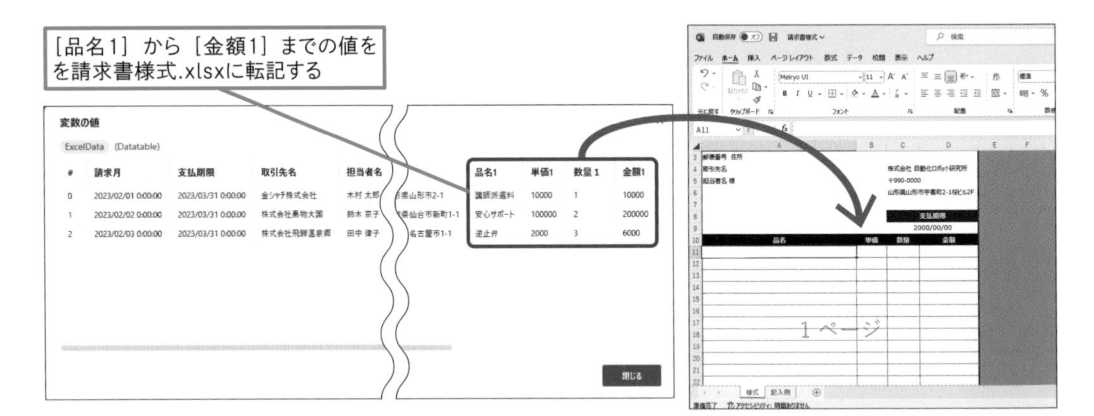

1 ［品名1］列の値を転記する

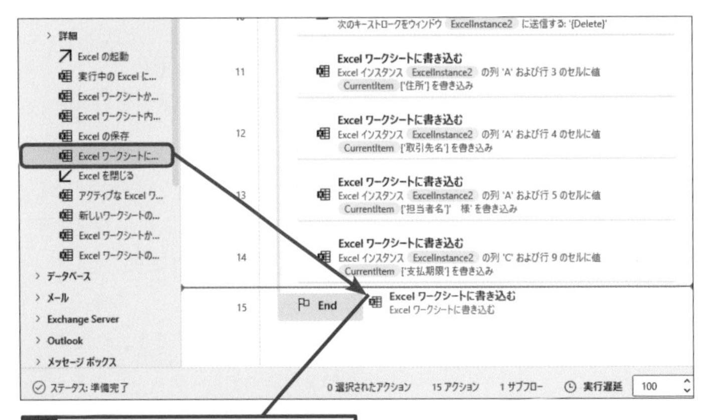

1 ［Excelワークシートに書き込む］を［End］の上にドラッグ

ここに注意

['品名1']の「1」は半角数字で入力してください。Excelワークシートの列名を正確に入力するように心掛けましょう。

● ［Excelワークシートに書き込む］アクション

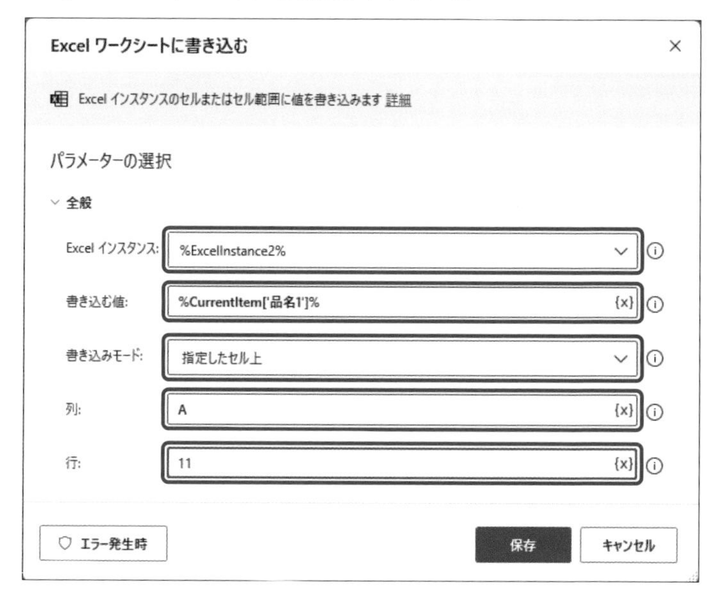

項目	設定内容
Excelインスタンス	「%ExcelInstance2%」を選択します。
書き込む値	「%CurrentItem['品名1']%」と入力します。「%CurrentItem%」は［変数の選択］をクリック後［CurrentItem］をダブルクリックして入力します。
書き込みモード	［指定したセル上］を選択します。
列	「A」と入力します。
行	「11」と入力します。

2 ［単価1］列の値を転記する

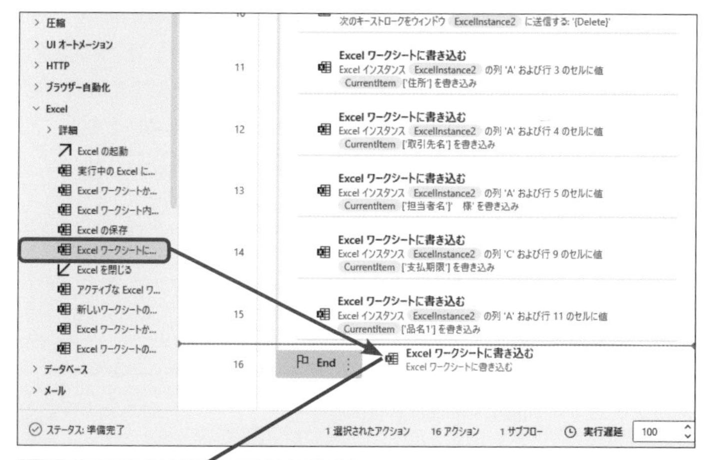

1 ［Excelワークシートに書き込む］を［End］の上にドラッグ

使いこなしのヒント

項目名がないExcelを読み取る場合は?

最初の列に項目名がないExcelを読み取った場合、列名は自動的に［Column連番］となります。データの行列を指定する場合は「%CurrentItem['Column5']%」などと記入します。

列名がない場合は左から[Column1][Column2][Column3]・・・と連番で割り当てられる

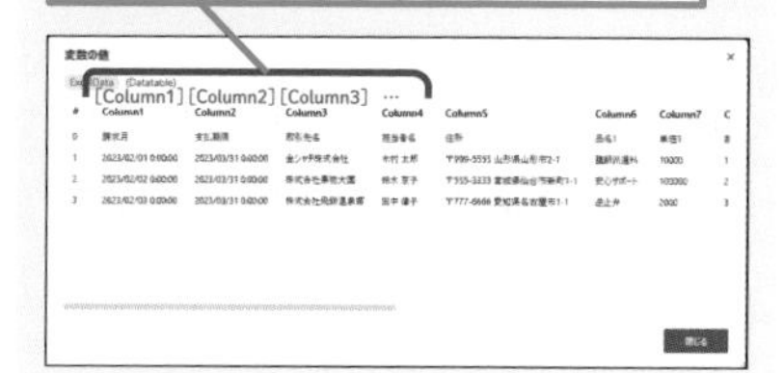

5列目を読み取るには「%CurrentItem['Column5']%」と指定する

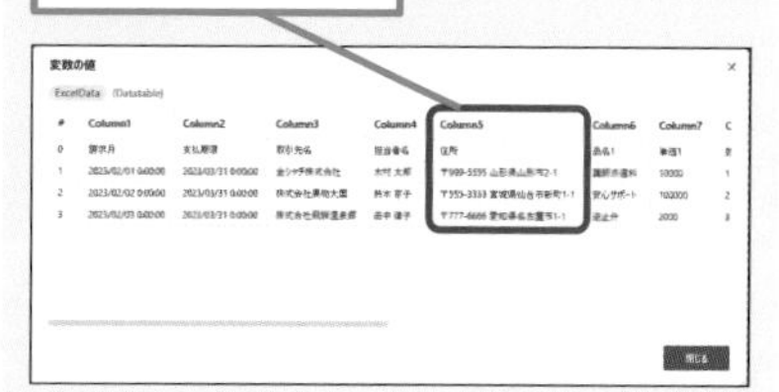

次のページに続く

● ［Excelワークシートに書き込む］アクション

項目	設定内容
Excelインスタンス	「%ExcelInstance2%」を選択します。
書き込む値	「%CurrentItem['単価1']%」と入力します。「%CurrentItem%」は［変数の選択］をクリック後［CurrentItem］をダブルクリックして入力します。
書き込みモード	［指定したセル上］を選択します。
列	「B」と入力します。
行	「11」と入力します。

3 ［数量1］列の値を転記する

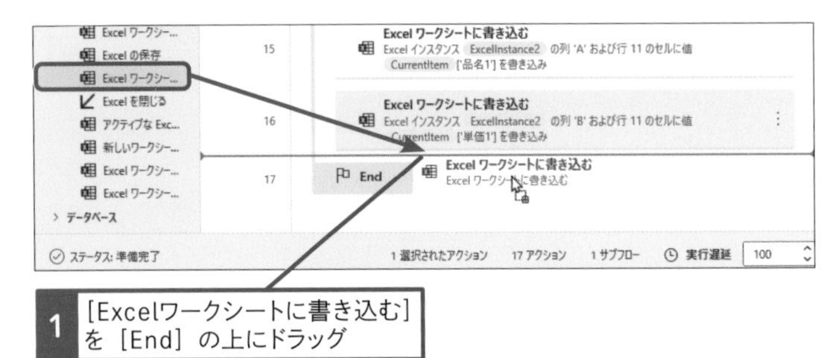

1 ［Excelワークシートに書き込む］を［End］の上にドラッグ

● ［Excelワークシートに書き込む］アクション

使いこなしのヒント

Excelのマクロは実行できる?

［Excel］グループの［詳細］の中にある［Excelマクロの実行］アクションで行うことができます。ダイアログボックスでマクロを実行したいExcelインスタンスとマクロの名前を設定します。Excelマクロの中には最後に完了メッセージが表示され［OK］を押さないと処理が終了しないものがあり［Excelマクロの実行］アクションはマクロが終了していないと判断し待機し続けてしまいます。このようなExcelマクロの場合は、ショートカットキーを割り当て、［キーの送信］アクションを使って実行する方法があります。

使いこなしのヒント

フロー内に「コメント」を入れられる!

フローが長くなったり、同じようなアクションが続いたりした場合、どのような処理をしているのか分かりにくくなってきます。そのような場合は［フローコントロール］グループの［コメント］アクションを使って、説明を入れることができます。詳しくはレッスン42で解説しています。

［コメント］アクションを使うと、説明を入れることができる

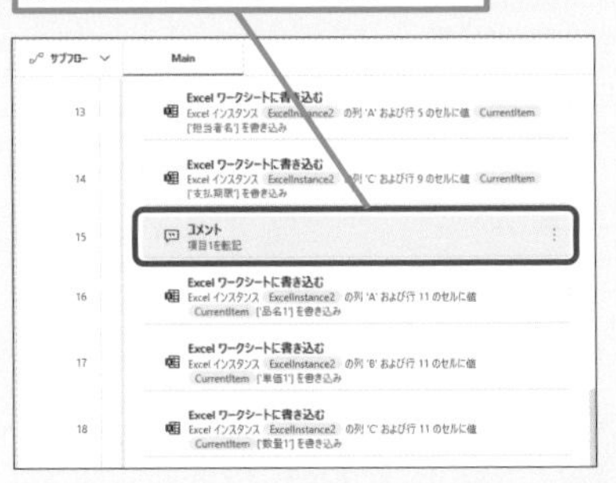

項目	設定内容
Excelインスタンス	「%ExcelInstance2%」を選択します。
書き込む値	「%CurrentItem['数量1']%」と入力します。「%CurrentItem%」は［変数の選択］をクリック後［CurrentItem］をダブルクリックして入力します。
書き込みモード	［指定したセル上］を選択します。
列	「C」と入力します。
行	「11」と入力します。

4 ［金額1］列の値を転記する

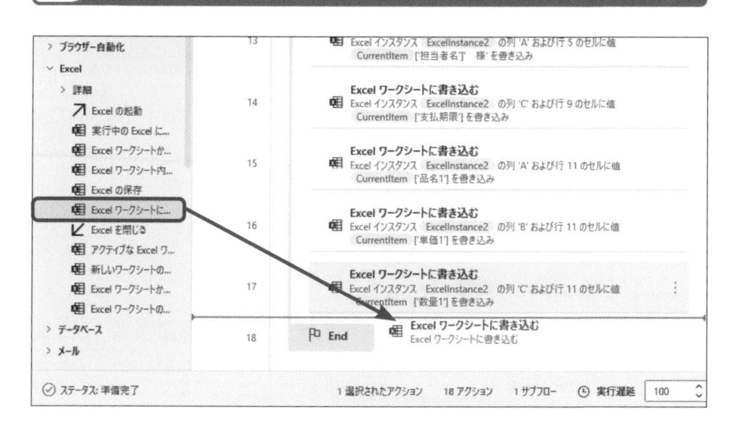

● ［Excelワークシートに書き込む］アクション

項目	設定内容
Excelインスタンス	「%ExcelInstance2%」を選択します。
書き込む値	「%CurrentItem['金額1']%」と入力します。「%CurrentItem%」は［変数の選択］をクリック後［CurrentItem］をダブルクリックして入力します。
書き込みモード	［指定したセル上］を選択します。
列	「D」と入力します。
行	「11」と入力します。

使いこなしのヒント

CSVファイルも操作できる

［Excel］グループのアクションで、CSV形式のファイルを操作することも可能です。また、［Excelの保存］アクションの保存モードで［名前を付けてドキュメントを保存］を選択するとファイル形式の選択ができ、Excelブック形式に変換し保存することもできます。

使いこなしのヒント

印刷する方法は？

Excelワークシートを印刷するアクションはありませんが、Ctrl＋Pキーなどのショートカットキーを［キーの送信］アクションを使って送信し、印刷を行うことができます。第5章のレッスン44で詳しく解説しています。プリンターの選択は［ワークステーション］グループの［既定のプリンターを設定］アクションでできます。このアクションはパソコンの既定のプリンターを変更してしまうので、アクションによりプリンターを変更した場合はフローの最後に［既定のプリンターを設定］アクションを再度配置し、通常使うプリンターを既定のプリンターに戻しておくようにしてください。

まとめ　アクション内の設定は丁寧にかつ正確に

今回のようにアクション内の設定が続く場合は、丁寧に、正確に設定することを心掛けてください。半角、全角、スペースなどが正確に入力できていないとエラーになったり、行や列の指定を間違えると正しいセルに入力が行われません。完成後のデバッグに時間が掛かってしまうので、作成時に正確に入力するようにしましょう。

レッスン
29 日付や取引先名を付けてExcelを保存するには

ファイル名を付けて保存

練習用ファイル ［第3章］フォルダー

本レッスンでは、ファイル名に使う現在の日付の取得方法と、名前を付けてファイルを保存する場合のファイルパスの作成方法を解説します。

キーワード

Datetime型	P.218
テキスト型	P.219
ファイルパス	P.220

取引先名と現在の日付を付けて保存する

［請求書様式.xlsx］に取引先名と現在の日付を付けて保存する操作を作成します。日付の取得には［現在の日時を取得］アクションを使用し、ファイル名は変数を組み合わせて作成します。

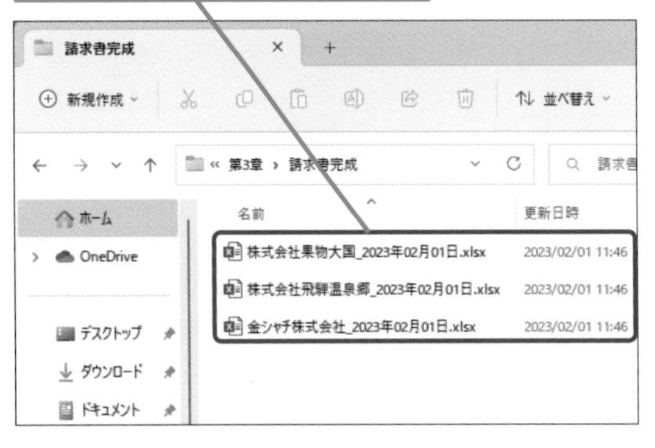

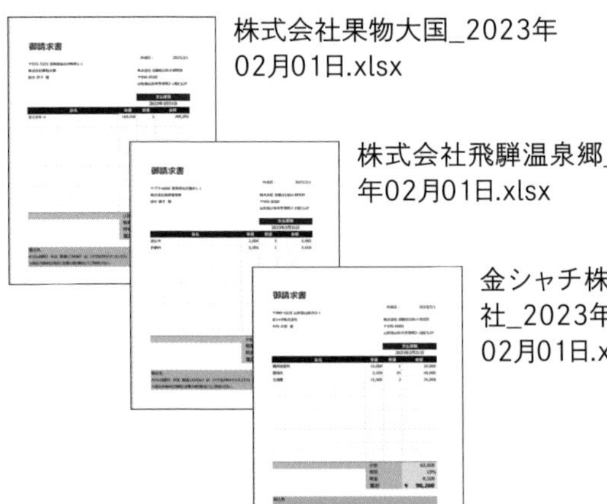

1 現在の日時を取得する

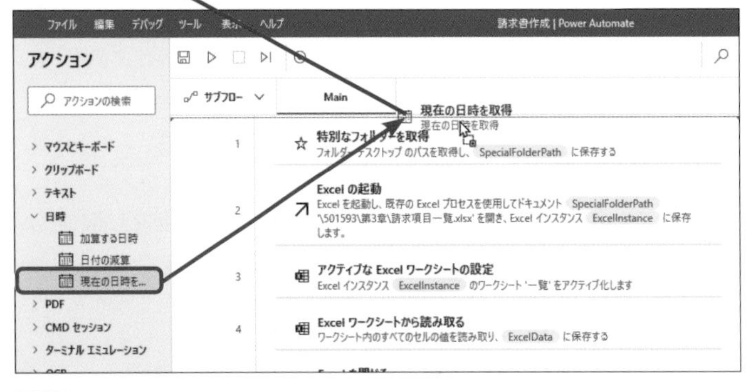

使いこなしのヒント

［現在の日時を取得］アクションって何？

現在の日時を取得し、変数［CurrentDateTime］に格納するアクションです。例えば2023年2月22日の22時22分にこのアクションが実行されると、変数［CurrentDateTime］には2023/02/22 22:22:00が格納されます。変数の型は、日付として扱われるDatetime型となります。

● [現在の日時を取得] アクション

項目	設定内容
取得	[現在の日時] が選択されていることを確認します。
タイムゾーン	[システムタイムゾーン] が選択されていることを確認します。

2 datetimeをテキストに変換する

1 [datetimeをテキストに変換] を [現在の日時を取得] の下にドラッグ

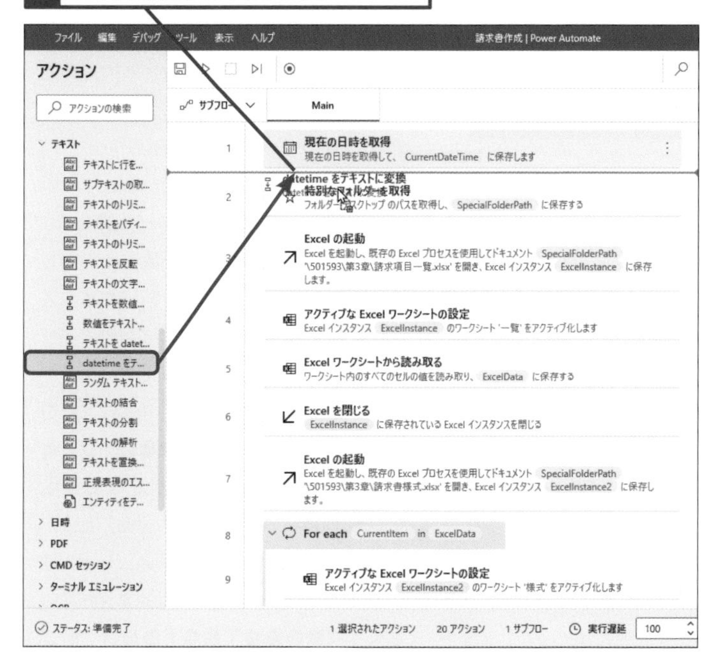

使いこなしのヒント
日時グループのそのほかのアクション

[日時] グループには、ほかに2つのアクションがあります。3か月後、3日前、3時間前など、日時の加算や減算ができる [加算する日時] アクションと、指定された2つの日時の時間差を日、時間、分、秒単位で計算できる [日時の減算] アクションがあります。これらを組み合わせることで、月末日や月初日を算出することもできます。詳しくは第5章のレッスン41で解説しています。

使いこなしのヒント
[datetimeをテキストに変換] アクションって何?

[datetimeをテキストに変換] アクションは変数の型をDatetime型からテキスト型に変換するアクションです。型を変換するだけでなく、日付の表示形式を2023/02/22や2023年02月22日など任意の形式に書き換えることも可能です。

使いこなしのヒント
テキストに変換する理由って?

日時を取得した場合、自動的に変数の型はDatetime型となります。このままでは「:」や「/」などファイル名に使用できない記号が入っているので [datetimeをテキストに変換] アクションを使って、変数の型をDatetime型からテキスト型に書き換え、ファイル名に不要な部分を除去します。

次のページに続く

● ［datetimeをテキストに変換］アクション

項目	設定内容
変換するdatetime	「%CurrentDateTime%」と入力します。「%CurrentDateTime%」は［変数の選択］をクリック後［CurrentDateTime］をダブルクリックして入力します。
使用する形式	［カスタム］を選択します。
カスタム形式	「yyyy年MM月dd日」と入力します。

3 Excelに名前を付けて保存する

1 ［Excelの保存］を［End］の上にドラッグ

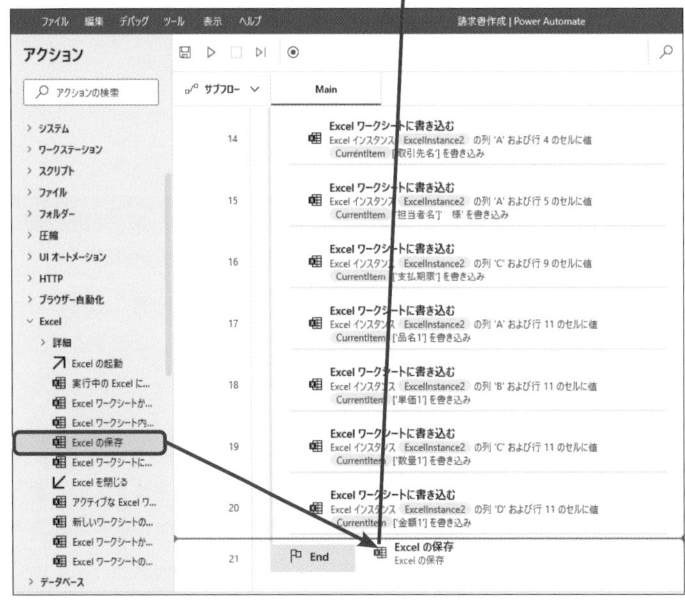

使いこなしのヒント
なぜ「yyyy年MM月dd日」と入力するの?

「yyyy」で年、「MM」で月、「dd」で日を取り出すことができます。ファイル名に日付として「●●●●年●●月●●日」という形式で入れたいため、このように入力します。

使いこなしのヒント
ドキュメントパスに入力する内容

変数［%SpecialFolderPath%］にはレッスン23で取得したデスクトップのパス「\C:\Users\ユーザー名\Desktop」が格納されています。［変数の選択］を使って、入力をしましょう。ファイルの保存先はデスクトップ上に準備した［501593］フォルダーの［第3章］フォルダー内の［請求書完成］フォルダーとしたいので、「%SpecialFolderPath%」に続いて、「¥501593¥第3章¥請求書完成」と入力します。「¥」マークはフォルダー階層の区切りを表す記号で、入力すると自動でバックスラッシュに変換されます。続いてファイル名を入力します。ファイル名は「取引先名_●●●●年●●月●●日.xlsx」としたいので、「¥%CurrentItem['取引先名']% _%FormattedDateTime%.xlsx」と入力します。「%FormattedDateTime%」には［datetimeテキストに変換］アクションによって「●●●●年●●月●●日」形式に変換された日付が格納されています。

●［Excelの保存］アクション

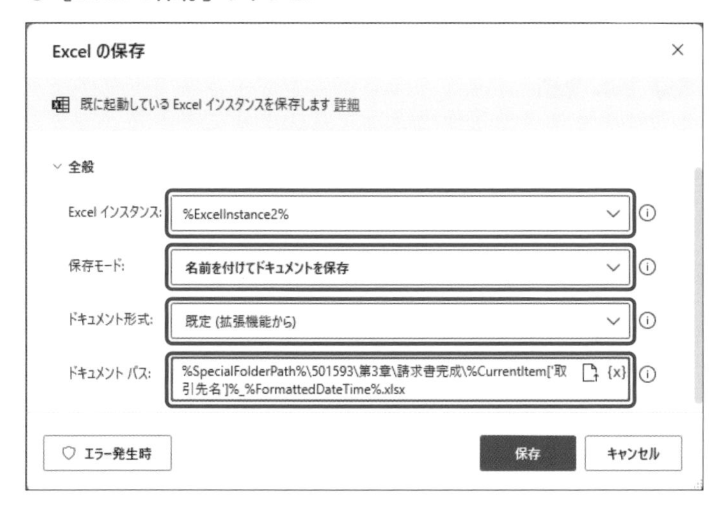

項目	設定内容
Excelインスタンス	「%ExcelInstance2%」を選択します。
保存モード	［名前を付けてドキュメントを保存］を選択します。
ドキュメント形式	［既定（拡張機能から）］を選択します。
ドキュメントパス	「%SpecialFolderPath%\501593\第3章\請求書完成\%CurrentItem['取引先名']%_%FormattedDateTime%.xlsx」と入力します。

まとめ 1度実行すればよいアクションは繰り返しの外に

［現在の日付を取得］アクションを[For Each]の繰り返し処理の中に配置してしまうと、繰り返しのたびに日付の取得が実行されてしまい、無駄な動きが生じます。1度実行されればよいアクションは、繰り返し処理の前に配置するようにしてください。

スキルアップ

ファイルパスが正しく設定されたかを確認しよう

変数を組み合わせてファイルパスを作成する場合、有効なパスが作れているかを確認するには［メッセージボックス］グループの［メッセージを表示］アクションが便利です。［メッセージを表示］アクションの［表示するメッセージ］に以下のように確認したいファイルパスを貼り付け、フローを実行しましょう。フローを実行すると、メッセージボックスにファイルパスを表示できます。間違ったファイルパスのままExcelを保存するアクションを実行すると、思わぬところにファイルが保存されてしまうことがあるので、気を付けましょう。

［表示するメッセージ］に確認したいファイルパスを貼り付ける

フローを実行するとメッセージボックスにファイルパスが表示される

C:\Users\yumit\Desktop\501593\第3章\請求書完成\金シャチ株式会社_2023年02月01日.xlsx

OK

レッスン

30 品名2があった場合のみ転記するには

条件分岐①

練習用ファイル [第3章] フォルダー

「品名2」にデータが入力されている場合は転記を行い、空欄だった場合は転記をスキップする条件分岐を配置します。

キーワード

演算子	P.219
オペランド	P.219
条件分岐	P.219

[品名2] が空欄の場合は処理をスキップする

[請求項目一覧.xlsx] の「株式会社果物大国」は、「品名2」のデータが空欄になっています。ここでは、「品名2」が空欄だった場合に転記の操作をスキップし、空欄ではなかった場合のみに転記を行う操作を作成します。

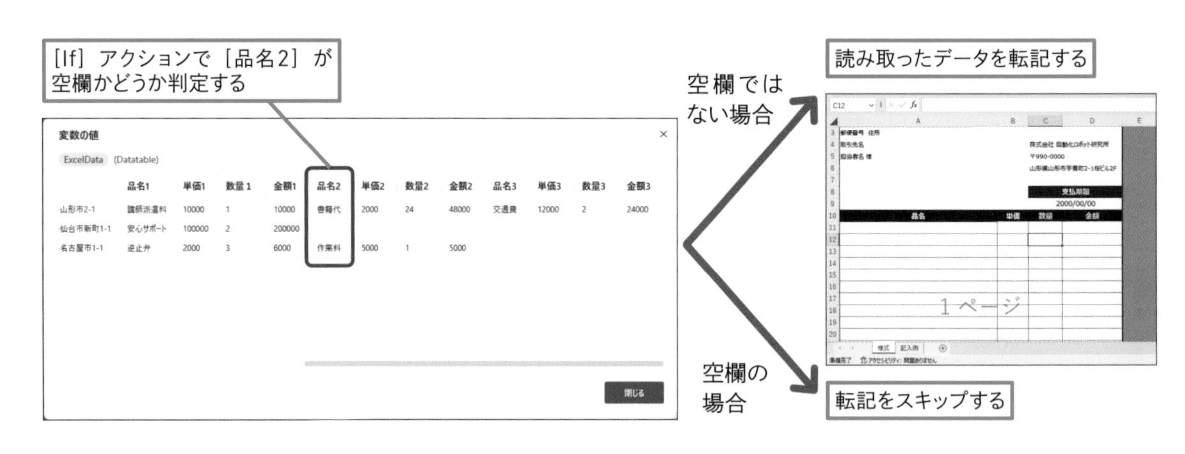

1 条件を設定する

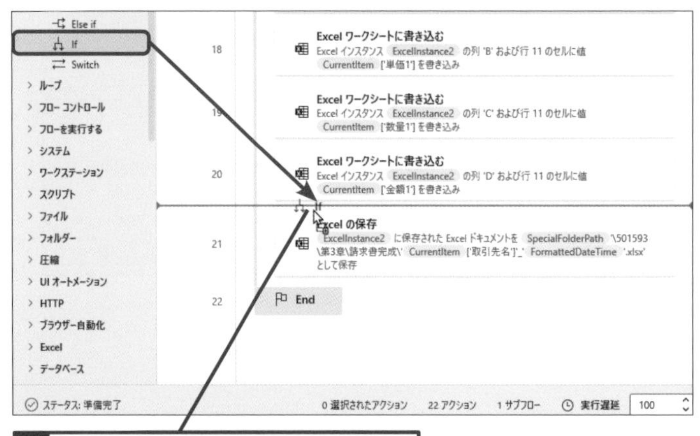

1 [If] を [Excelの保存] の上にドラッグ

使いこなしのヒント

空欄を条件に設定する場合の注意点

Excelワークシート上では空欄に見えても、スペースやカンマが入っているとPower Automate for desktopの条件分岐アクションで「空でない」と判定されてしまいます。ワークシート上のデータを目視で確認するだけでなく、セルの中身を確認し、何も入っていない空欄状態となっているか確認するようにしてください。

● [If] アクション

項目	設定内容
最初のオペランド	「%CurrentItem['品名2']%」と入力します。「%CurrentItem%」は［変数の選択］をクリック後［CurrentItem］をダブルクリックして入力します。
演算子	［空でない］を選択します。

2 アクションをコピーする

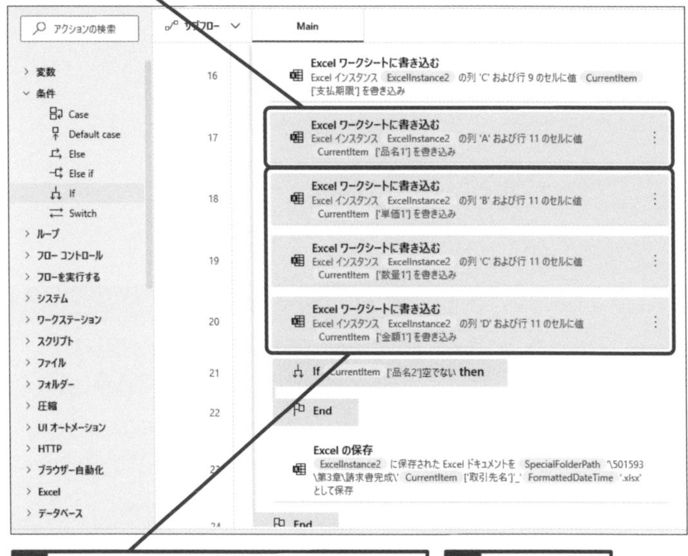

使いこなしのヒント

[If] アクションで設定した条件

ここでは「%CurrentItem['品名2']%」がもし「空でない」なら、[If] と [End] に挟まれているアクションを実行するように設定しています。1行の「品名2」にはデータが含まれているため、「空でない」という条件と一致したと判断し、[If] と [End] に挟まれているアクションを実行します。繰り返し2回目は、2行目の「品名2」をチェックします。「品名2」にはデータが含まれていないため「空でない」という条件に一致しなかったと判断し、[If] と [End] に挟まれているアクションは実行せず、[End] の次のアクションに移動します。

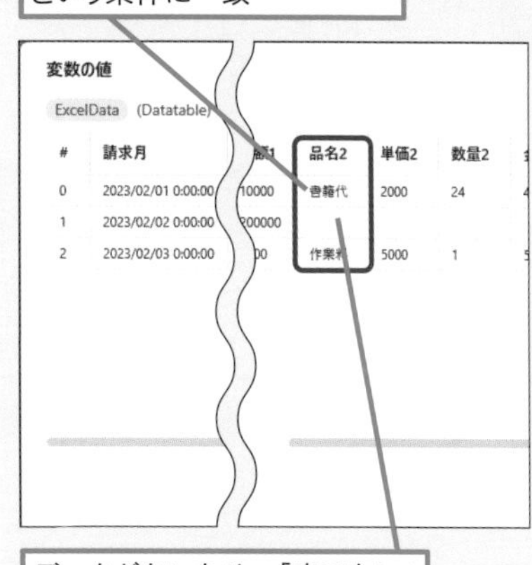

次のページに続く

●アクションを貼り付ける

4 Ctrl＋Vキーを押す

21～24行目の［Excelワークシートに書き込む］アクションが貼り付けられた

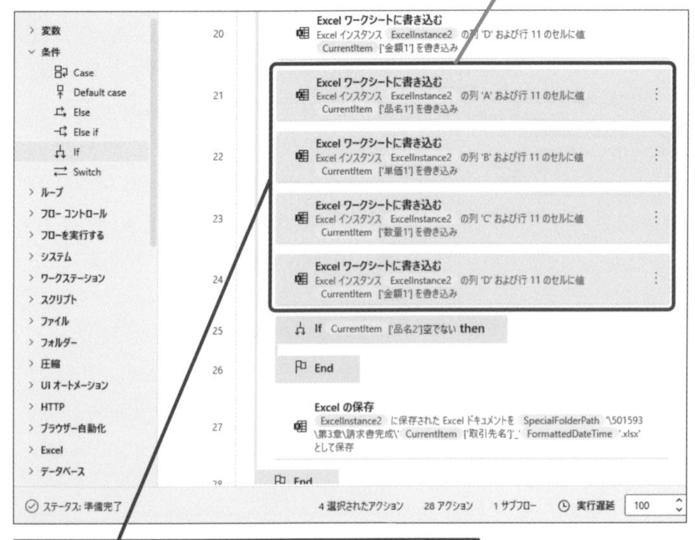

5 Shiftキーを押しながら21～24行目の［Excelワークシートに書き込む］をクリック

3 ［If］アクションの間に移動する

1 21～24行目の［Excelワークシートに書き込む］が選択された状態で、［If］と［End］の間にドラッグ

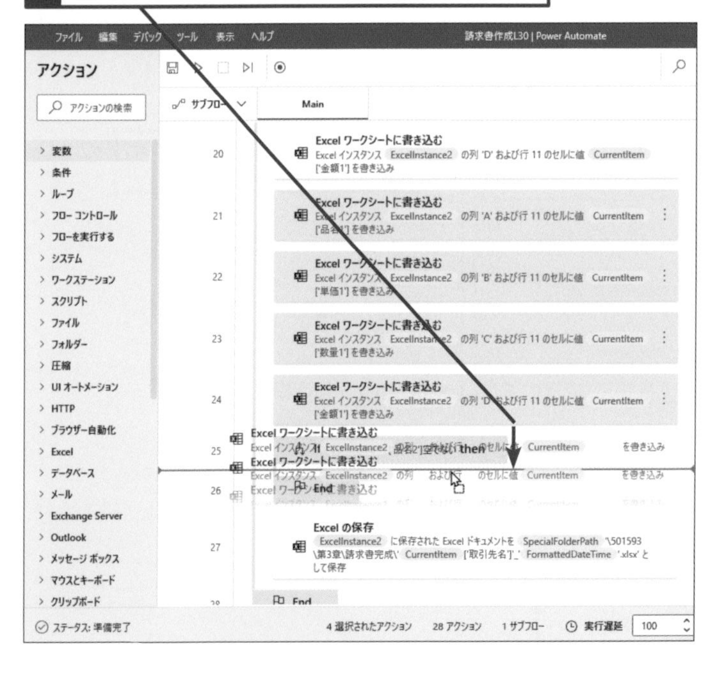

使いこなしのヒント

ほかのフローのアクションもコピー&貼り付けできる

フローデザイナーは複数のウィンドウで開くことができるため、アクションのコピーや貼り付けが、フローデザイナー間で相互にできます。すでに別のフローで同じようなアクションの固まりを作成している場合は、コピーして貼り付けると作成の手間が省けます。ダイアログボックスの設定はコピー元のフローと同じになるので、忘れずに修正するようにしてください。

使いこなしのヒント

［End］アクションをクリックした状態で貼り付けても間に入る

アクションの貼り付けは選択したアクションの上部に挿入されるため、［End］アクションをクリックした状態でCtrl＋Vキーを押して貼り付けを行うと、［If］アクションと［End］アクションの間に貼り付けを行うことができます。

●アクションの位置が移動した

選択した［Excelワークシートに書き込む］アクションが［If］アクションの間に移動できた

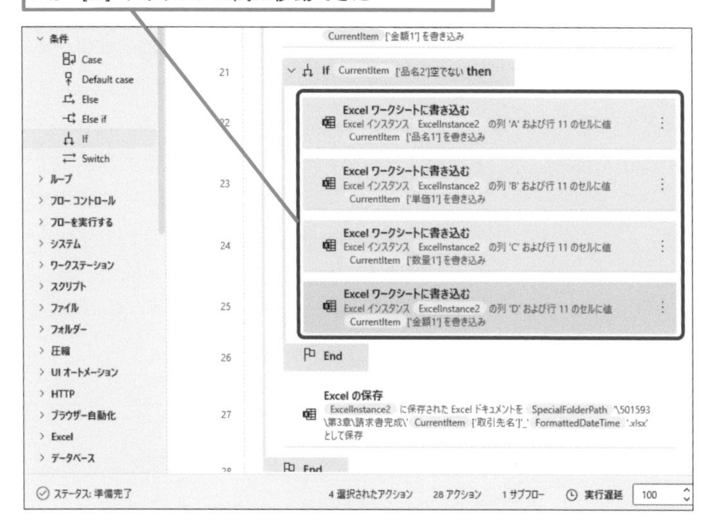

4 コピーしたアクションを編集する

アクションをダブルクリックして❶〜❹のアクションを次のページで解説している内容に変更する

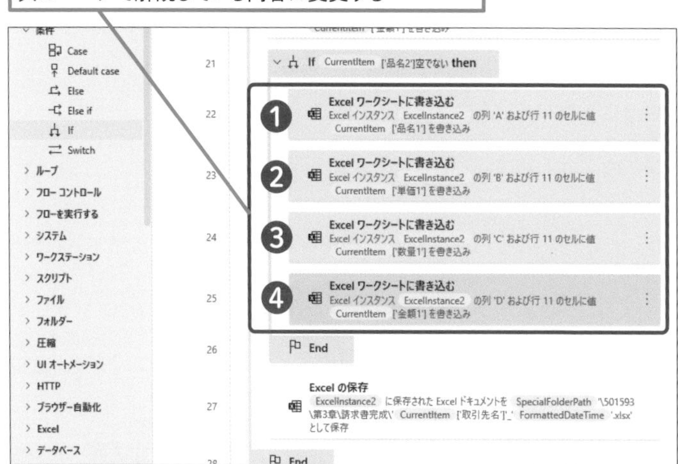

番号	コピーしたアクションの変更箇所
❶	［書き込む値］の「品名1」を「品名2」に、［行］を「12」に変更します。
❷	［書き込む値］の「単価1」を「単価2」に、［行］を「12」に変更します。
❸	［書き込む値］の「数量1」を「数量2」に、［行］を「12」に変更します。
❹	［書き込む値］の「金額1」を「金額2」に、［行］を「12」に変更します。

使いこなしのヒント

ここで編集する「品名1」「品名2」の違いは?

レッスン28で［品名1］［単価1］［数量1］［金額1］の列を転記したので、次は［品名2］［単価2］［数量2］［金額2］を入力するために、列名と書き込む行の修正を行っています。

［品名2］［単価2］［数量2］［金額2］の値を入力する

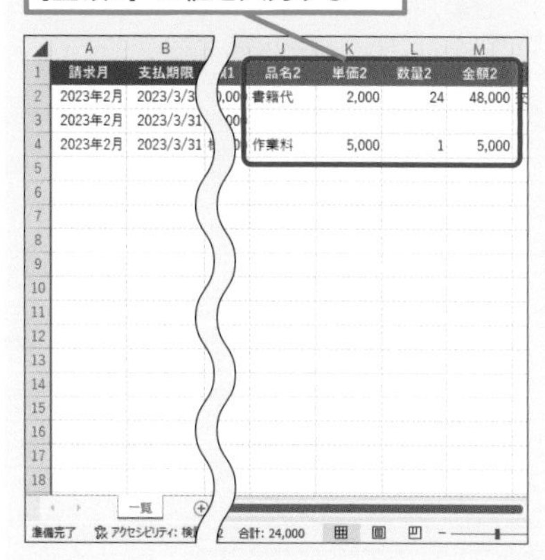

次のページに続く

❶22行目の［Excelワークシートに書き込む］アクションの変更箇所

❷23行目の［Excelワークシートに書き込む］アクションの変更箇所

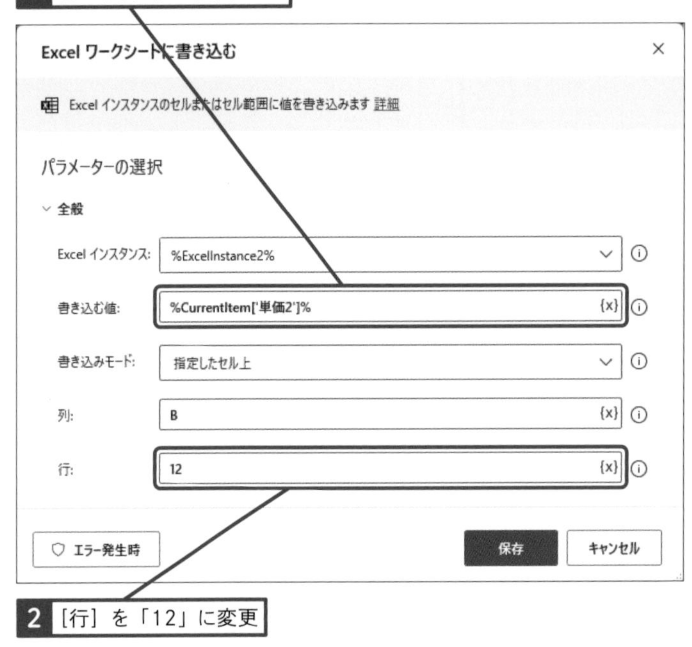

使いこなしのヒント

列名は正確に入力しよう

変数［ExcelData］の列名は、半角と全角が区別され、文字と文字の間に不要なスペースが入っている場合もエラーになります。また列名を囲う「'」（シングルクォーテーション）は、半角での入力が必要です。Power Automate for desktop上では全角と半角の見分けが付きにくいので注意しましょう。

使いこなしのヒント

アクションは右クリックしても編集できる

アクション上で右クリックすると表示されるメニューの［編集］からも、ダイアログボックスを開いて設定を行うことができます。アクションがないワークスペース上で右クリックした場合は、［編集］は表示されません。

❸24行目の［Excelワークシートに書き込む］アクションの変更箇所

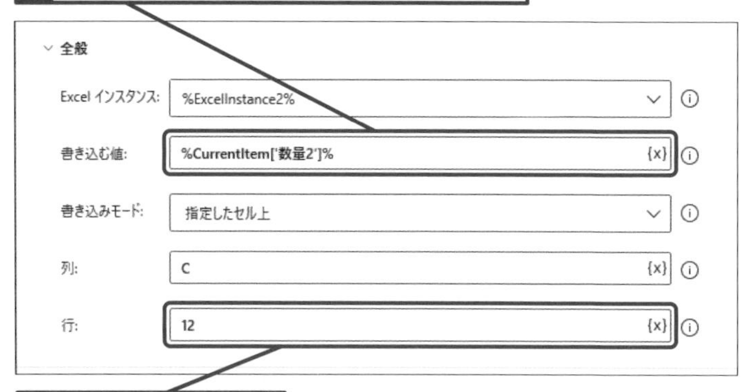

❹25行目の［Excelワークシートに書き込む］アクションの変更箇所

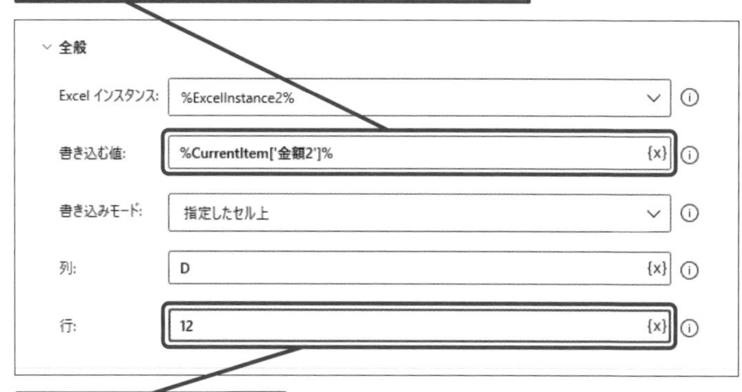

「品名2」の最初の列が空欄ではなかった場合に、処理が実行されるフローが作成された

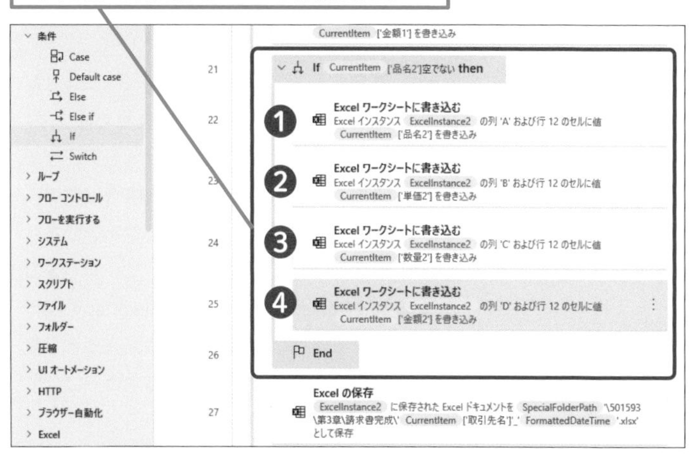

使いこなしのヒント

Ctrl + Z キーで元に戻せる

ExcelやWordと同様に［元に戻す］の機能がPower Automate for desktopにもあります。フローデザイナー上部の［編集］をクリックして［元に戻す］を選択するか、ワークスペース上でショートカットキーのCtrl + Zキーを押すと、直前に行った操作を元に戻すことができます。

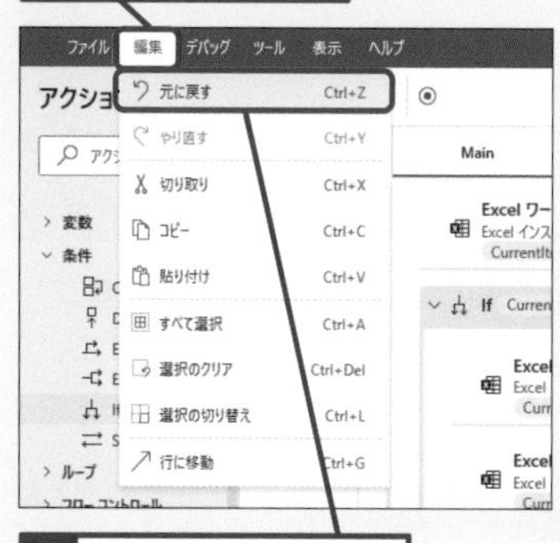

まとめ さまざまな条件が設定できる

［If］アクションを使って、空欄でなければデータを転記し、空欄であれば転記をスキップする操作を作る方法を解説しました。［If］アクションには「空でない」「空である」以外に「次を含む」「次を含まない」「と等しい(=)」「と等しくない(<>)」「より大きい(>)」「より小さい(<)」など、さまざまな判定方法が準備されています。数字だけでなく、特定のテキストが含まれているか、特定のテキストから始まっているかなどの判定を行うこともでき、さまざまな条件判定に活用することができます。

レッスン

31 品名3があった場合のみ転記するには

条件分岐②

練習用ファイル [第3章] フォルダー

品名2のときと同様に、「品名3」にデータが入力されている場合にのみ転記を行い、データが空である場合は転記をスキップする条件分岐を配置します。

キーワード	
アクティブ化	P.218
比較演算子	P.220
フロー	P.220

[品名3] が空欄の場合は処理をスキップする

[請求項目一覧.xlsx] には、「品名3」のデータが空欄の場合があります。[請求項目一覧.xlsx] の「品名3」のデータが空欄だった場合は [請求書様式.xlsx] への転記をスキップし、空欄ではなかった場合のみに転記を行う操作を作成します。

[If] アクションで [品名3] が空欄かどうか判定する

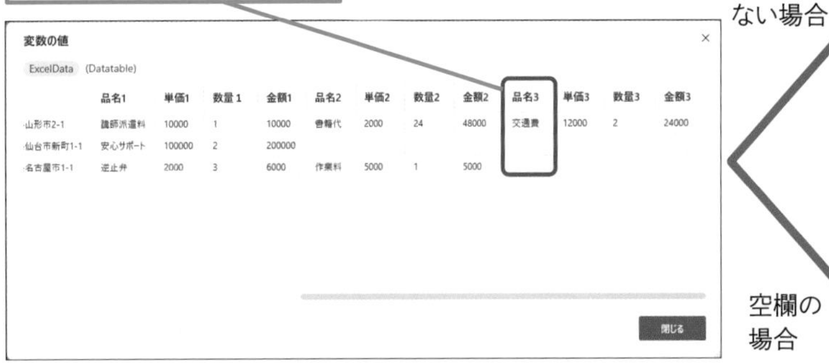

空欄ではない場合

読み取ったデータを転記する

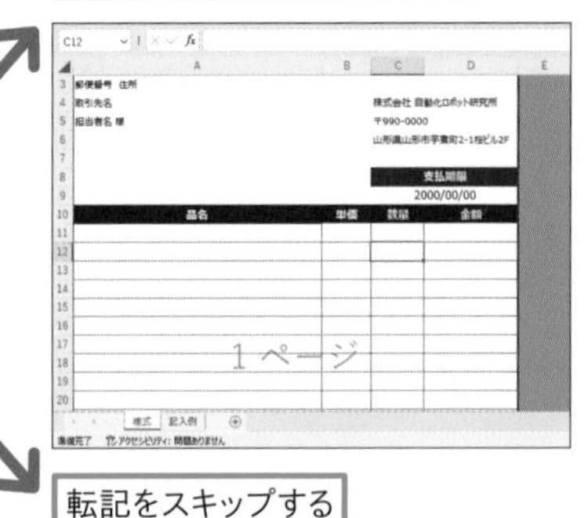

空欄の場合

転記をスキップする

1 条件を設定する

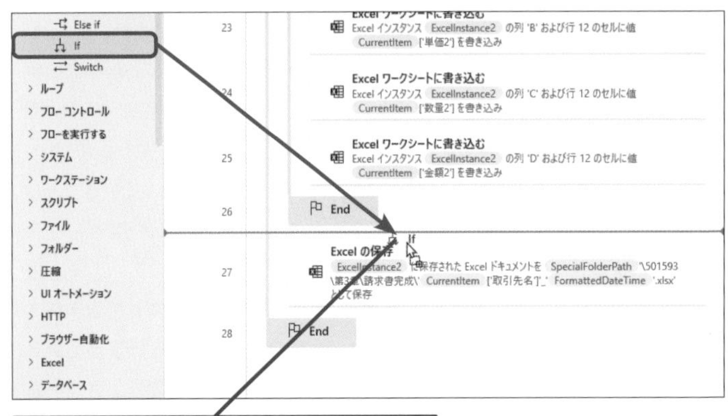

1 [If] を [Excelの保存] の上にドラッグ

使いこなしのヒント

[If] アクションで転記をスキップするメリットは?

不要な転記作業をスキップさせるのは、フローの実行時間を短縮するためです。Power Automate for desktopを実行する専用のパソコンを準備する場合はフローの実行時間を気にする必要はあまりありませんが、人が普段使用しているパソコンでPower Automate for desktopを実行させる場合はお昼休み中やちょっとした離席中に処理が完了できるフローにしておくと使い勝手がよいでしょう。

● [If] アクション

If

このステートメントで指定した条件を満たす場合に実行する、アクション ブロックの開始を示します 詳細

パラメーターの選択

最初のオペランド: %CurrentItem['品名3']%

演算子: 空でない

保存 キャンセル

項目	設定内容
最初のオペランド	「%CurrentItem['品名3']%」と入力します。「%CurrentItem%」は［変数の選択］をクリック後［CurrentItem］をダブルクリックして入力します。
演算子	［空でない］を選択します。

2 アクションをコピーする

1 22行目の［Excelワークシートに書き込む］をクリック

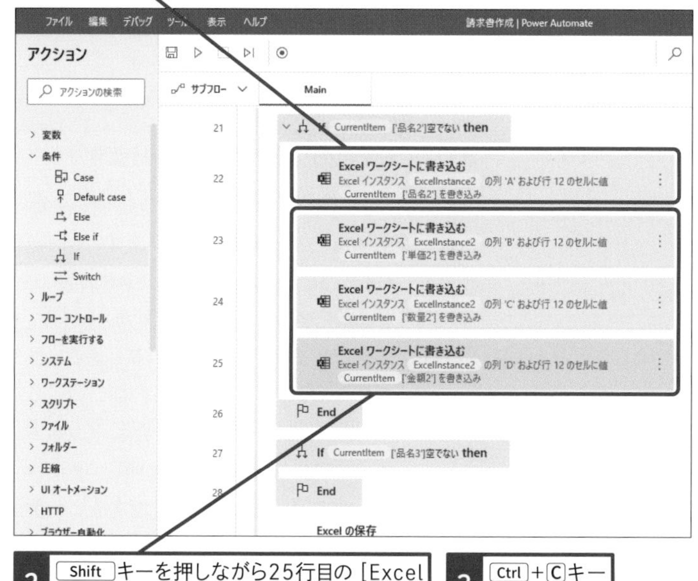

2 Shift キーを押しながら25行目の［Excelワークシートに書き込む］をクリック

3 Ctrl + C キーを押す

使いこなしのヒント

2つ目の［If］アクションで何を設定するの？

レッスン30と同様に、「%CurrentItem['品名3']%」がもし「空でない」なら、[If] と [End] に挟まれているアクションを実行する設定を行います。繰り返し1回目は1行目の「品名3」をチェックします。「品名3」にはデータが含まれているため、「空でない」という条件と一致したと判断し、[If] と [End] に挟まれているアクションを実行します。繰り返し2回目は、2行目の「品名3」をチェックします。「品名3」にはデータが含まれていないため条件に一致しなかったと判断し、[If] と [End] に挟まれているアクションは実行せず、[End] の次のアクションに移動します。

使いこなしのヒント

［If］アクションと［Else if］アクションの組み合わせにしないのはなぜ？

第2章のレッスン20のような [If] アクションと [Else if] アクションの組み合わせでは、[品名2] が「空でない」という条件に一致すると判断された場合、[Else if] アクションをスキップしてしまいます。[品名3] の「空でない」という条件判定がされなくなってしまうため、[品名2] [品名3] それぞれで [If] アクションを配置する必要があります。なお[品名3]の[If]アクションブロックを [品名2] の [If] アクションブロック内の [End] アクションの上部に配置することはできます。[品名2] が空欄の場合は [品名3] も空欄となるため空欄判定を行う必要がなくなるからです。

次のページに続く

●アクションを貼り付ける

4 Ctrl+Vキーを押す

26～29行目の［Excel ワークシートに書き込む］アクションが貼り付けられた

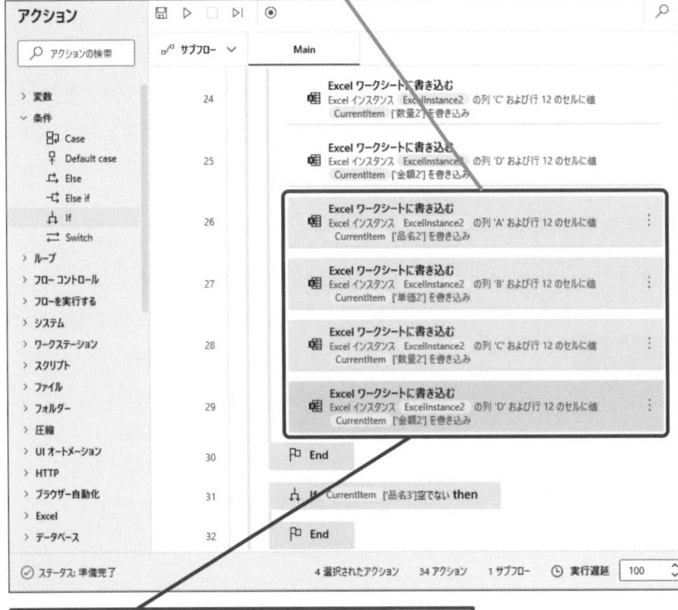

5 Shiftキーを押しながら26～29行目の［Excel ワークシートに書き込む］をクリック

3 ［If］アクションの間に移動する

1 26～29行目の［Excelワークシートに書き込む］が選択された状態で、［If］と［End］の間にドラッグ

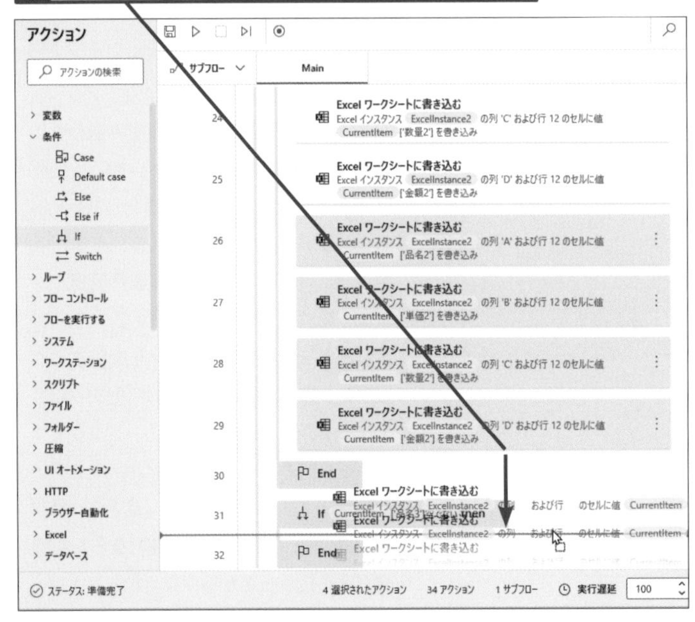

使いこなしのヒント
「より大きい」「以上である」の違い

［If］アクションの演算子の選択肢には、「より大きい(>)」「以上である(>=)」があります。「より大きい(>)」とした場合、対象となる数字は含みません。「以上である(>=)」とした場合は、対象とする数字も含みます。演算子の設定を間違えると、条件判定から漏れてしまう値が出るなどのトラブルが起こるため注意しましょう。

使いこなしのヒント
アクションは最大いくつまで配置できる?

アクション数の制限はありませんが、数が増えれば増えるほどフローが長くなり、全体像が掴みにくくなります。後から見返したときにどのような処理を行っているかすぐわかるように、第1章レッスン06で紹介した［サブフロー］タブを活用してみましょう。サブフローの使い方はレッスン50のスキルアップでも解説しています。

使いこなしのヒント
Excelのマクロと使い分けよう

Excelには「マクロ」という処理を自動化するための機能があります。Power Automate for desktopでもExcelの操作を自動化することができますが、Excelのマクロのほうが処理スピードも速く、さまざまな操作が可能です。すでにExcelのマクロが準備されている場合は［Excelマクロの実行］アクションを使い、Power Automate for desktopと併用することをおすすめします。Excelマクロとうまく組み合わせ、最適な自動化を構築することが大切です。

●アクションの位置が移動した

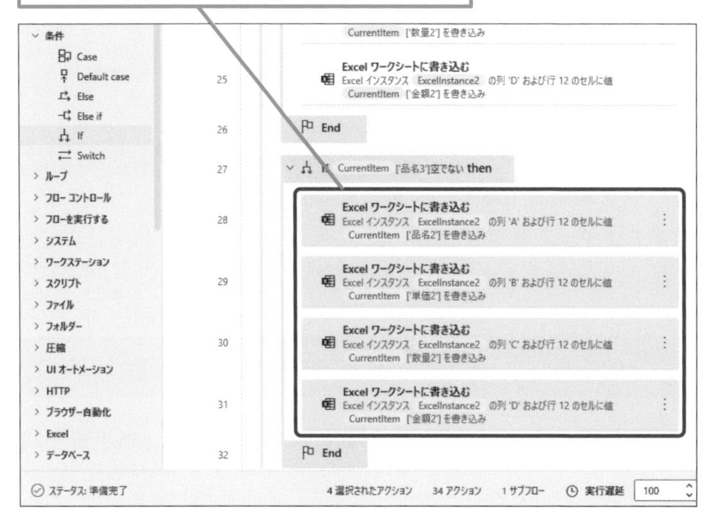

4 コピーしたアクションを編集する

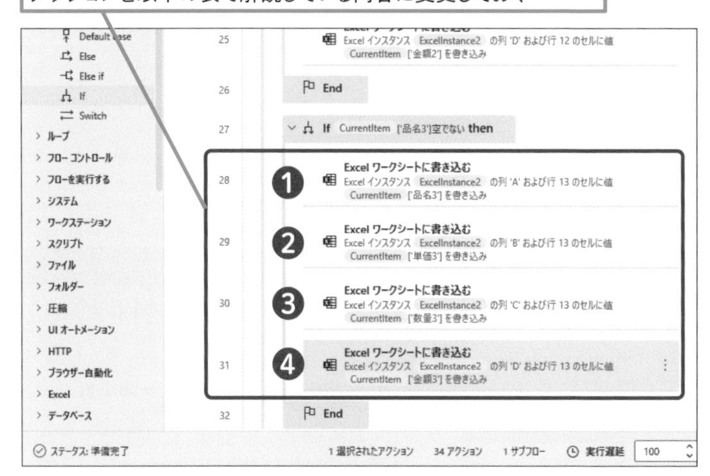

番号	コピーしたアクションの変更箇所
❶	［書き込む値］の「品名2」を「品名3」に、［行］を「13」に変更します。
❷	［書き込む値］の「単価2」を「単価3」に、［行］を「13」に変更します。
❸	［書き込む値］の「数量2」を「数量3」に、［行］を「13」に変更します。
❹	［書き込む値］の「金額2」を「金額3」に、［行］を「13」に変更します。

ここに注意

誤って［End］アクションを削除してしまった場合は［フローコントロール］グループの中にありますので、配置し直してください。［End］アクションは［If］アクションや［Loop］アクションと一対にして配置する必要があり、対になるアクションがない状態になると「Endステートメントにがありません」とエラーメッセージが表示されます。

使いこなしのヒント

ここで編集する「品名2」「品名3」の違いは?

レッスン30で［品名2］［単価2］［数量2］［金額2］を転記したので、次は［品名3］［単価3］［数量3］［金額3］を入力するため、列目の修正を行っています。

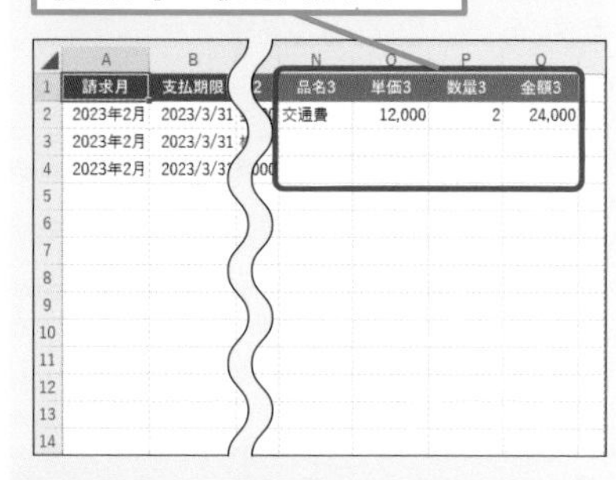

まとめ フロー実行中は人による操作はしない方がいい

フロー実行中に人が操作をしてしまうと、Power Automate for desktopの操作を干渉してしまい、フローがエラー停止してしまう場合があります。例えば［キーの送信］アクションは実行時にキーの送信先をアクティブ化する処理をしています。このタイミングで人による操作があると、別のExcelファイルやWebページがアクティブ化され、本来の送信先にキーの送信が行われず、フローが停止してしまうことがあります。

レッスン

32 完成フォルダーを空にしてスタートするには

フォルダーを空にする

練習用ファイル [第3章] フォルダー

完成ファイルの保存先となる［請求完成フォルダー］に過去のファイルが保存されている場合は自動で削除する処理を追加してみましょう。フロー実行のたびにファイルが作成されファイルの管理が煩雑になったり、データ量が増えてしまうことを防ぐことができます。

キーワード

繰り返し処理	P.219
条件分岐	P.219
ブレークポイント	P.220

フォルダー内のファイルを削除する

任意のフォルダーに保存されているファイルを削除する[フォルダーを空にする]アクションを使って、[請求書完成フォルダー]内に保存されているファイルを削除します。

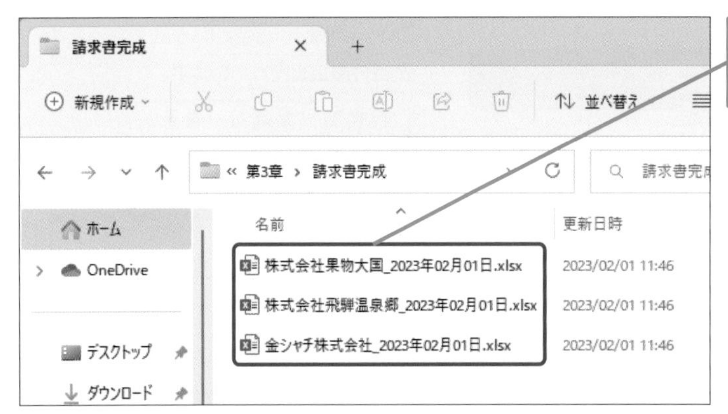

1 フォルダーを空にする

1 [フォルダーを空にする] を [Excelの起動] の上にドラッグ

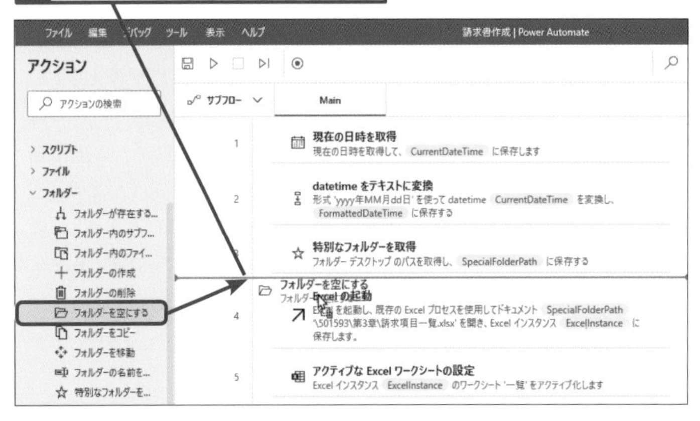

使いこなしのヒント

作成された請求書のファイルが見つからない！

フロー実行後に、作成された請求書がデスクトップの［501593］の［第3章］フォルダー内にない場合はレッスン29の手順3で行ったドキュメントパスが正しく設定できていない可能性があります。121ページのスキルアップを参考にドキュメントパスを確認してみましょう。またドキュメントフォルダー内を「請求書」などのキーワードで検索し、間違って保存されてしまったファイルがあれば削除しておきましょう。

● ［フォルダーを空にする］アクション

項目	設定内容
空にするフォルダー	「%SpecialFolderPath%\501593\第3章\請求書完成」と入力します。「%SpecialFolderPath%」は［変数の選択］をクリック後［SpecialFolderPath］をダブルクリックして入力します。

2 Excelを閉じる

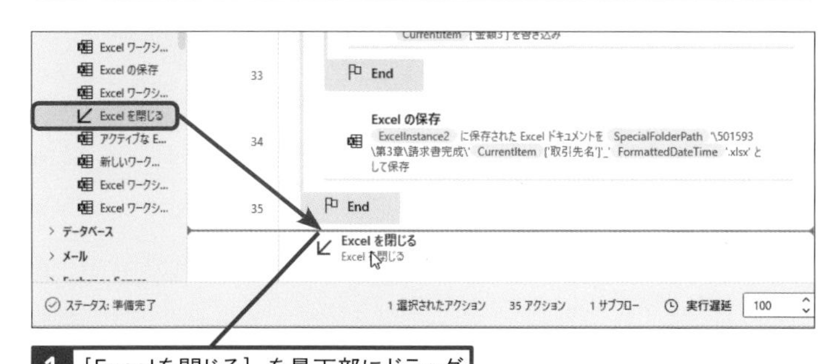

1 ［Excelを閉じる］を最下部にドラッグ

● ［Excelを閉じる］アクション

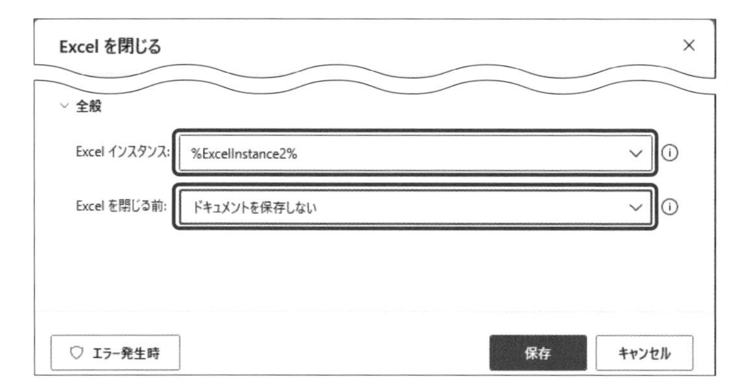

項目	設定内容
Excelインスタンス	「%ExcelInstance2%」を選択します。
Excelを閉じる前	［ドキュメントを保存しない］を選択します。

使いこなしのヒント

フローがうまく実行できないときは

エラーになる場合は、本章の各レッスンの最後に設定したアクションごとにブレークポイントをいれて実行してください。エラーが出た場合はエラー原因となっている箇所を特定することが大切です。また、繰り返し処理や条件分岐を行うフローをテストする場合は、［For each］アクションや［If］アクションの次のアクションにブレークポイントを付けてテストを行うよいでしょう。条件に一致した場合は、ブレークポイントのアクションでいったん停止するため、条件に一致した場合の変数の現在値が確認しやすいです。

まとめ

完成させたフローを確認する

本レッスンで「請求書作成」のフローは完成です。ブレークポイントや、アクションごとに実行することができる［次のアクションを実行する］ボタンを使って、変数の現在値を確認しながらレッスン通りの処理ができているか確認してみましょう。条件判定がうまくできていない場合は［If］アクションのダイアログボックス内の設定に間違えがないか、フローを実行したときに条件分岐に使っている変数［ExcelData］の「品名2」「品名3」の現在値がどうなっているか確認してみてください。

この章のまとめ

シンプルなフロー作りを心掛けよう

第3章では請求書作成業務を題材にしたExcelワークシートの操作に加え、第2章で解説した変数、繰り返し処理［For each］、条件分岐［If］を取り入れたフローの作成方法を解説しました。パソコンによってユーザー名が変わることを考慮してデスクトップパスをアクションで取得したうえでファイルパスを指定する、現在の日付を取得し、テキストに変換するアクションを使って、任意の表示形式でファイル名に入れ込むなど、実際のフロー作成で必要なテクニックもふんだんに盛り込んでいます。フローを作成するうえで一番大切なことは、シンプルでメンテナンスしやすくすることです。フローは作成して終わりではなく、日々使われて、安定的に稼働し業務の自動化が実現することで真価を発揮します。完成後の維持管理のしやすさも意識したフロー作りを心掛けてください。

本章の内容を習得できればExcelへの転記作業が効率化できる

Excel作業を自動化するということが掴めた感じがします！

おめでとうございます！いい調子ですね。
完成したフローが動く様子をスマホなどで撮影し、上司や同僚に見せるのもおすすめですよ。

「自分で作ったよ！」っていったら驚いてくれるかな。

驚いてくれると思いますよ！共に勉強する仲間、社内協力者を見つけていくことも業務の自動化を進めるためにはとっても大切なことです。

活用編

第4章

Webフォームへの入力を自動化しよう

この章では、Power Automate for desktopでWebページを操作する方法を解説します。Webページの操作はレコーダーを活用することで簡単に行えます。さらに第3章で学んだExcel操作と組み合わせることで、Excelファイルの情報をWebページへ転記できます。

レッスン
33 Introduction この章で学ぶこと Webページに売上データを登録しよう

本章では得意先ごとの売上が記録されている［売上一覧.xlsx］のデータを、Webページ上の「売上入力」画面に自動入力するフローを作成します。
フロー作成を開始する前に作業手順やアクションの組み立て方を確認しましょう。

Webページに売上を登録する作業を自動化しよう

Excel操作の次はWebページの操作を学んでいきますよ。

Webページへの入力作業はよくしています。どんな業務なんでしょうか？

Excelファイルの得意先ごとの売上データをWebページ上の「売上入力」画面に登録する作業です。Excelファイルのデータすべてを自動入力できるように作っていきますよ。

●本章で自動化する業務

Webブラウザーを立ち上げてWebページにログインする

［売上入力］を選択する

［売上一覧.xlsx］のデータを繰り返し入力する

◆売上一覧.xlsx
売上の情報がまとめられている

	A	B	C	D	E
1	売上日	得意先コード	得意先名称	売上額	
2	2023/2/1	0001	株式会社ASAHI SIGNAL	100,000	
3	2023/2/2	0002	あさひ Avi株式会社	200,000	
4	2023/2/3	0003	Asahi capsule株式会社	300,000	
5	2023/2/4	0004	朝比 REAL株式会社	400,000	
6	2023/2/5	0005	株式会社旭 LOGIC	500,000	
7	2023/2/6	0006	朝陽 ENGINE株式会社	600,000	
8	2023/2/7	0007	旭日 META株式会社	700,000	
9	2023/2/8	0008	株式会社ASAHI Auto	800,000	
10	2023/2/9	0009	株式会社あさひ MATTER	900,000	
11	2023/2/10	0010	株式会社Asahi VERGE	1,000,000	
12					
13					
14					

作成するフローの流れを確認しよう

Webページを開いて、ログインして、入力画面に移動後、データを繰り返し入力……道のりが長そう……

Webページの操作はレコーダーを活用していきますよ。一方、繰り返し処理はレコーダーでは作成できないので、自分でアクションを配置する必要があります。

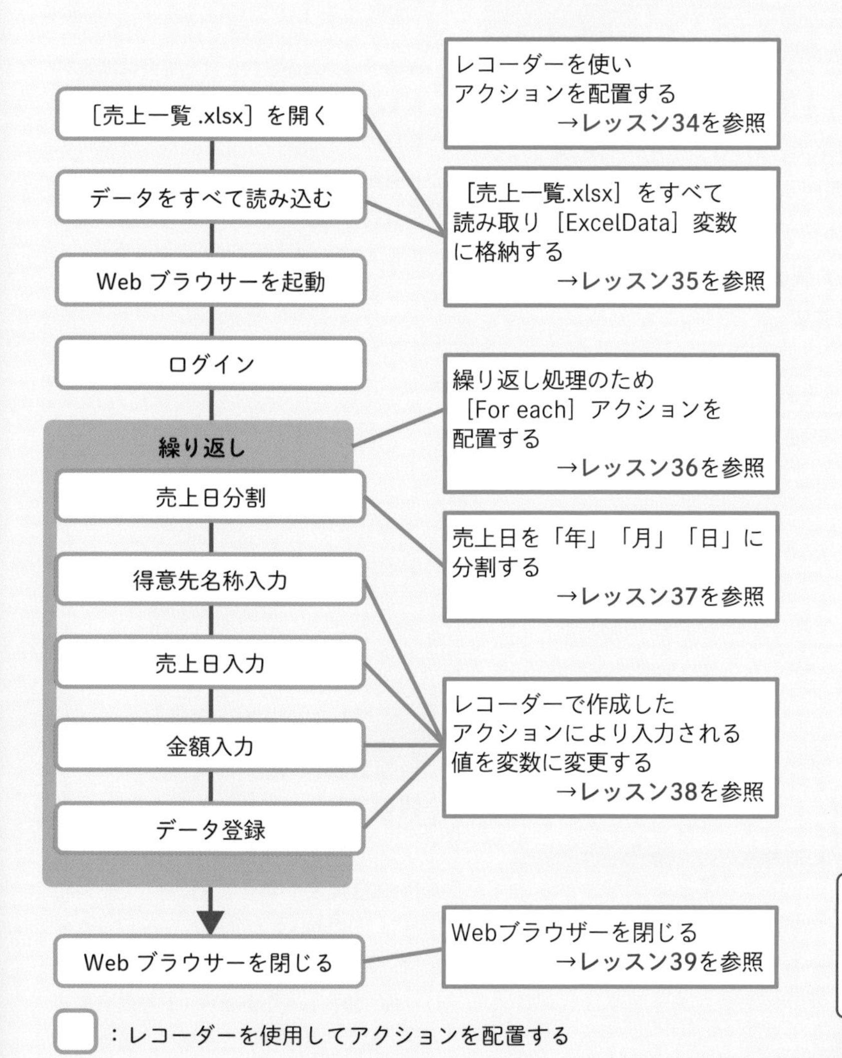

入力画面にデータを入力して登録ボタンを押すところが繰り返し行っている作業かな?

その通りです！フローを作るコツを掴み始めていますね。さっそくやってみましょう！

レッスン

34 Webページの操作を記録するには

レコーダー

練習用ファイル なし

［レコーダー］は、手動操作を記録してフローを作成する機能です。アクションを組み合わせるよりも、簡単に素早くフローを作成できます。

キーワード

Microsoft Edge	P.218
UI要素	P.218
レコーダー	P.220

レコーダーを使いアクションを配置する

このレッスンでは、［レコーダー］を使ってフローを作成する方法を解説します。使い方は非常に簡単で、［レコーダー］を起動した状態で操作したいWebページを開き、記録したい作業を行うだけです。記録したアクションは、後のレッスンで編集します。ここでは、練習サイトにログインし、売上入力画面を開き、フォームに売上データを入力する操作を作成していきます。

［レコーダー］を使い売上入力の操作を記録する

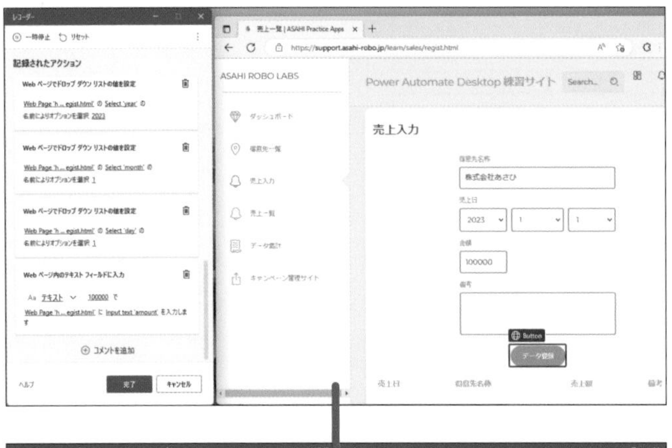

［レコーダー］で生成されたアクションをもとにフローを作成する

ここに注意

Webページ上の操作を行う場合は拡張機能を有効化しておく必要があります。拡張機能はWebブラウザーごとに有効化する必要があります。レッスン07で有効化の確認方法やブラウザーごとの拡張機能のインストール方法を解説しています。

使いこなしのヒント

操作対象のWebページを開いておく

レコーダーを使って、Webページ上の操作を記録したい場合は、操作したいWebページを開いておきましょう。レコーダーを起動し、［記録］ボタンをクリック後、操作したいWebページを選択すると、Webブラウザーを起動し、操作したいWebページを開く操作を行う［新しいMicrosoft Edgeを起動］アクションが先頭に作成されます。

1 レコーダーを起動する

レッスン05を参考に「Web一括登録」という名前のフローを作成し、フローデザイナーを表示しておく

1 ［レコーダー］をクリック

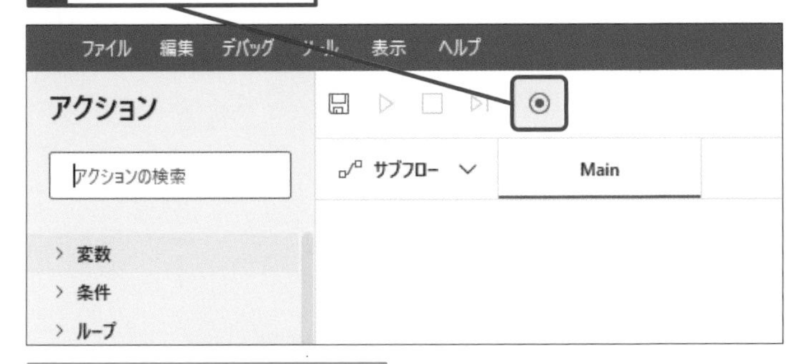

［レコーダー］とWebブラウザーを左右に並べて表示しておく

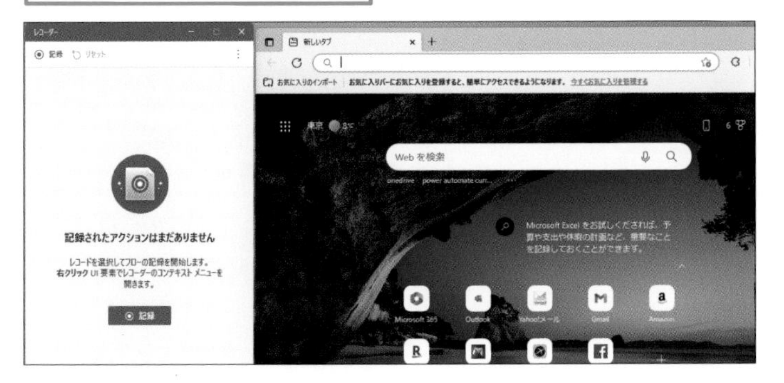

2 Webページの操作を記録する

ASAHI Accounting Robot研究所の練習用サイトを表示する

1 右記のWebページにアクセス

▼ASAHI Accounting Robot研究所の練習用サイト
https://support.asahi-robo.jp/learn/

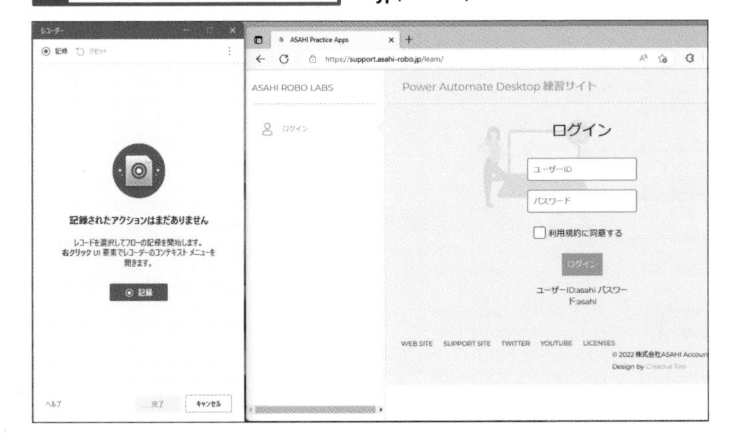

使いこなしのヒント

Web上の情報にも著作権がある

Webページ上で公開されている情報は、インターネットに接続されている環境であれば誰でも閲覧することができます。誰でも閲覧できるからといって、自由に使用していいわけではありません。Webページ上の情報にも著作権があり、利用規約などで転載や商用利用を禁止している場合があります。Power Automate for desktopを使ってWebページ上のテキストや画像の抽出を行うことができますが、著作権や利用規約を十分確認する必要があります。

使いこなしのヒント

赤枠が表示されていることを確認しよう

Webページに赤枠が表示されていない場合は、操作の記録が開始されていない可能性があります。［記録］をクリックしないと記録は開始されず、赤枠が表示されませんので注意しましょう。記録を一時的に止めたいときは［一時停止］を、最初からやり直すときは［リセット］をクリックします。

使いこなしのヒント

レコーダーが起動できない場合は

レコーダーが起動できない場合は27ページの使いこなしのヒントを参考にPower Automate for desktopを再起動し、レッスン07の拡張機能の有効化を確認しましょう。それでも起動できない場合はパソコンを再起動してみてください。

次のページに続く

●記録を開始する

2 ［記録］をクリック

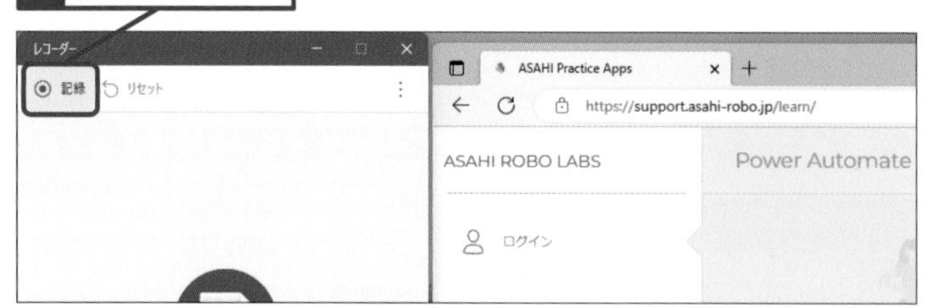

3 Webサイトにログインする

1 ［ユーザー ID］に「asahi」と入力

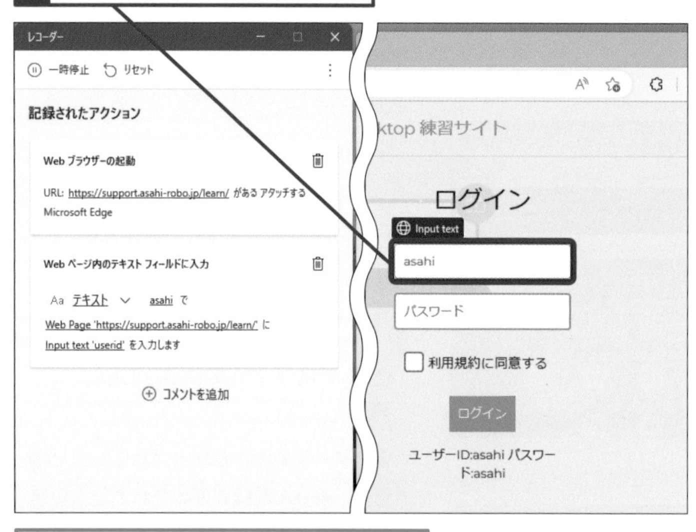

［記録されたアクション］に操作が記録された

2 ［パスワード］に「asahi」と入力

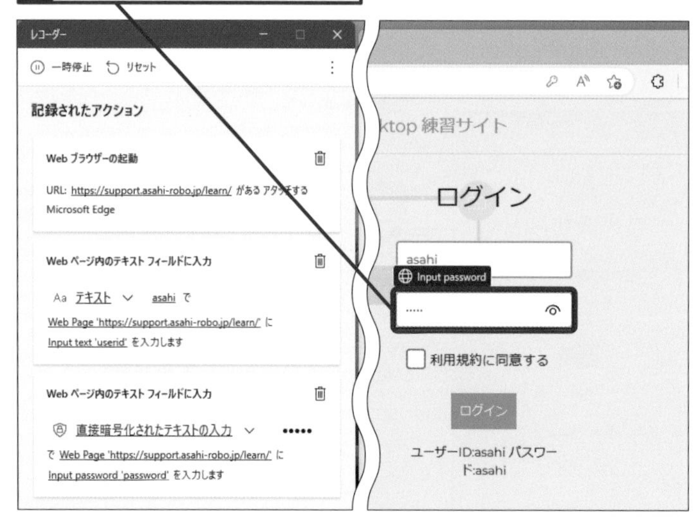

使いこなしのヒント

赤枠の上に表示される文字列の意味は

［UI要素］（レッスン10参照）の種類を表します。Webサイトにもよりますが、文字を入力するテキストフィールドの場合は［input text］、ボタンの場合は［button］、リンクは［Anchor］などと表示されます。

時短ワザ

［レコーダー］ウィンドウのサイズは変更できる

［レコーダー］ウィンドウのサイズは端をドラッグすることで変更可能です。画面を広げることで操作した記録が確認しやすくなります。また、Webページの操作画面と重なって操作しづらいときは、ウィンドウのサイズや、位置を変更するようにしてください。ウィンドウの位置は上部の青い部分にマウスポインターを合わせ、ドラッグすると移動できます。

ここに注意

不要な操作が記録された場合は、［レコーダー］でアクションの右側にある［削除］をクリックしてアクションを削除しましょう。

●利用規約に同意してログインする

3 ［利用規約に同意する］をクリック

［利用規約に同意する］のチェックボックスにチェックマークが付いた

4 ［ログイン］をクリック

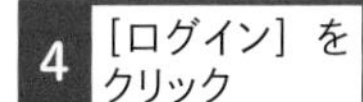

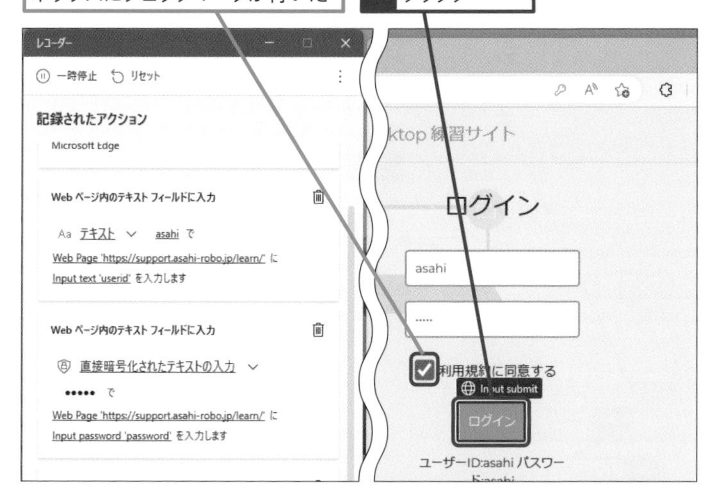

4 売上を入力する

1 ［売上入力］をクリック

使いこなしのヒント

［記録されたアクション］を確認しながら操作しよう

1つの操作が終わるたびに［レコーダー］ウィンドウの［記録されたアクション］にアクションが増えていきます。操作したのに記録されていない場合は、操作の対象が赤枠で囲まれていることを確認しながら、もう一度ゆっくり操作してみてください。

操作が正しく記録されていれば［記録されたアクション］に表示される

［Webページのチェックボックスの状態を設定］にチェックマークが付いているかも確認する

次のページに続く

●取引先の名称を入力する

［売上入力］画面が表示された

2 ［得意先名称］に「株式会社あさひ」と入力

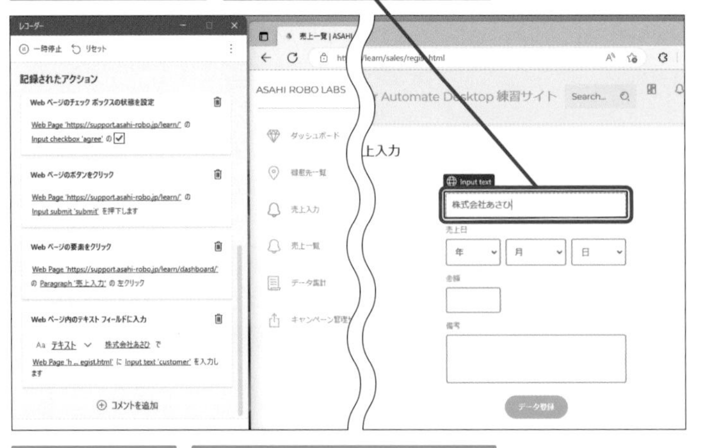

［売上日］の年月日を選択する

ここでは［売上日］を「2023年1月1日」に設定する

3 ［年］のここをクリック

4 ［2023］をクリック

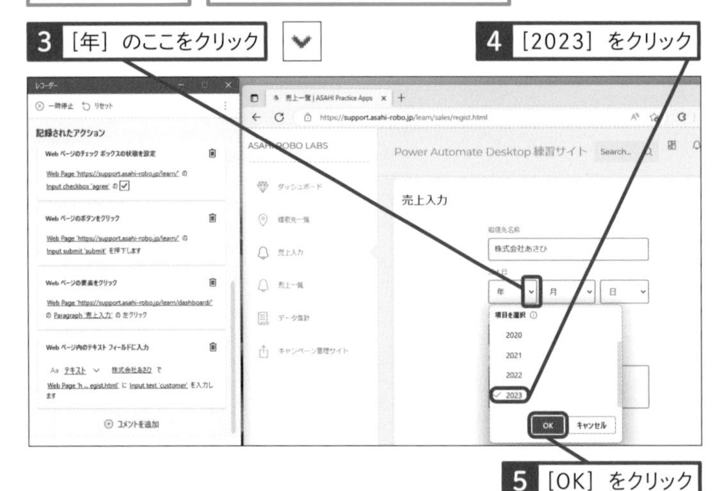

5 ［OK］をクリック

6 ［月］のここをクリック

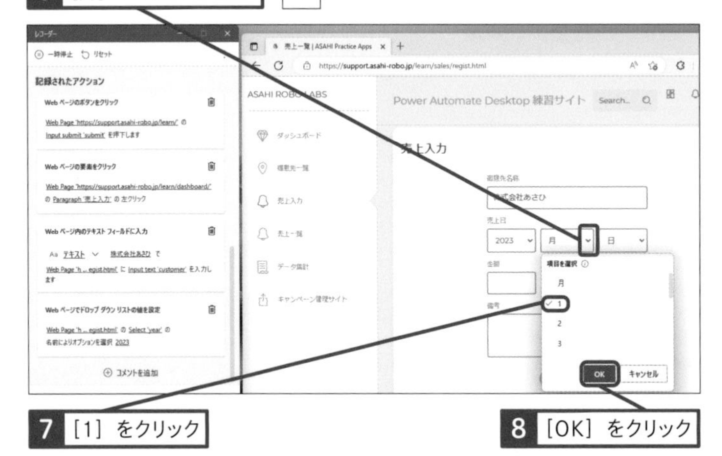

7 ［1］をクリック

8 ［OK］をクリック

使いこなしのヒント

Webページの表示倍率に注意しよう

Webページの表示倍率によって画面レイアウトが異なり、Webページのサイドメニューが表示されないことがあります。メニューを表示させるためにクリックが必要になったり、メニューが表示されない場合もあるので、画面倍率は100％にしてレコーダーを使うようにしましょう。Microsoft Edgeの場合は、右上の［設定など］から設定を表示して［ズーム］から表示倍率の変更が可能です。

1 ［設定など］をクリック

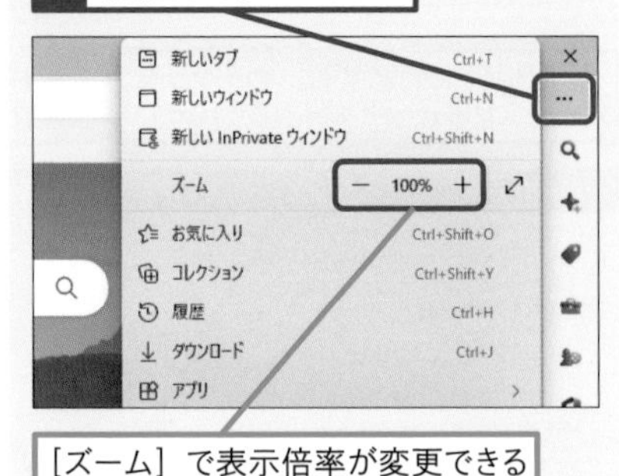

［ズーム］で表示倍率が変更できる

使いこなしのヒント

入力確定のためのEnterキー押下も記録される

入力確定のためにEnterキーを押す操作も記録されてしまいます。記録されてしまった場合は52ページのスキルアップを参考に削除しましょう。レコーダーで操作を記録する場合は事前に入力手順を確認し、できるだけシンプルな操作を行うのがおすすめです。

● ［日］を選択する

9 ［日］のここをクリック

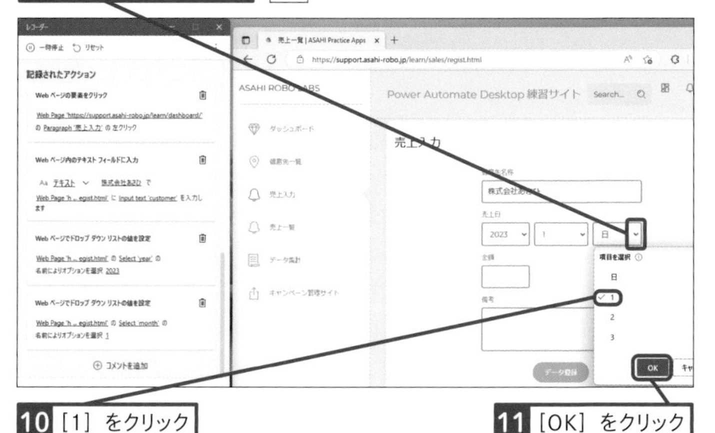

10 ［1］をクリック

11 ［OK］をクリック

12 ［金額］に「100000」と入力

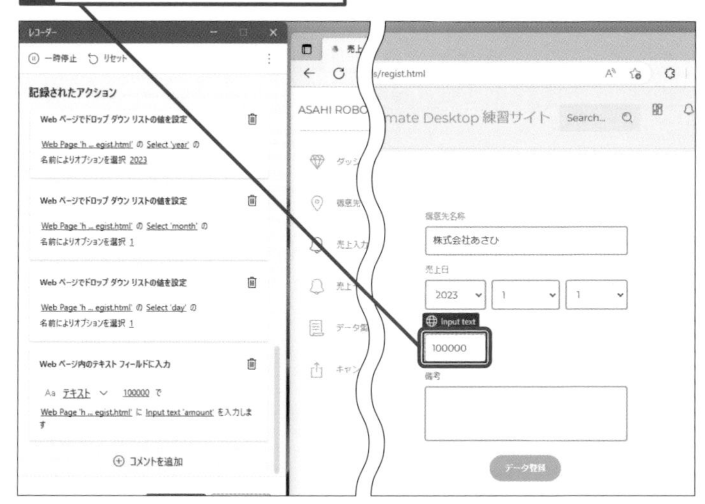

13 ［データ登録］をクリック

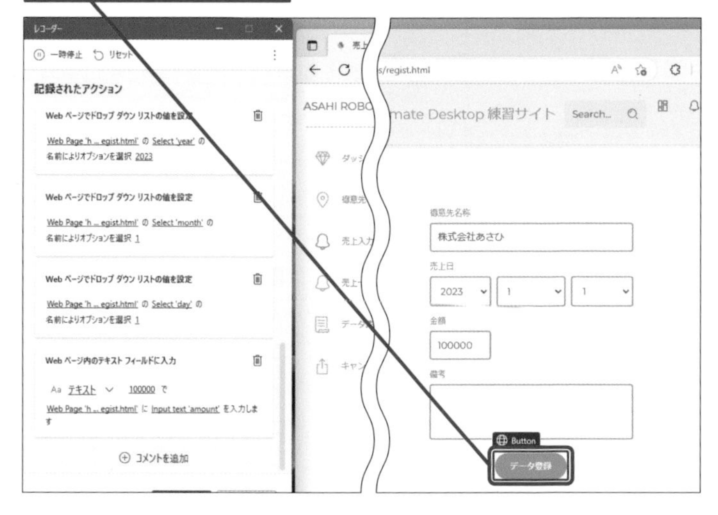

💡 使いこなしのヒント

記録したUI要素は画像付きで確認できる

「Input text」などUI要素の名前だけでは、何を操作したのか分からない場合があります。その場合はアクションを開き、［UI要素］の右側にある（ ）マークにマウスポインターを合わせると画像を確認することができます。また［UI要素ペイン］を開き、UI要素の画像を確認することもできます。画面右側の［UI要素］をクリックすると［UI要素ペイン］が開き、確認したいUI要素をクリックすると画像で表示されます。

（ ）マークにマウスポインターを合わせるとUI要素の画像が表示される

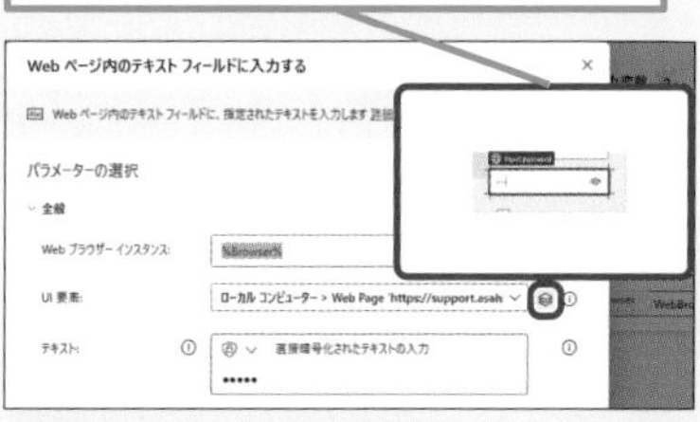

1 ［UI要素］をクリック

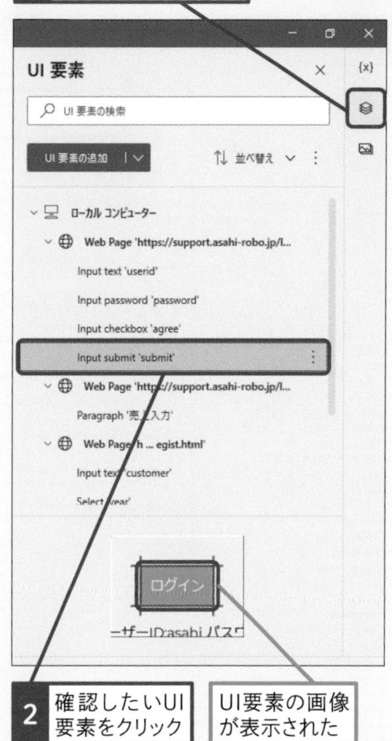

2 確認したいUI要素をクリック

UI要素の画像が表示された

次のページに続く

5 レコーダーを終了する

売上が登録された

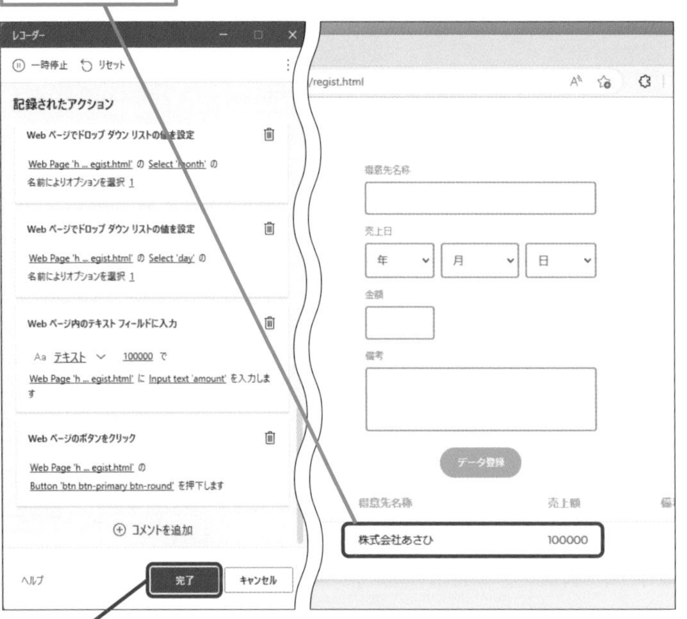

1 ［完了］をクリック

フローデザイナーの画面に戻った

記録された操作がアクションとして追加された

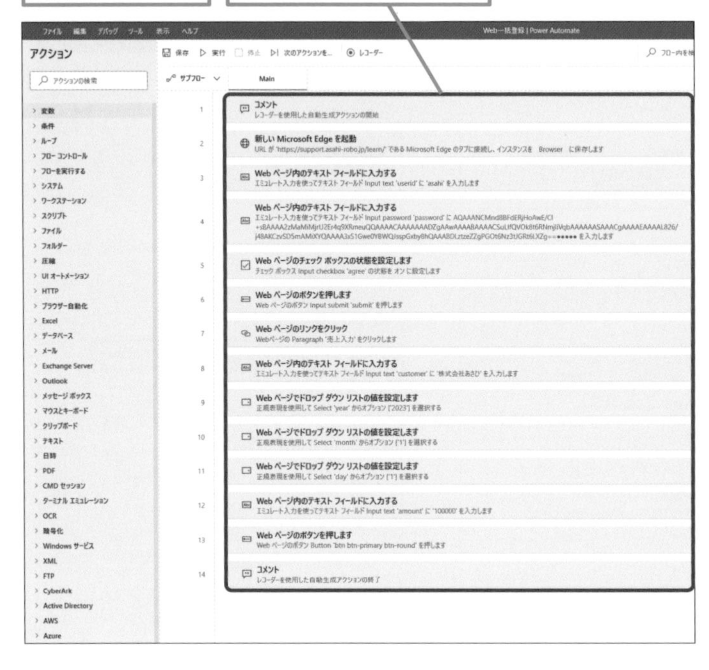

使いこなしのヒント

正しく記録されているか確認しよう

手順6の操作9まで設定できたら、Webページを閉じたうえで、フローを実行しましょう。レコーダーは人が行った操作をすべて記録しているため、誤操作や操作のやり直しなどにより本来フローに必要のないアクションが追加されている可能性があります。必要な操作が抜けていたり、余分な操作が入っていたりしないか確認してください。もし途中でエラーになる箇所があれば、はじめから記録し直すか、エラーになった部分の操作だけをレコーダーで記録し直し、アクションを入れ替えましょう。レッスン10のスキルアップ「手順が抜けたり余分な操作が入ったりした場合」で詳しく解説しています。

フローを実行するとWebブラウザーが起動し、記録した操作が実行される

ここに注意

パソコンにサブモニターを接続している場合、レコーダーを使用する際にPower Automate for desktopと記録対象となるWebページやアプリケーションをメインモニターに配置するようにしてください。サブモニターではうまく記録できない操作が発生する場合があります。フロー実行時も操作対象のアプリケーションをメインモニターに配置することをおすすめします。

6 記録した操作を編集する

[コメント] アクションを削除する

1 最上部の [コメント] をクリック

2 Delete キーを押す

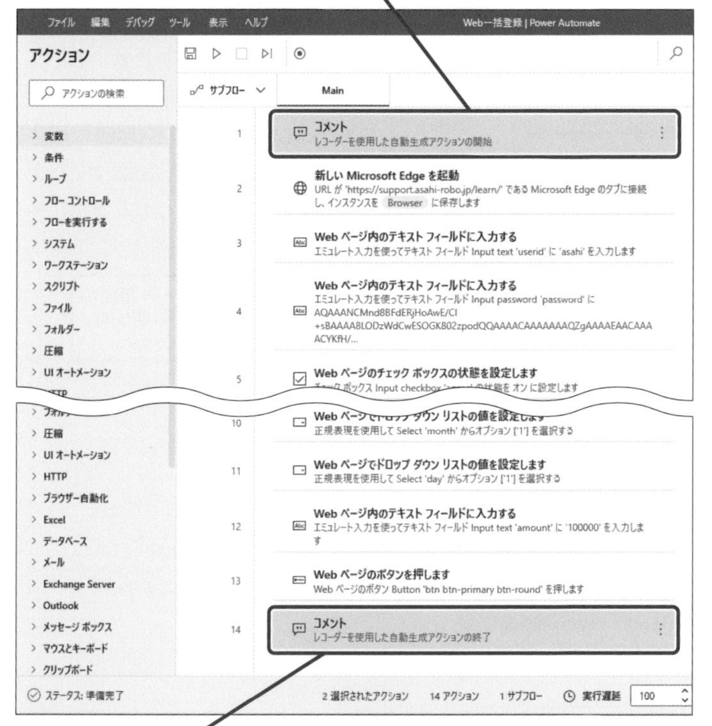

3 最下部の [コメント] をクリック

4 Delete キーを押す

[コメント] アクションが削除された

[新しいMicrosoft Edgeを起動] アクションの設定を変更する

5 [新しいMicrosoft Edgeを起動] をダブルクリック

使いこなしのヒント

不要な [コメント] は削除しておこう

[レコーダー] で操作を記録して作成したアクションブロックの先頭と末尾には、[レコーダー] で記録したことを示す [コメント] が配置されます。アクションの実行には影響がありませんので、目的のアクションが配置されたら削除しておきましょう。

スキルアップ

不要な [UI要素] を一括削除できる機能がある

[UI要素ペイン] の (⋮) をクリックすると表示される [使用していないUI要素を削除する] から使用していないUI要素を一括削除することができます。フロー完成時には必ずクリックする習慣にしておくといいでしょう。

1 [UI要素] をクリック

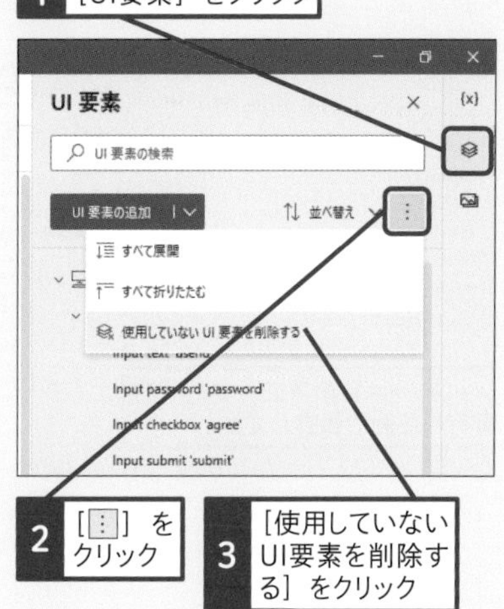

2 [⋮] をクリック

3 [使用していないUI要素を削除する] をクリック

次のページに続く

●アクションの設定を変更する

6 ［起動モード］を［新しいインスタンスを起動する］に変更

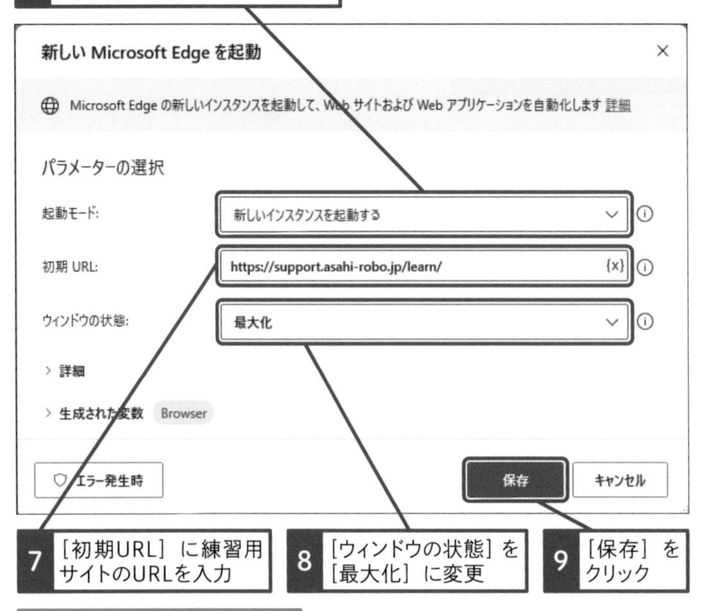

7 ［初期URL］に練習用サイトのURLを入力

8 ［ウィンドウの状態］を［最大化］に変更

9 ［保存］をクリック

アクションの変更が保存された

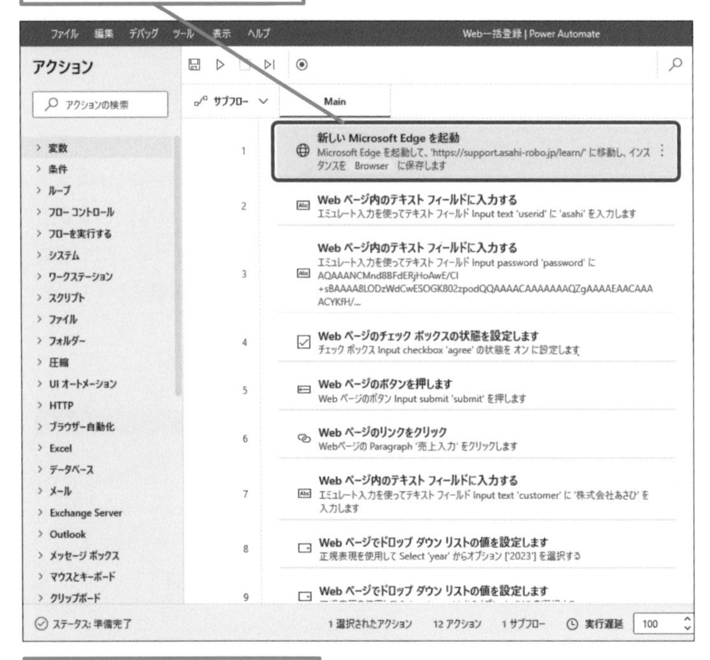

レッスン11を参考に、フローを実行した後に保存しておく

使いこなしのヒント

［起動モード］を［新しいインスタンスを起動する］にするのはなぜ？

新しくMicrosoft Edgeを立ち上げたうえで操作を開始させたいので、［起動モード］を［新しいインスタンスを起動する］に変更し、初期URLに練習用サイトのログイン画面のURLを入力します。［起動モード］の［実行中のインスタンスに接続する］はすでに起動しているブラウザを操作したい場合に使います。

ここをクリックするとログイン画面に戻る。URLをコピーし［初期URL］欄に貼り付ける

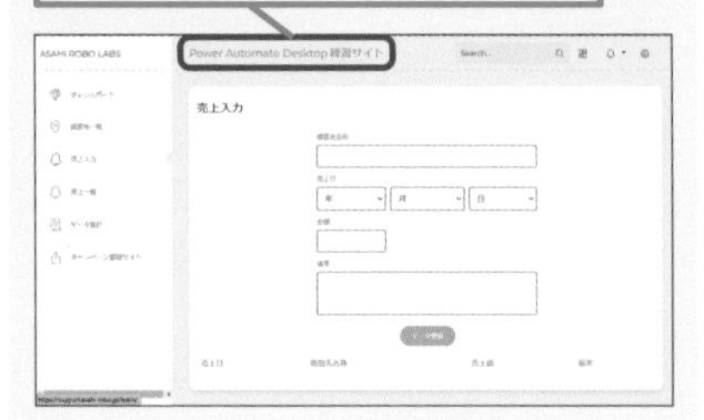

まとめ 1つずつの操作を確認しながら使おう

操作が早すぎて記録できないことや、記録に失敗する場合もあるため、レコーダーで操作を記録する際は、操作ごとに［レコーダー］ウィンドウにアクションが作成されたことを確認するようにしましょう。アクションが作成されなかった場合は、その操作をもう一度行ってアクションが作成されるようにします。また間違った操作が記録された場合は［削除］をクリックして、都度不要なアクションを削除することも必要です。「TextBox」など、UI要素の名前だけではどこを操作しているのか分からない場合は、143ページの使いこなしのヒントを参考に［UI要素ペイン］で画像を確認してみてください。

スキルアップ

Webブラウザーの操作を［アクションペイン］から配置する

Webページを操作するアクションを、［アクションペイン］から選択して配置することもできます。［アクションペイン］からアクションを選択して配置する場合は、自分で［UI要素］や入力する［テキスト］を指定する必要があります。Webブラウザーを操作するアクションを1～2個配置したい場合は、レコーダーを立ち上げるよりも素早くアクションを配置できます。

ここでは練習用サイトのユーザーIDを入力する操作を作成する

1 ［ブラウザー自動化］のここをクリック

2 ［新しいMicrosoft Edgeを起動］をドラッグ

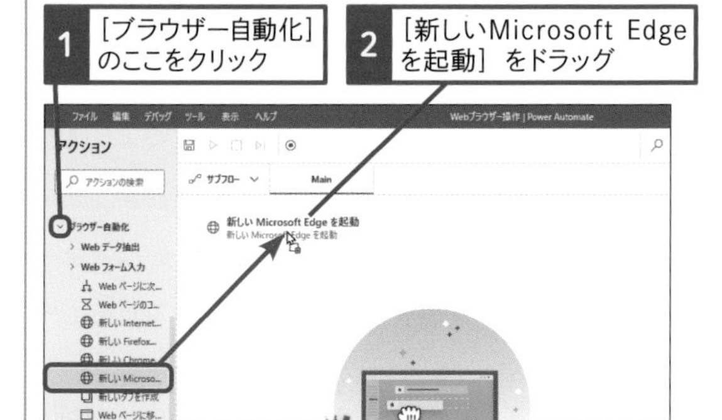

3 ［初期URL］に139ページの練習用サイトのURLを入力

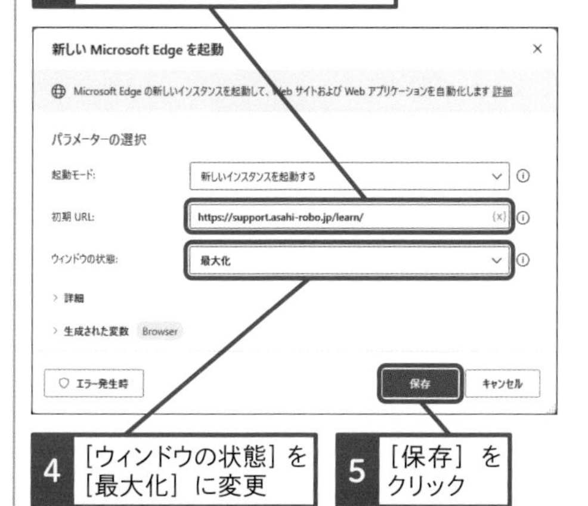

4 ［ウィンドウの状態］を［最大化］に変更

5 ［保存］をクリック

6 ［Webフォーム入力］のここをクリック

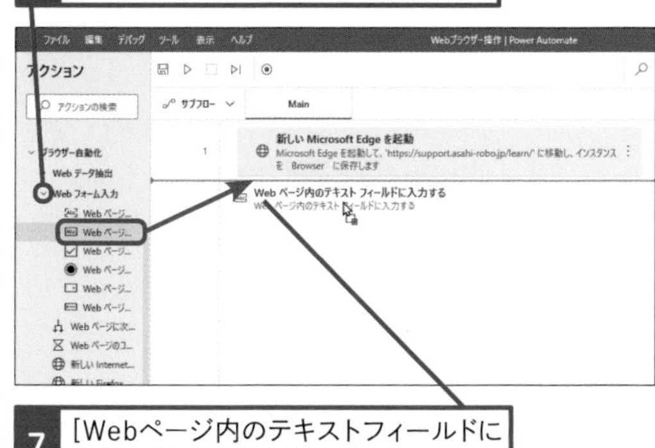

7 ［Webページ内のテキストフィールドに入力する］をドラッグ

8 ［Webブラウザーインスタンス］に「%Browser%」と表示されていることを確認

9 ［UI要素］のここをクリック

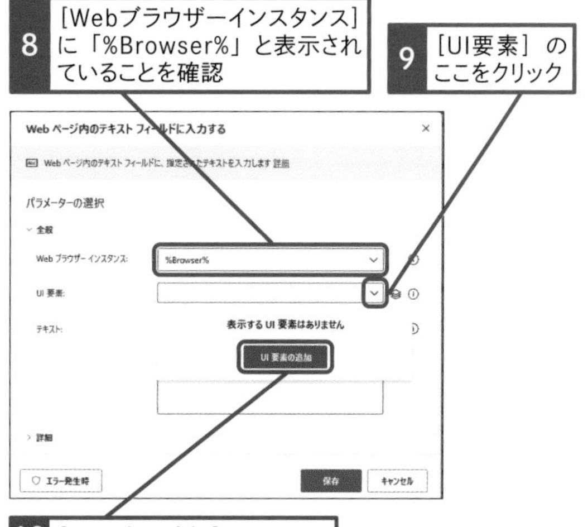

10 ［UI要素の追加］をクリック

［UI要素ピッカー］ウィンドウが表示された

Microsoft Edgeを起動し、練習用サイトを表示しておく

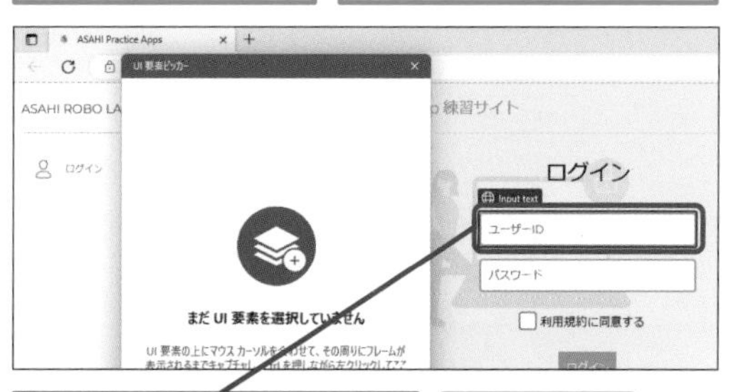

11 Ctrlキーを押しながら、［ユーザーID］をクリック

アクションの画面に戻った

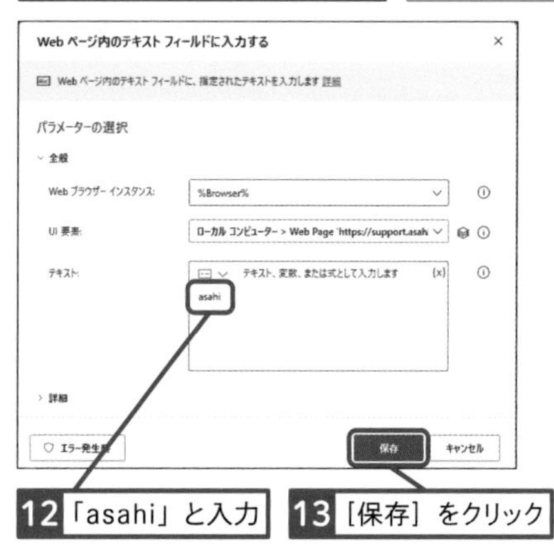

12 「asahi」と入力

13 ［保存］をクリック

レッスン

35 Excelから売上を読み取るには

Excelワークシートから読み取り

練習用ファイル [第4章] フォルダー

データが更新されデータの行数が変わっても対応できる方法で、Excel ファイル [売上一覧.xlsx] からWebページに入力するための売上データを読み取ります。

キーワード

Excelインスタンス	P.218
アクション	P.218
ブレークポイント	P.220

入力されている売上データを読み取る

Webページに入力する売上データは、Excelファイル [売上一覧.xlsx] から読み取ります。Excelファイルを開いた後、[Excelワークシートから読み取る] アクションを使って、ワークシートのデータをすべて読み取ります。

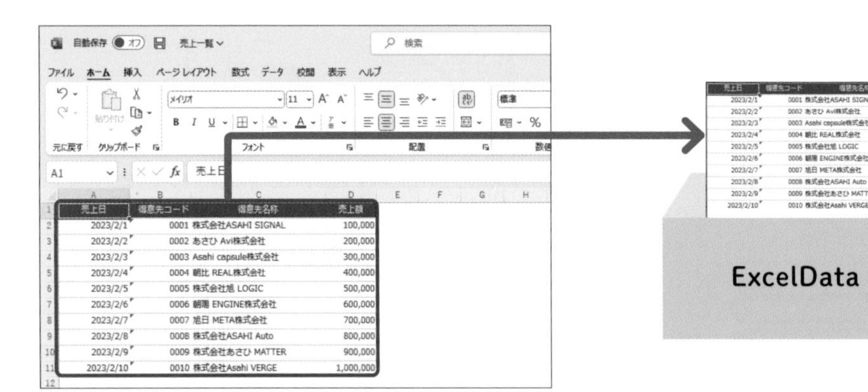

1 フォルダーのパスを取得する

1 [特別なフォルダーを取得] を最上部にドラッグ

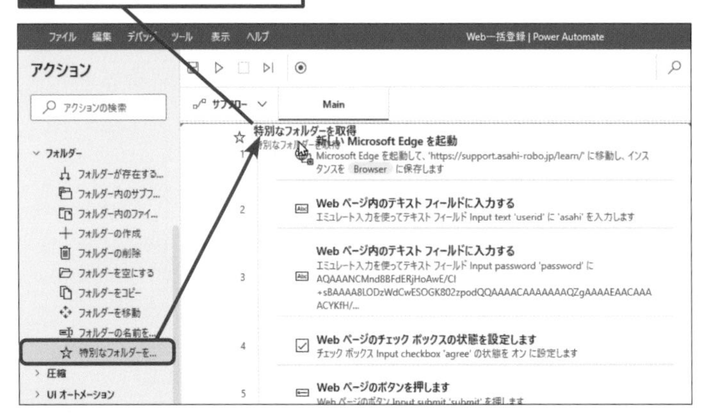

ここに注意

インプレスブックスからダウンロードし展開した [501593] フォルダーをデスクトップに保存してください。[501593] フォルダーの [第4章] フォルダーに格納されている [売上一覧.xlsx] を使用します。[売上一覧.xlsx] の保存先を [第4章] フォルダーとは違う場所にしてしまうとエラーが出る場合がありますので、移動させないようにしてください。

●［特別なフォルダーを取得］アクション

項目	設定内容
特別のフォルダーの名前	［デスクトップ］を選択します。
特別なフォルダーのパス	［特別なフォルダーの名前］で指定したフォルダーのパスが表示されます。

2 Excelを起動する

1 ［特別なフォルダーを取得］の下に［Excelの起動］をドラッグ

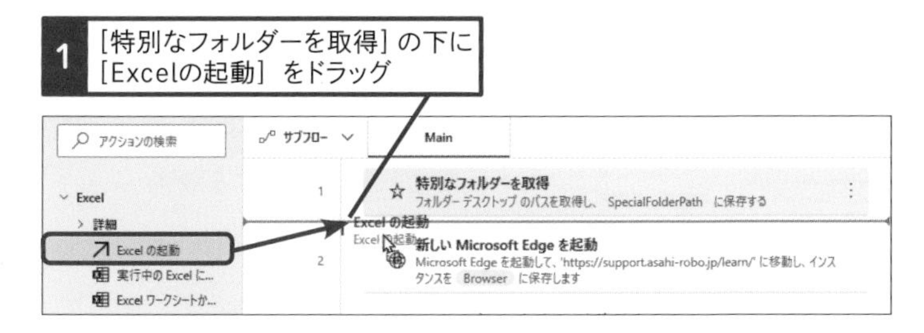

●［Excelの起動］アクション

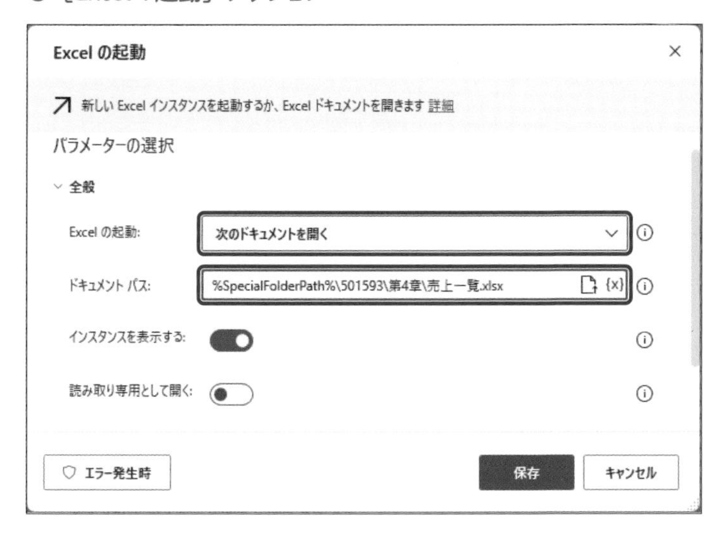

使いこなしのヒント

［SpecialFolderPath］に格納される値

［特別なフォルダーを取得］アクションでは、フォルダーパスを取得し、変数［SpecialFolderPath］に格納することができます。取得できるフォルダーは「デスクトップ」「マイピクチャ」「ドキュメント」などのユーザーフォルダーやシステムフォルダーがあります。今回は［特別なフォルダーの名前］で「デスクトップ」を選択しているので、「C:\Users\ログインユーザー名\デスクトップ」が格納されています。

ここに注意

アクションの追加位置を間違えた場合は、ダイアログボックスの右上にある［閉じる］または［キャンセル］をクリックするか、設定を行い［保存］ボタンをクリックしたあと、移動したいアクションをドラッグして、正しい位置に配置してください。

次のページに続く

項目	設定内容
Excelの起動	［次のドキュメントを開く］を選択します。
ドキュメントパス	「%SpecialFolderPath%\501593\第4章\売上一覧.xlsx」を入力します。 「%SpecialFolderPath%」は［変数の選択］をクリック後［SpecialFolderPath］をダブルクリックすると入力されます。

3 シートに含まれるデータをすべて読み取る

1 ［Excelの起動］の下に［Excelワークシートから読み取る］をドラッグ

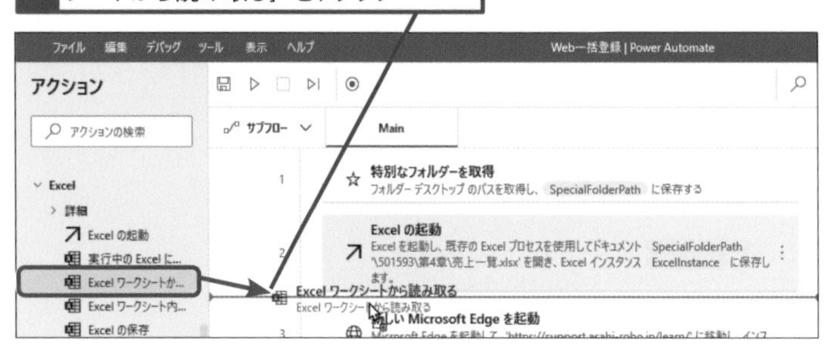

● ［Excelワークシートから読み取る］アクション

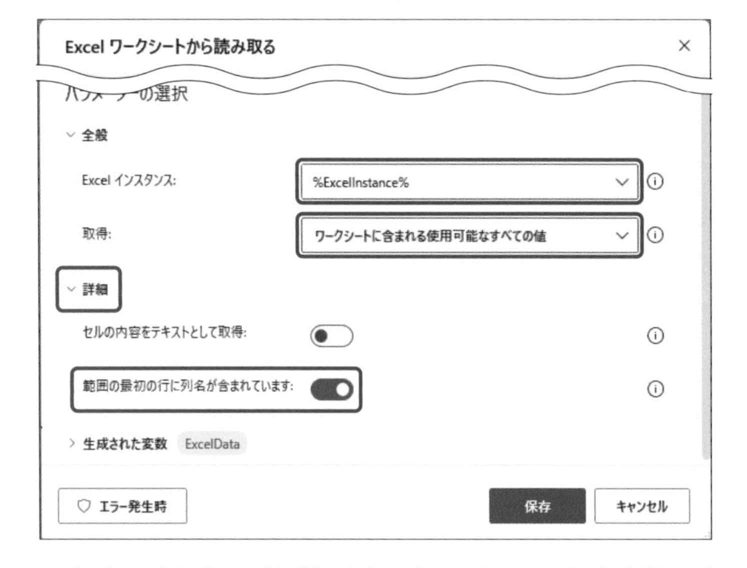

項目	設定内容
Excelインスタンス	「%ExcelInstance%」が選択されていることを確認します。
取得	［ワークシートに含まれる使用可能なすべての値］を選択します。
範囲の最初に行に列名が含まれています	［詳細］をクリックしてこの設定項目を表示しオンにします。

使いこなしのヒント

［ファイルの選択］でExcelファイルを指定することもできる

［Excelの起動］アクションのダイアログボックス内の［ファイルの選択］をクリックすると、開きたいファイルを選択でき、ドキュメントパスが「C:\Users\ログインユーザー名\Desktop\501593\第4章\売上一覧.xlsx」などと入力されます。しかし、この方法は現在のユーザー名が入ってしまうため、フローをコピーした際、デスクトップパスのユーザー名が違うことでエラーとなってしまいます。本レッスンのように、［特別なフォルダーを取得］アクションで変数［SpecialFolderPath］を取得したうえでデスクトップパスを作る方法であれば、フローをコピーしてもエラーが起きません。

使いこなしのヒント

［範囲の最初の行に列名が含まれています］をオンにする理由

［範囲の最初の行に列名が含まれています］をオンにすることで、最初の1行目は列名として読み取られます。今回のケースでは、1行目の「売上日」「得意先コード」「得意先名称」「売上額」が列名になり、変数［ExcelData］のデータを指定して取り出す際に、これらの列名を使用することができるようになります。

売上一覧.xlsxは1行目に列名が記載されている

	A	B	C	D
1	売上日	得意先コード	得意先名称	売上額
2	2023/2/1	0001	株式会社ASAHI SIGNAL	100,000
3	2023/2/2	0002	あさひ Avi株式会社	200,000
4	2023/2/3	0003	Asahi capsule株式会社	300,000
5	2023/2/4	0004	朝比 REAL株式会社	400,000
6	2023/2/5	0005	株式会社旭 LOGIC	500,000
7	2023/2/6	0006	朝陽 ENGINE株式会社	600,000
8	2023/2/7	0007	旭日 META株式会社	700,000
9	2023/2/8	0008	株式会社ASAHI Auto	800,000
10	2023/2/9	0009	株式会社あさひ MATTER	900,000
11	2023/2/10	0010	株式会社Asahi VERGE	1,000,000
12				
13				

4 Excelを閉じる

1 ［Excelワークシートから読み取る］の下に［Excelを閉じる］をドラッグ

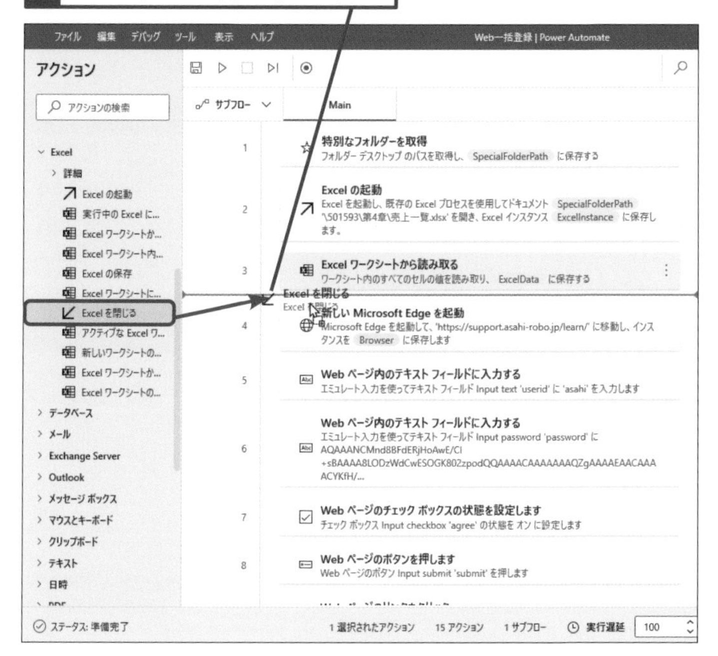

● ［Excelを閉じる］アクション

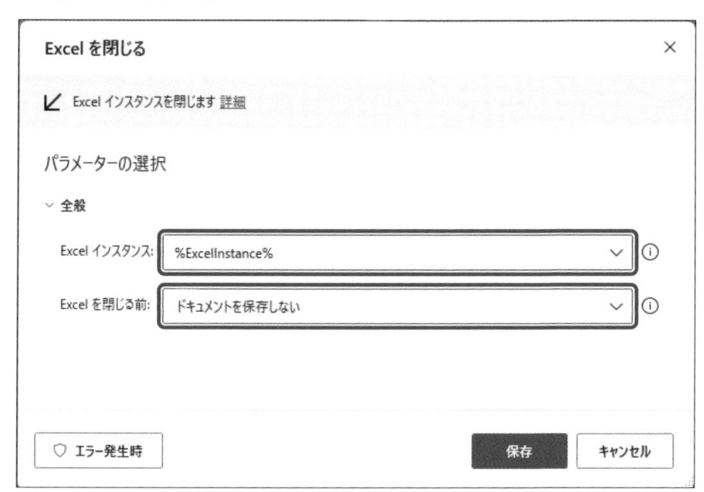

項目	設定内容
Excelインスタンス	［%ExcelInstance%］が選択されていることを確認します。
Excelを閉じる前	［ドキュメントを保存しない］を選択します。

使いこなしのヒント

変数［ExcelData］に格納される値

変数［ExcelData］には、［売上一覧.xlsx］から読み取った値が格納されます。読み取られたデータを確認したい場合は、手順4まで設定してから［新しいMicrosoft Edgeを起動］アクションにブレークポイント（レッスン11を参照）を付けて、フローを実行後、［変数ペイン］の［ExcelData］をダブルクリックしてください。変数ビューアーが表示され、変数［ExcelData］に格納されたデータを確認することができます。

使いこなしのヒント

読み取るだけならドキュメントの保存は必要ない！

Excelワークシートの内容を変更した場合はドキュメントの保存が必要ですが、データの読み取りだけであれば保存の必要はありません。読み取りが完了したら、［Excelを閉じる］アクションを使い、Excelファイルを閉じてしまいましょう。

まとめ　Excelからデータを読み取る定番の組み合わせ

本レッスンで設定した4つのアクションは、Excelワークシートからデータを読み取る際の王道の組み合わせパターンです。何も見なくても、この4つのアクションが配置できることを目指してください。また、ある程度アクションのまとまりができたら、ブレークポイントを付けて実行し、目的の操作ができているか確認しながらフロー作成ができるようになりましょう。

レッスン

36 フォームへの入力が繰り返し行われるようにするには

繰り返し処理 練習用ファイル ［第4章］フォルダー

［売上一覧.xlsx］から読み取ったデータがフォームに入力されるようにします。また、この操作をデータの行数分繰り返す方法について解説します。

キーワード

データの行数分だけ繰り返されるように設定する

前のレッスンでExcelから読み取った売上データを、売上入力画面に入力し登録する操作を［ループ］グループの［For each］アクションを使って繰り返し行えるようにします。

フォームへの入力を繰り返し行われるようにするために［For each］アクションを追加する

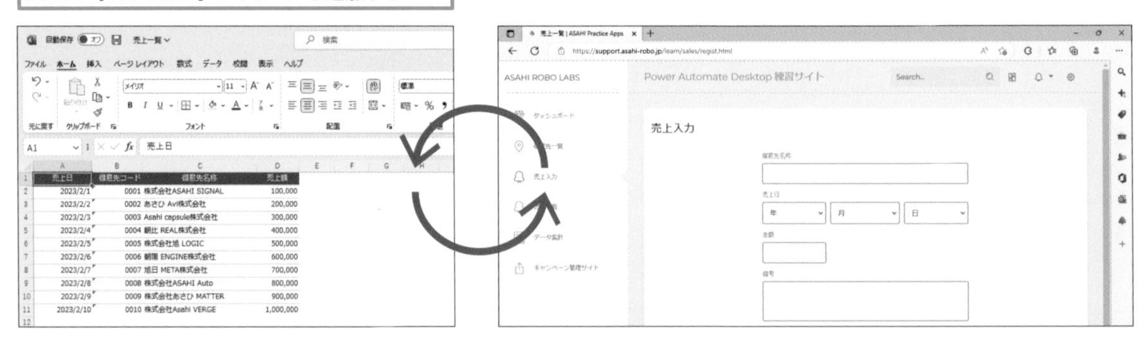

1 繰り返し処理が実行されるようにする

1 ［For each］を［Webページのリンクをクリック］の下にドラッグ

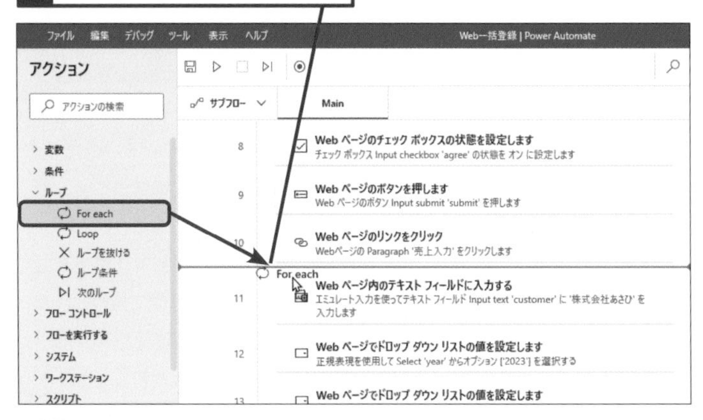

使いこなしのヒント

［反復処理を行う値］に「ExcelData」を設定した理由

変数［ExcelData］に格納されたデータの行数分、繰り返し売上入力画面にデータを入力していくためです。同じ繰り返し処理を行うアクションである［Loop］アクションはあらかじめ繰り返し回数を設定する必要があるのに対し、［For each］アクションは繰り返し回数が分からない場合でも使用できる便利なアクションです。

● [For each] アクション

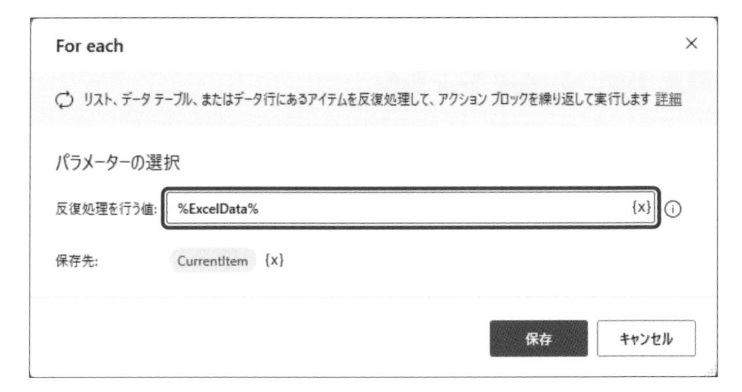

項目	設定内容
反復処理を行う値	「%ExcelData%」と入力します。[変数の選択]をクリック後 [ExcelData] をダブルクリックすると入力されます。

2 アクションを移動する

1 13行目の[Webページ内のテキストフィールドに入力する] アクションをクリック

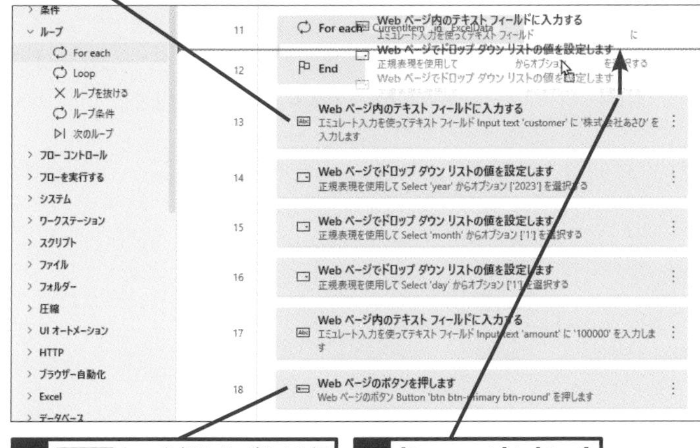

2 Shift キーを押しながら18行目のアクションをクリック

3 [For each]と[End]の間にドラッグ

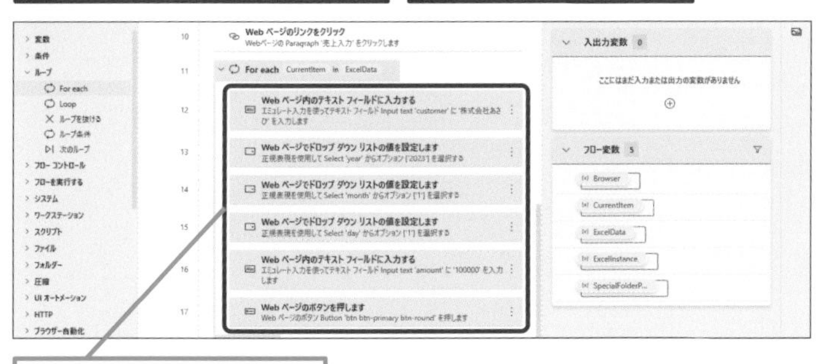

アクションの位置が移動した

使いこなしのヒント

[For each] アクションと変数 [CurrentItem] とは?

[For each] アクションは、取り込まれた [ExcelData] を1行ごとに順番に記憶しながら、繰り返し処理を行っていくアクションです。記憶したデータは、変数[CurrentItem] に格納されます。変数[CurrentItem]に格納されているのは、[For each] アクションにより現在記憶されているデータです。繰り返しは [ExcelData] の行数分だけ行われ、データの最終行を変数 [CurrentItem] に格納後、[Foreach] アクションは繰り返し処理を終了します。

◆1回目の変数 [CurrentItem]

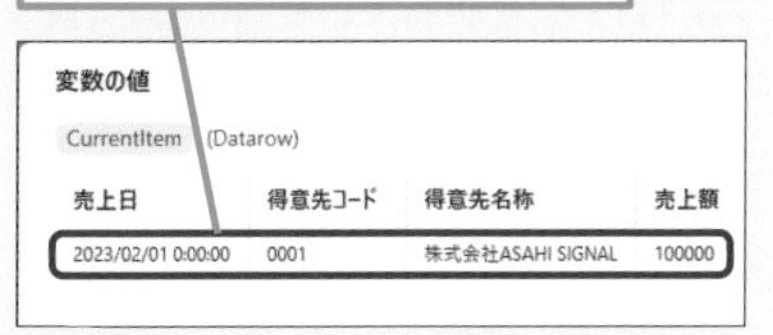

売上日	得意先コード	得意先名称	売上額
2023/02/01 0:00:00	0001	株式会社ASAHI SIGNAL	100000

◆2回目の変数 [CurrentItem]

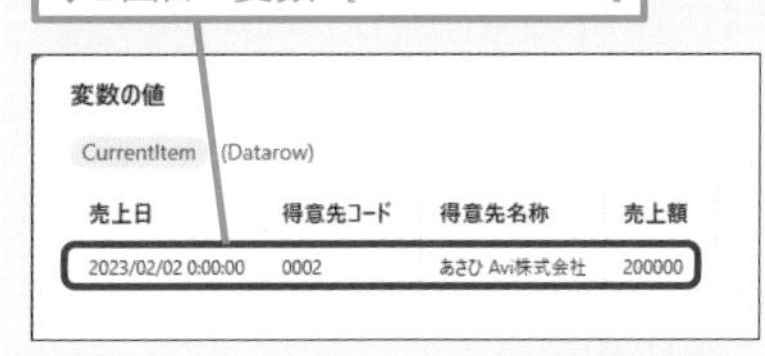

売上日	得意先コード	得意先名称	売上額
2023/02/02 0:00:00	0002	あさひ Avi株式会社	200000

まとめ Excelデータの転記にとても便利なアクション

[For each] アクションは、繰り返しごとに [ExcelData] を1行ずつ記憶し、変数 [CurrentItem] に格納します。繰り返しは [ExcelData] の行数だけ行うので、[Loop] アクションのように [開始値] や [終了値] を設定する必要もありません。Excelデータを Webシステムやアプリケーションに繰り返し入力する際、非常に便利なアクションです。

レッスン
37 売上日の値を年、月、日に分けて取得するには

サブテキストの取得

練習用ファイル ［第4章］フォルダー

売上入力画面は売上日を「年」「月」「日」それぞれ入力する形式になっています。Excelから読み取った売上日は年月日が一緒になった形式なので、日付を分割する処理を作成します。

売上日を「年」「月」「日」に分割する

レッスン34で操作したWebページでは、［売上入力］フォームが「年」「月」「日」と分かれているのに対し、変数［ExcelData］の売上日は、「2023/02/01 0:00:00」のように年月日が一緒になっています。そのため、「売上日」から「年」「月」「日」の値を分割します。また、変数［ExcelData］は［For each］アクションにより1行ずつ記憶され、変数［CurrentItem］に格納された状態になっているので、変数［CurrentItem］から「売上日」を取り出していきます。

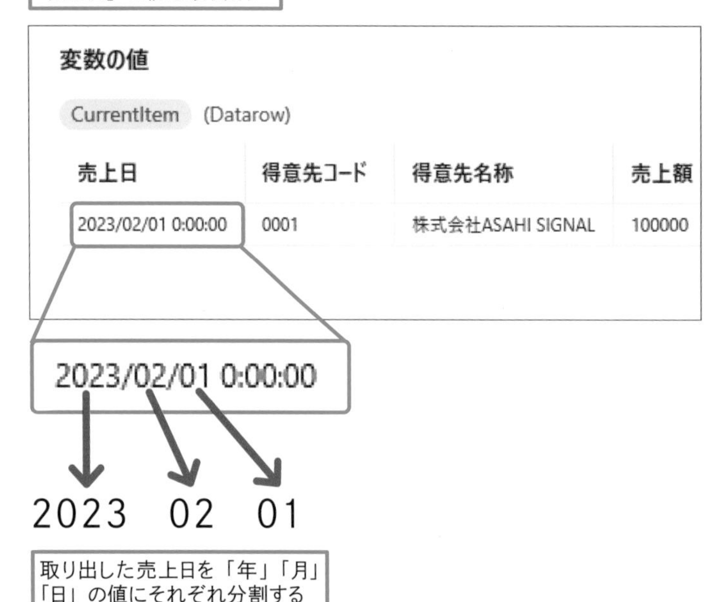

キーワード

数値型	P.219
データ型	P.219
テキスト型	P.219

使いこなしのヒント

［サブテキストの取得］アクションとは?

［サブテキストの取得］アクションは、［元のテキスト］に設定された変数やテキストからテキストの一部を切り出し、変数に格納するアクションです。テキストの切り出しを開始する位置は先頭か途中からか、切り出しを開始する位置から何文字分を切り出すか、テキストの最後まで切り出すのかを設定することができ、任意のテキストを取得することができます。

1 売上日から「年」を取得する

1 ［サブテキストの取得］を［For each］の下にドラッグ

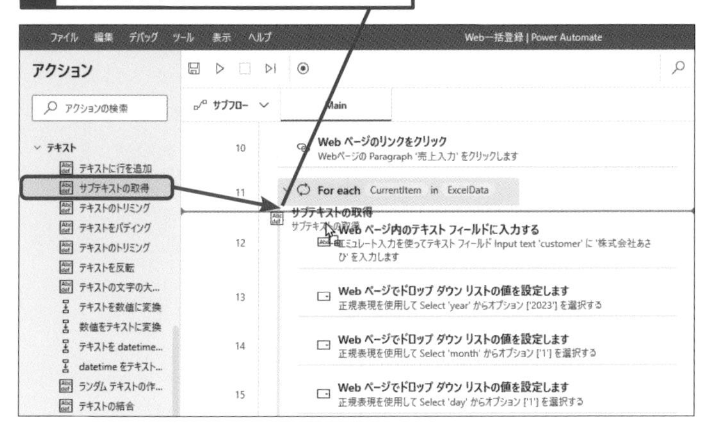

● ［サブテキストの取得］アクション

サブテキストの取得

開始インデックスと長さを指定するテキスト値のサブテキストを取得します 詳細

パラメーターの選択

全般

元のテキスト: %CurrentItem['売上日']%

開始インデックス: テキストの先頭

長さ: 文字数

文字数: 4

生成された変数

Year {x}

取得するサブテキスト

エラー発生時　保存　キャンセル

項目	設定内容
元のテキスト	「%CurrentItem['売上日']%」と入力します。「%CurrentItem%」は［変数の選択］をクリック後［CurrentItem］をダブルクリックして入力します。
開始インデックス	［テキストの先頭］を選択します。
長さ	［文字数］を選択します。
文字数	「4」と入力します。
生成された変数	変数名を「Year」に変更します。

使いこなしのヒント

［元のテキスト］の「%CurrentItem['売上日']%」とは?

変数［CurrentItem］の列名［売上日］に格納されている値を指定しています。［For each］アクションは、取り込まれた［ExcelData］を1行ごとに順番に記憶しながら変数［CurrentItem］に格納するので、変数［CurrentItem］では、取り出す「行」を指定する必要がありません。列名だけで、データを指定することができます。

1回目の［For each］の「%CurrentItem['売上日']%」ではこの値が格納される

2回目の［For each］の「%CurrentItem['売上日']%」ではこの値が格納される

使いこなしのヒント

変数名を変更する理由は?

同じ方法で「月」「日」も切り出していくため、変数名が［Subtext］のままではどれか分からなくなってしまいます。「年」を切り出したことがすぐ分かるように変数名を「Year」に変更します。

変数名をダブルクリックして「Year」と入力すると変更できる

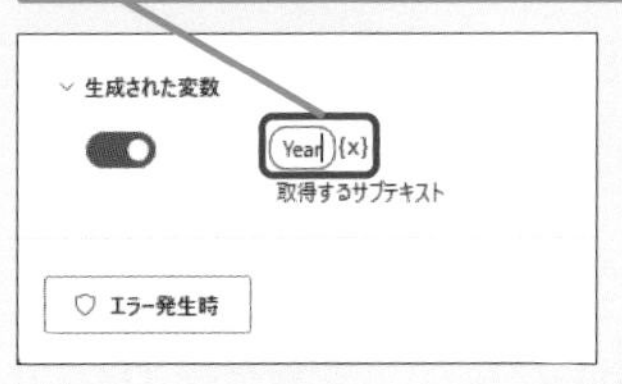

次のページに続く

2 売上日から「月」を取得する

1 ［サブテキストの取得］を手順1で追加した［サブテキストの取得］の下にドラッグ

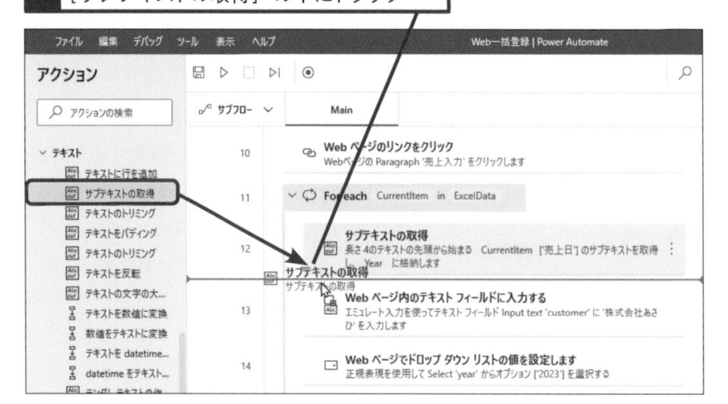

● ［サブテキストの取得］アクション

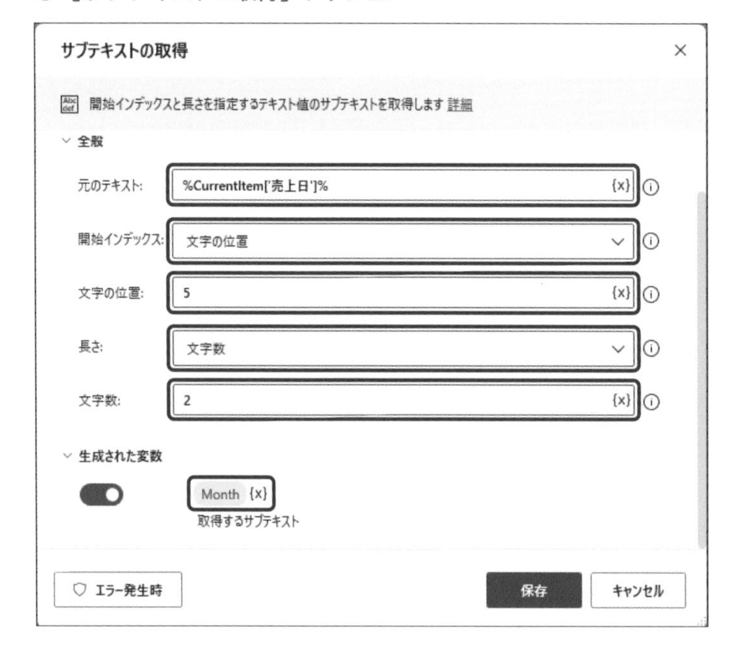

項目	設定内容
元のテキスト	「%CurrentItem['売上日']%」と入力します。「%CurrentItem%」は［変数の選択］をクリック後［CurrentItem］をダブルクリックして入力します。
開始インデックス	［文字の位置］を選択します。
文字の位置	「5」と入力します。
長さ	［文字数］を選択します。
文字数	「2」と入力します。
生成された変数	変数名を「Month」に変更します。

使いこなしのヒント

日付から「年」のみを取得するには

「売上日」は先頭から4文字目までが「年」に該当するため、［サブテキストの取得］アクションで［開始インデックス］を「テキストの先頭」、［長さ］を「文字数」、［文字数］を「4」に設定し、「2023」を変数［Year］に格納します。

テキストの先頭から4文字目まで読み取る

2023/02/01

使いこなしのヒント

日付から「月」のみを取得するには

「月」を取得する場合は［開始インデックス］を［文字の位置］とします。文字の位置は先頭を「0」番目として数えます。月が始まるのは下図のように「5」番目となるため［文字の位置］を「5」とします。またそこから2文字分切り出したいので［長さ］を［文字数］にし「2」を入力します。

先頭を「0」番目と数える

0123456
2023/02/01
文字数

3 取得した［月］を数値に変換する

1 ［テキストを数値に変換］を手順2で追加した［サブテキストの取得］の下にドラッグ

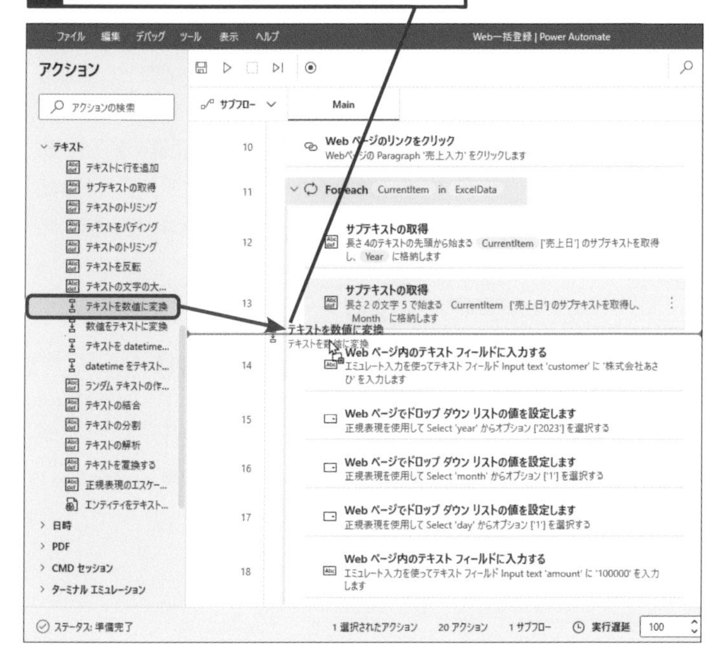

● ［テキストを数値に変換］アクション

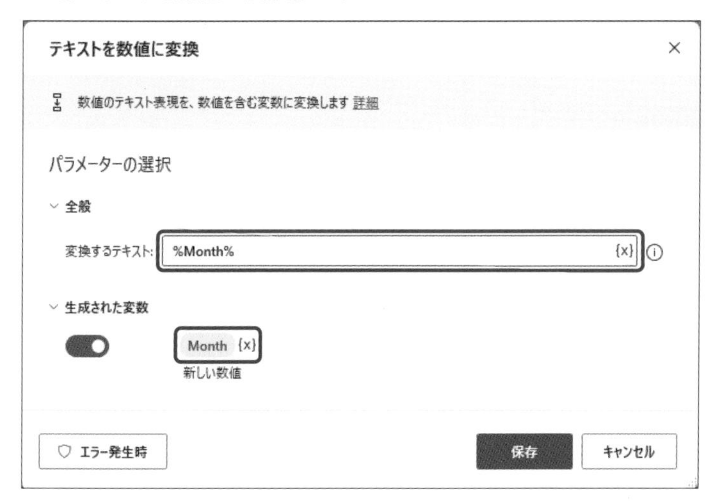

項目	設定内容
変換するテキスト	「%Month%」と入力します。「%Month%」は［変数の選択］をクリック後［Month］をダブルクリックして入力します。
生成された変数	「Month」に変更します。［変数の選択］をクリック後［Month］をクリックすると変数名が変更します。

使いこなしのヒント

［テキストを数値に変換］アクションはなぜ必要なの？

Webページの［売上入力］画面で売上日を入力する際、ドロップダウンリストから「年」「月」「日」を選択します。ドロップダウンリストは、「1」のように1桁の数字になっています。［サブテキストの取得］アクションを使って変数［Month］に格納したデータは、1桁の月や日は「01」のように先頭に0が付いた2桁表示になっています。先頭の0を取らないとドロップダウンリストから対象の月日を選択できません。そのため、［テキストを数値に変換］アクションを使い、変数［Month］のデータの「型」を「テキスト型」から「数値型」に変換し、先頭の0を取る処理を行います。データの「型」についてはレッスン14を参照してください。

使いこなしのヒント

生成された変数の変数名を「Month」にした理由

変数［Month］には、［サブテキストの取得］アクションで取得した「月」が格納されています。［テキストを数値に変換］アクションでこの値を数値に変換しますが、このアクションで生成される変数に格納されるのが「月」であることに変わりはありません。もし、数値に変換する前の値も今後フロー内で使用する必要があれば、異なる変数名にする必要がありますが、今回はその必要がないため変換後の値も変数［Month］に格納されるように変更しています。

［変数の選択］をクリックし、［Month］をクリックする

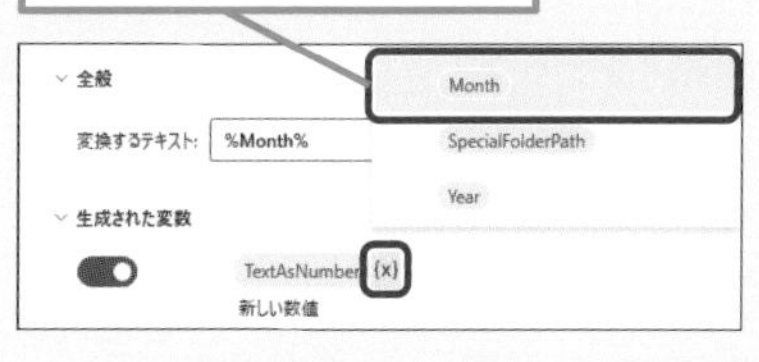

次のページに続く ➡

4 売上日から「日」を取得する

1 ［サブテキストの取得］を手順3で追加した［テキストを数値に変換］の下にドラッグ

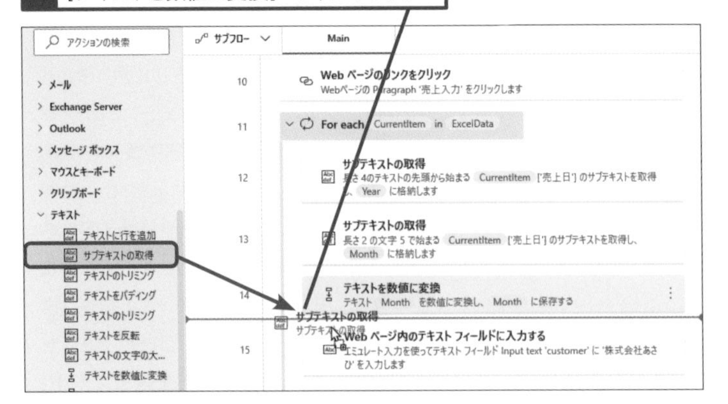

● ［サブテキストの取得］アクション

項目	設定内容
元のテキスト	「%CurrentItem['売上日']%」と入力します。「%CurrentItem%」は［変数の選択］をクリック後［CurrentItem］をダブルクリックして入力します。
開始インデックス	［文字の位置］を選択します。
文字の位置	「8」と入力します。
長さ	［文字数］を選択します。
文字数	「2」と入力します。
生成された変数	変数名を「Day」に変更します。

使いこなしのヒント

日付から「日」のみを取得するには

「月」を取得したときと同じように［開始インデックス］を［文字の位置］とします。文字の位置は先頭を「0」番目として数えます。日が始まるのは下図のように「8」番目となるため［文字の位置］を「8」とします。またそこから2文字分切り出したいので［長さ］を［文字数］にし「2」を入力します。

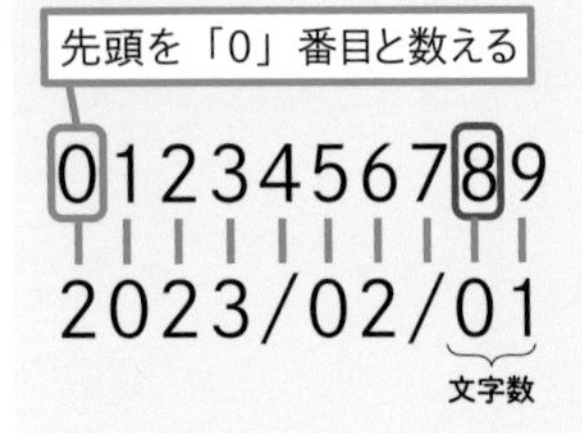

使いこなしのヒント

同じアクションが続く場合はコピーすると便利

今回、［サブテキストの取得］や［テキストを数値に変換］アクションを繰り返し配置しました。同じようなアクションが続く場合は、［アクションペイン］から都度アクションを追加するよりも、既存のアクションをコピー＆ペーストすると簡単です。アクションを右クリックすると表示されるメニューから、［コピー］や［貼り付け］をクリックするか、Ctrl＋Cキーや Ctrl＋Vキーのショートカットキーを使ってコピー＆ペーストができます。

5 取得した［日］を数値に変換する

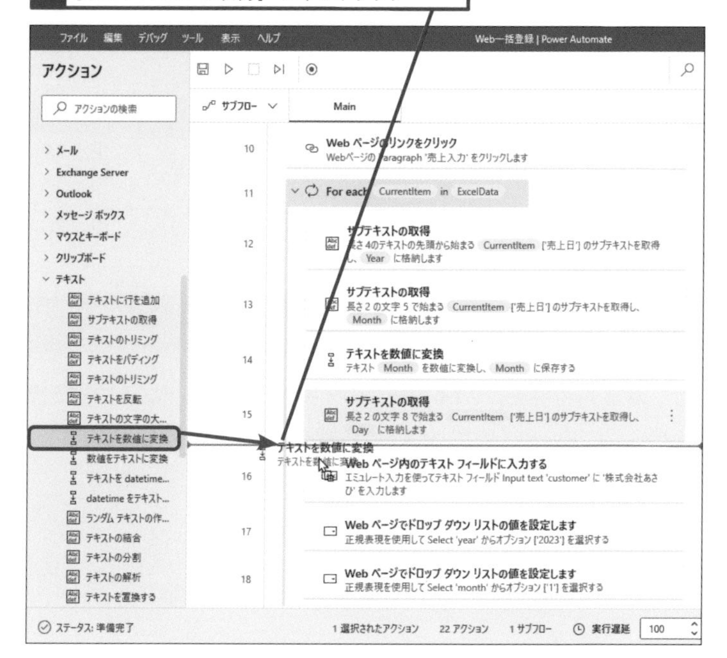

● ［テキストを数値に変換］アクション

項目	設定内容
変換するテキスト	「%Day%」と入力します。「%Day%」は［変数の選択］をクリック後［Day］をダブルクリックして入力します。
生成された変数	「Day」に変更します。［変数の選択］をクリック後［Day］をクリックすると変更します。

⚠ ここに注意

生成されていない変数をアクションの設定項目に指定すると、［エラーペイン］が表示されます。［エラーペイン］にはどの変数が存在しないのかが表示され、その変数が使われているアクションの横に（ⓘ）が表示されます。アクションをダブルクリックして、変数名を正しく入力し直しましょう。

まとめ 必要な部分だけ切り出せるアクション

本レッスンで使用した［サブテキストの取得］アクションは、今回のような日付を切り出すこと以外にも、ファイル名に含まれる会社名や、商品コードの下4桁を切り出すなどさまざまなシーンで活用することができます。また、データの「型」を「テキスト型」から「数値型」に変換する処理も実際のフロー作成でよく使う方法なので覚えておきましょう。

レッスン

38 Excelの売上の値をフォームに入力するには

アクションの編集

練習用ファイル　[第4章] フォルダー

レッスン34で［レコーダー］を使って作成した［売上入力］画面に入力を行うアクションを編集し、［売上一覧.xlsx］のデータが入力できるようにします。

キーワード

繰り返し処理	P.219
フロー	P.220
レコーダー	P.220

レコーダーで生成されたアクションを編集する

本レッスンでは、［売上一覧.xlsx］から取得した得意先名称を、Webページのテキストフィールドに入力する操作と、レッスン37で取得した年、月、日をWebページのドロップダウンリストから選択する操作を作成します。

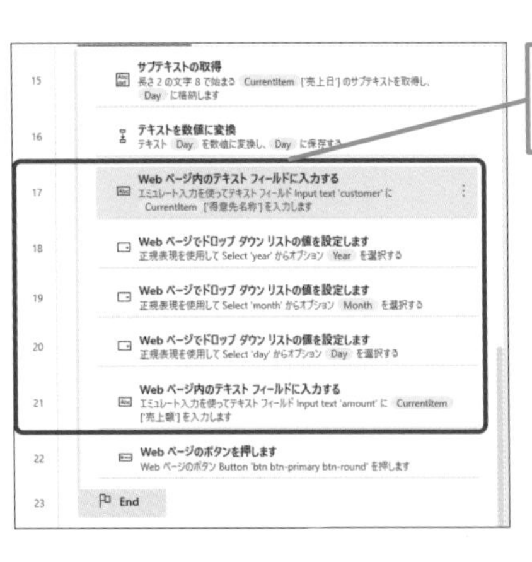

1 アクションを編集する

1 アクションをダブルクリックして❶〜❺のアクションを次のページで解説している内容に変更する

使いこなしのヒント

［売上一覧.xlsx］から読み取った「得意先名称」を入力するには

レッスン36で解説したように、［売上一覧.xlsx］から読み取った［ExcelData］は、［For each］アクションにより1行ごとに順番に記憶され、変数［CurrentItem］に格納されています。［CurrentItem］では、取り出す「行」を指定する必要がなく、「CurrentItem['得意先名称']」と入力することで、［得意先名称］列の値が［Webページ内のテキストフィールドに入力する］アクションにより［得意先名称］欄に入力されるようになります。

番号	アクションの変更箇所
❶	[テキスト]を「%CurrentItem['得意先名称']%」に変更します。
❷	[オプション名] を「%Year%」に変更します。
❸	[オプション名] を「%Month%」に変更します。
❹	[オプション名] を「%Day%」に変更します。
❺	[テキスト] を「%CurrentItem['売上額']%」に変更します。

❶17行目の［Webページ内のテキストフィールドに入力する］アクションの変更箇所

使いこなしのヒント

ドロップダウンリストから［名前を使ってオプションを選択する］とは

[Webページでドロップダウンリストの値を設定します] アクションの [操作] で、[名前を使ってオプションを選択します] を選択すると、ドロップダウンリストから [オプション名] に設定した「名前」と一致するものを選択できます。今回の場合、年であれば「2023」がドロップダウンリストから選びたい「名前」になります。

使いこなしのヒント

ラジオボタンも操作できる

ドロップダウンリストやレッスン34で取り扱ったチェックボックスのほか、ラジオボタンの操作も可能です。[ブラウザー自動化] グループ内の [Webフォーム入力] 内に格納されています。

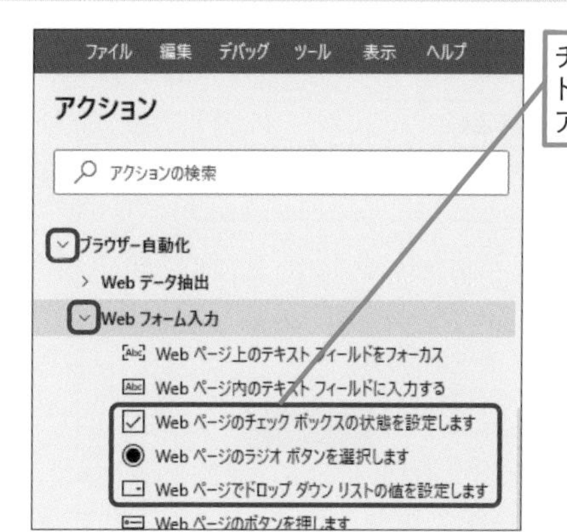

次のページに続く ➡

❷18行目の［Webページでドロップダウンリストの値を設定します］アクションの変更箇所

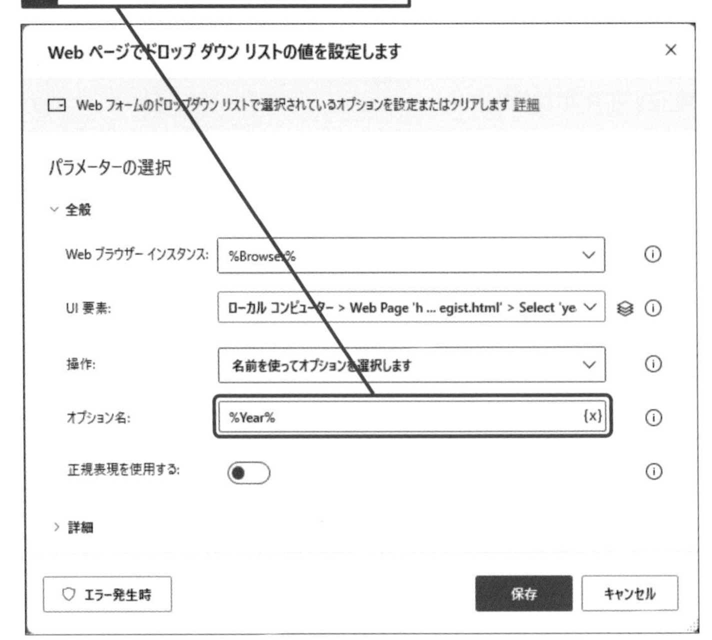

❸19行目の［Webページでドロップダウンリストの値を設定します］アクションの変更箇所

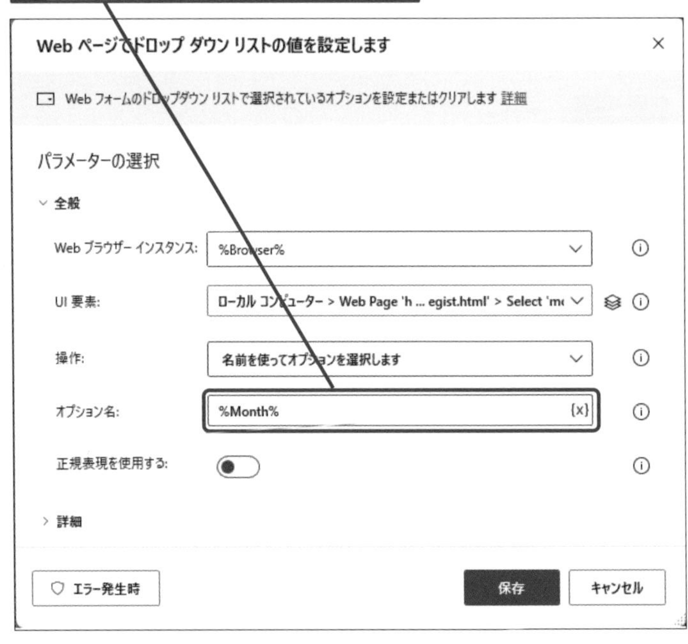

使いこなしのヒント

オプション名に「%Year%」を指定する理由

［Webページでドロップダウンリストの値を設定します］アクションは［オプション名］に設定された値と一致するものをドロップダウンリストから選び選択してくれます。レッスン37で作成した「%Year%」を設定し［売上一覧.xlsx］の売上日の「年」に一致するものが繰り返し処理のたびに、選択されるようにしています。

使いこなしのヒント

オプション名に「%Month%」を指定する理由

レッスン37で作成した「%Month%」を設定し［売上一覧.xlsx］の売上日の「月」に一致するものが選択されるようにしています。

使いこなしのヒント

ドロップダウンリストの値の設定方法は2つある

今回は［レコーダー］を使用したため、［Webページでドロップダウンリストの値を設定します］アクションの［操作］には、自動的に［名前を使ってオプションを選択します］が設定されています。ドロップダウンリストの値の設定には、もう1つ［インデックスを使ってオプションを選択します］が存在します。インデックスで指定する場合は、ドロップダウンリストのアイテムを上から順に1、2、3と数字で指定し、アイテムを選択します。

❹20行目の［Webページでドロップダウンリストの値を設定します］アクションの変更箇所

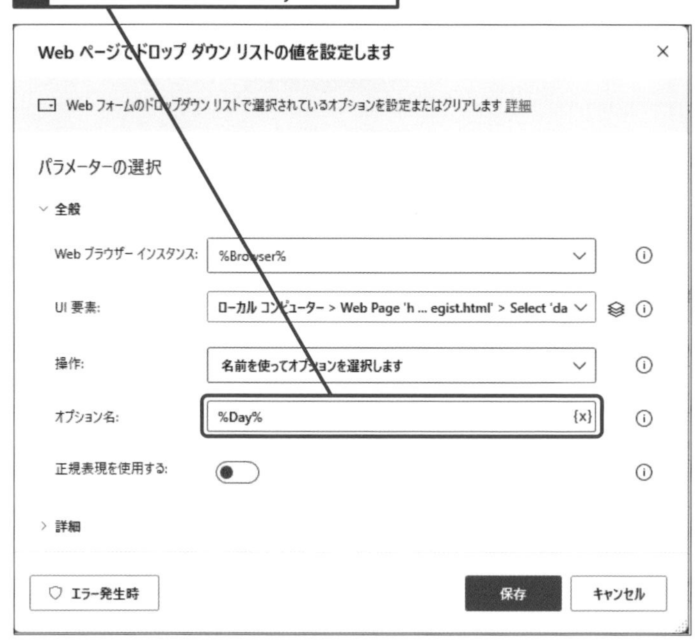

❺21行目の［Webページ内のテキストフィールドに入力する］アクションの変更箇所

使いこなしのヒント

売上一覧から読み取った「売上額」を入力するには

［売上一覧.xlsx］から読み取った変数［ExcelData］は［For each］アクションにより1行ごとに順番に記憶され、変数［CurrentItem］に格納されています。［CurrentItem］には1行分のデータしかないため「行」を指定する必要はありません。「CurrentItem['売上額']」と列名を指定することで、「売上額」列の値が「金額」欄に入力されるようになります。

まとめ　レコーダーで作成したアクションに変数を設定する

レコーダーを使ってフローを作成したい場合、今回のように一旦仮の値を入力し、アクションを作成します。入力したいデータを取り込み、［For each］アクションに設定できたら、各アクションの入力内容を%CurrentItem['列名']%に置き換えていきます。レコーダーを活用してフローを作成する際の基本的な流れとなります。

レッスン

39 Webブラウザーを閉じるには

Webブラウザーの終了

練習用ファイル ［第4章］フォルダー

すべての売上データの登録が終わったら、Webブラウザーを閉じて操作を終了します。［Webブラウザーを閉じる］アクションを配置する位置がポイントです。

キーワード

Microsoft Edgeを閉じる

本レッスンでは、Webブラウザーを閉じる処理を作ります。Webブラウザーを閉じる操作が無いと、Webブラウザーは開いたままフローを終了してしまうことになります。Webブラウザーを起動する操作を入れた場合は閉じる操作もセットで入れましょう。

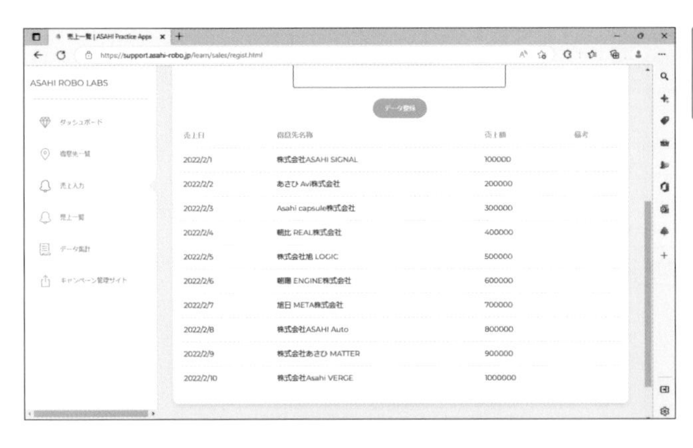

売上の入力が終わった後に起動しているMicrosoft Edgeを閉じる

1 開いているWebブラウザーを閉じる

1 ［Webブラウザーを閉じる］を最下部にドラッグ

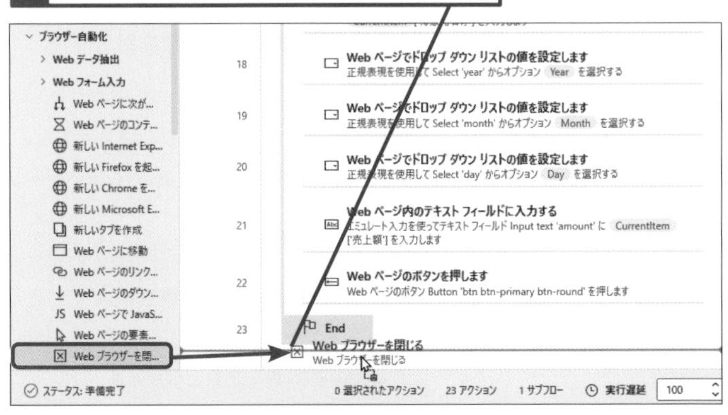

使いこなしのヒント

［Webブラウザーを閉じる］を繰り返し処理に含めない理由

［Webブラウザーを閉じる］アクションを繰り返し処理の中に配置してしまうと毎回Webブラウザーを閉じてしまいます。Webブラウザーの起動と閉じる操作を繰り返すことになってしまい、フロー全体の処理時間が増えてしまいます。Webブラウザーを閉じるのは繰り返し処理が終わった後にしましょう。

● [Webブラウザーを閉じる] アクション

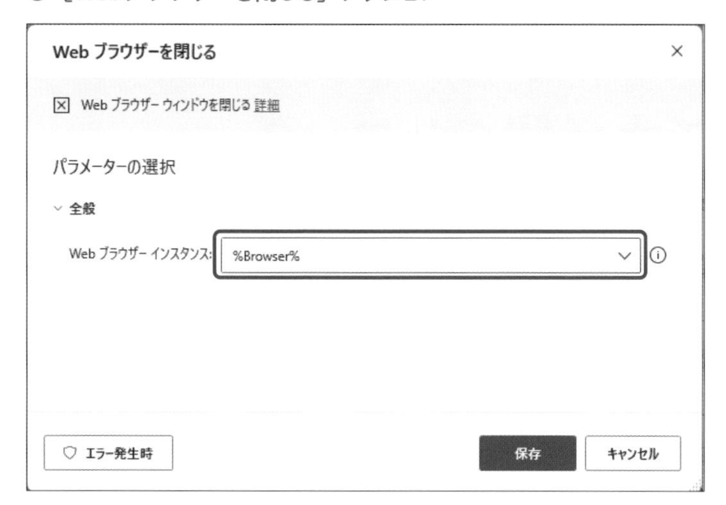

項目	設定内容
Webブラウザーインスタンス	「%Browser%」が選択されていることを確認します。

[Webブラウザーを閉じる] アクションが追加された

使いこなしのヒント

Webブラウザーを閉じる操作は記録できない

Webブラウザーを閉じる操作は、レコーダーでは記録することができません。そのため、今回のように [アクションペイン] から [Webブラウザーを閉じる] アクションを配置する必要があります。

まとめ Webブラウザーを閉じる操作は必須！

Webブラウザーを起動する操作は [レコーダー] でアクションが作成できるのですが、閉じる操作は [レコーダー] では作成できない点に注意が必要です。またWebブラウザーを起動するアクションと、閉じるアクションを両方繰り返し処理の中に入れないようにしてください。フローとしては実行できますが、実行時間が長くなり、Webページに無駄な負荷を掛けてしまうことになるので気を付けましょう。

この章のまとめ

アプリ操作で大活躍のレコーダー

本章の課題のようなアプリ操作は［レコーダー］を使うとスピーディーにフローを作ることができます。［レコーダー］でアクションがうまく作れない場合は53ページのスキルアップ「レコーダー中に右クリックすると便利なメニューが表示される」も参考にしてください。また［レコーダー］では入力やボタン操作のアクションは作成できますが、繰り返し処理のアクションは自分で配置する必要があります。フローを作り始める前に、手順を書き出し、どの部分を繰り返し処理とする必要があるか考えた上で作成するようにしましょう。

アプリにデータを入力する場合、本章でも扱ったように、桁数や表示形式の調整が必要な場合があります。文字や数字を加工するアクションは［テキスト］グループにたくさん用意されています。加工する際は1文字目を0番目として数えるなど、普段使用しているExcelなどとは異なるルールを理解する必要があります。これもプログラミング的なものの考え方の一種であり、身に付けておけば、ほかの自動化ツールを扱う際も役立つ知識となります。どんどん手を動かし、フローを作りながら慣れていきましょう。

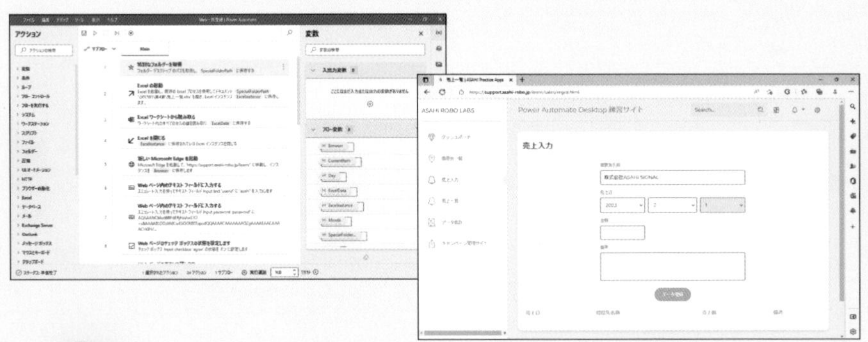

レコーダーを使って必要なアクションを配置し、作りたいフローに合わせて設定を編集するとフローの作成が効率化する

レコーダーの使い方が分かってきました。

レコーダーはどんなアクションがあるのかまだよく分かっていない初心者でもフローが作れる心強い機能です。

レコーダーはどのアクションを使えばよいか教えてくれる先生みたいですね！

その通りです！　賢く使って、作成スピードも学習スピードも上げていきましょう。

活用編

第5章

業務シーン別のテクニックを覚えよう

実務でよく使う便利なアクションとその使用例を紹介しています。さまざまな業務のフロー作成に応用できる内容になっています。また今後のスキルアップのために理解しておくとよい変数の活用テクニックも紹介していますので、ぜひマスターしてください。

レッスン
40 Introduction この章で学ぶこと
テクニックを学んで実践に備えよう

第5章ではよくある業務シーン別にアクションの活用テクニックを紹介します。業務シーンをイメージしながら、アクションの使い方や組み合わせ例を学ぶことで、実務に即いかせるテクニックが習得できます。

この章の活用方法

第3章、第4章で作成したフローに付け足したい作業があるんだけど、どのアクションを使えばいいのかな?

アクション名だけでは、どのような作業で活用できるのか、イメージしにくいと思います。
この章では業務シーン別に便利なアクションや組み合わせ例を学んでもらえるようになっています。

業務シーンから、アクションが逆引きできるってことですね!

その通りです!
学んだら、即実務で使えるテクニックを厳選して紹介していますよ。

<業務シーン>

月初日、前月末日を作成したい

▶

<アクション組み合わせ例>

[現在の日時を取得] アクション

[datetime をテキストに変換] アクション

[テキストを datetime に変換] アクション

[加算する日時] アクション

作成したフローへの付け足し方法

この章で学ぶ内容を使って、第4章で作成したフローに以下のような作業を付け足すことができます。

< Web ページへの売上入力作業 >

フォルダー内のExcelファイルを順番に開く →レッスン49

Web ブラウザー起動

ログイン

ID、パスワードはユーザーに入力してもらう →レッスン45

データ入力

特定の取引先のデータのみ入力する →レッスン47

登録

Web ブラウザー閉じる

完了後、ダッシュボードの売上グラフのスクリーンショットを取得する →レッスン50

付け足して、さらに便利なフローにできるんですね。

自動化できそうな業務がさらに増えそう。

Power Automate for desktopでできることはたくさんあります。本章の活用テクニックを学びながら、自動化できそうな業務も発見していってください！

レッスン

41 日時を加工して月初日や月末日を取得したい

月初日、前月末日の取得

練習用ファイル なし

ファイル名に付ける日付を毎月の月初日にしたい場合や、データ抽出期間の指定で、月初日から月末日を入力したいときなどに使えるアクションを紹介します。変数の型を意識することで少ないアクションで任意の日時を作成できるようになります。

キーワード

Datetime型	P.218
データ型	P.219
テキスト型	P.219

［テキストをdatetimeに変換］アクション

テキスト

データ型がテキスト型になっている日時をDatetime型に変換するアクションです。日付の加工はレッスン29で紹介した［datetimeをテキストに変換］アクションが便利な一方で、変数の型がテキスト型になるため足したり引いたりの計算はできません。［テキストをdatetimeに変換］アクションを使うと再びDatetime型に戻すことができ、下で解説している［加算する日時］アクションで日付を加算・減算し、任意の日付を作れます。

［加算する日時］アクション

日時

日時の加算・減算が行えるアクションです。設定項目［時間単位］は［秒］［分］［時間］［日］が選択でき、選択した単位で計算が行われます。例えば、「2023/02/01 00:00:00」を加算する対象の日時に指定し、加算する値を「1」、時間単位を［日］にして実行すると「2023/02/02 00:00:00」にできます。加算する値にはマイナスの数値を設定することも可能です。このアクションが特に必要なのは月末日を作成したいときです。月末日は年や月によって、29、30、31日と変化します。そのため、まずは月末日を作成したい翌月の月初日を作成しておき月初日を1日分マイナスすることで、月末日を作成します。加算する対象日時の変数の型がDatetime型となっていない場合は「'Datetime' である必要があります」などとエラーが表示されます。

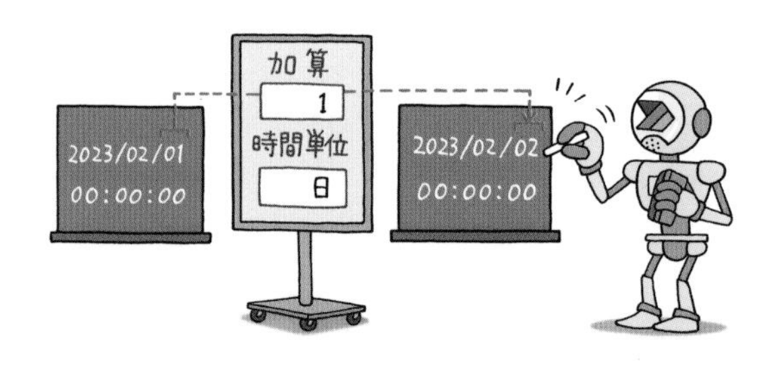

このレッスンで作成するフロー

現在日付から月初日と前月の月末日を作成するフローを作成してみましょう。前ページで紹介したアクションを使うことで、少ないアクションで自分の作成したい日付を作れます。変数に格納されている値の型は変数ペインの変数をダブルクリックすると開く［変数の値］で確認できます。変数の値と型を確認しながら作成していきましょう。

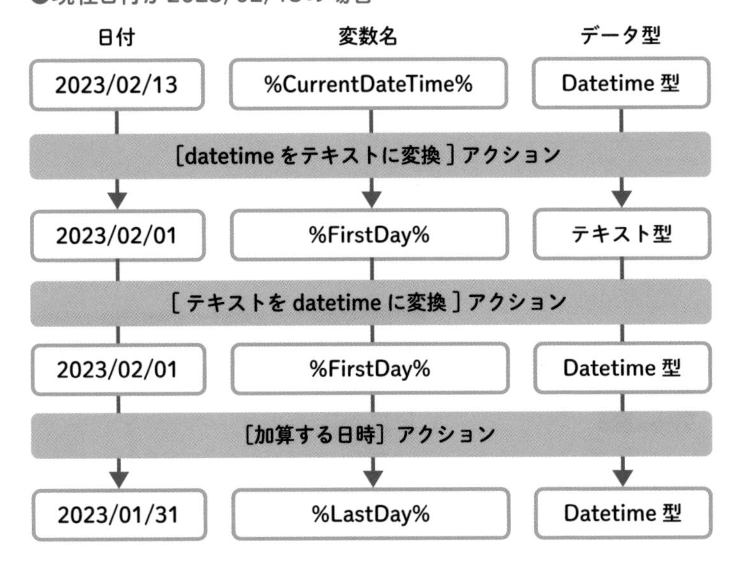

現在日付から月初日と前月末日を作成しよう

❶［現在の日時を取得］アクション

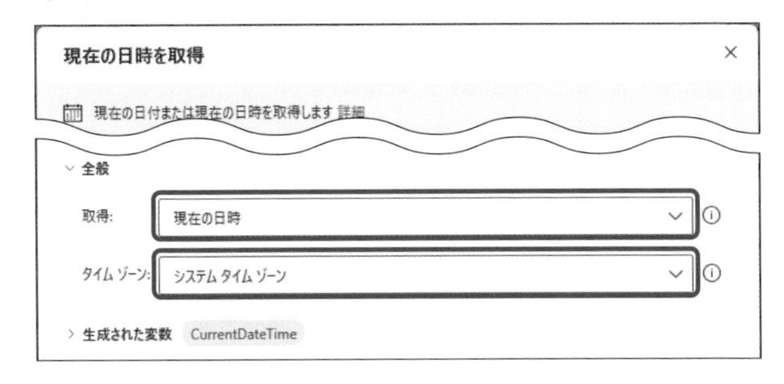

使いこなしのヒント

なぜ現在日時を取得する必要があるの？

パソコン画面の右下にあるツールバーに日時が常に表示されているのに、なぜ現在日時を取得する必要があるのか、不思議に感じる方もいるかもしれません。ツールバーに表示されている日時はWindows 11が持っている情報です。Power Automate for desktopは日時の情報を持っていないアプリケーションのため、［現在の日時を取得］アクションを使用し、都度取得する必要があります。

次のページに続く

項目	設定内容
取得	［現在の日時］を選択します。
タイムゾーン	［システムタイムゾーン］を選択します。

❷［datetime をテキストに変換］アクション

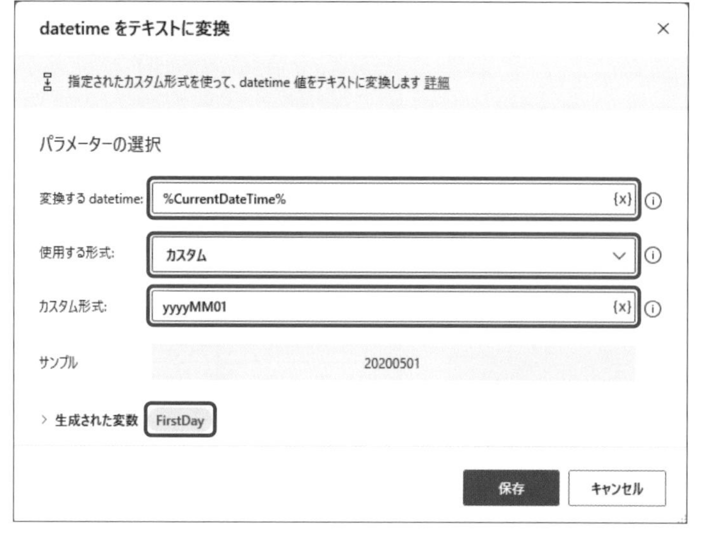

項目	設定内容
変換するdatetime	「%CurrentDateTime%」と入力します。［変数の選択］をクリック後［CurrentDateTime］をダブルクリックすると入力されます。
使用する形式	［カスタム］を選択します。
カスタム形式	「yyyyMM01」と入力します。
生成された変数	レッスン15手順2を参考に変数名を「FirstDay」に変更します。

❸［テキストをdatetimeに変換］アクション

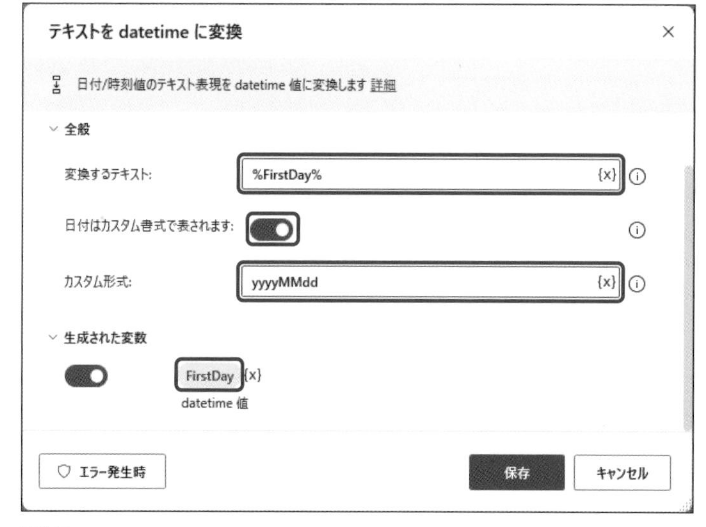

使いこなしのヒント
「yyyyMM01」の意味って?

「yyyy」で年を「MM」で月をテキスト型に変換し、末尾に「01」を付けることで月初日を作成しています。現在日付が「2023/02/22」の場合、「20230201」となります。月は「MM」と大文字で入力してください。「mm」だと分となり、現在日時の分に変換されてしまいます。

使いこなしのヒント
変数［FirstDay］に格納される値

変数［FirstDay］は［datetimeをテキストに変換］アクションで、変換された日付が格納されます。現在日付が「2023/02/22」の場合、「20230201」が格納されます。変数の型はテキスト型となります。

使いこなしのヒント
変数［FirstDay］の型を変換する理由って?

月初日は常に1日ですが、月末日は月によって31日や30日になるため、ここでは月初日から1日分マイナスし、月末日を作成しています。テキスト型のままだとエラーが表示され、日付の減算ができません。

項目	設定内容
変換するテキスト	「%FirstDay%」と入力します。［変数の選択］をクリック後［FirstDay］をダブルクリックすると入力されます。
日付はカスタム書式で表示されます	オンにします。
カスタム形式	「yyyyMMdd」と入力します。
生成された変数	「%FirstDay%」と入力します。「%FirstDay%」は［変数の選択］をクリック後［FirstDay］をダブルクリックすると入力されます。

❹［加算する日時］アクション

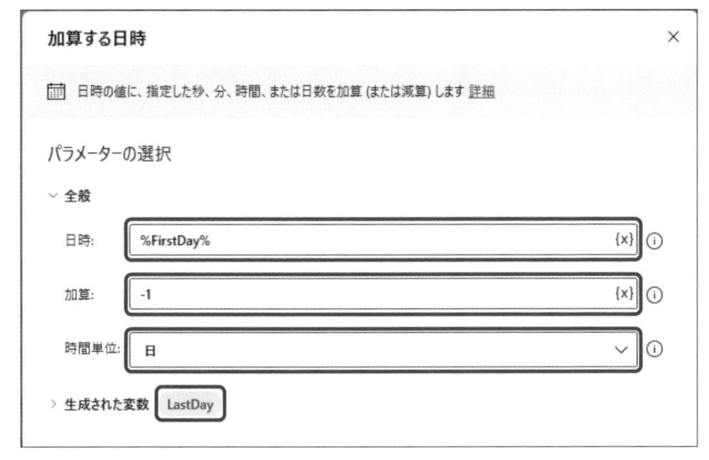

項目	設定内容
日時	「%FirstDay%」と入力します。［変数の選択］をクリック後［FirstDay］をダブルクリックすると入力されます。
加算	「-1」と入力します。
時間単位	［日］を選択します。
生成された変数	レッスン15手順2を参考に変数名を「LastDay」に変更します。

使いこなしのヒント

生成された変数の変数名を「FirstDay」にした理由

［テキストをdatetimeに変換］アクションの［生成された変数］の変数名を「FirstDay」にすることで、❷で作成した月初日の変数の型をDatetime型に戻しています。詳しくはレッスン46で解説していますが、日時はDatetime型にしておくと、変数生成時に自動で作成される「プロパティ」が活用でき便利です。月初日の型をテキスト型のままにしておきたい場合は変数名の書き換えを行わず、❹の［加算する日時］アクションの［日時］に「%TextAsDateTime%」を入力します。

まとめ　任意の日時を自由自在に作成できるようになる

本レッスンで紹介した方法や考え方をマスターすれば、作りたい日時・日付が簡単に作れるようになります。例えば、納品希望日は毎回発注日の2週間後の日付を入れたい場合、現在日時を［加算する日時アクション］を使って14日分プラスし、［datetimeをテキストに変換］アクションを使って時間部分を削除し、日付だけにすることで完成します。別のアクションの組み合わせでも月末日などを作成することもできますが、難易度はやや高くなります。

スキルアップ

［datetimeをテキストに変換］アクションの日付のカスタム形式

［カスタム形式］に特定の文字を入力するだけで、さまざまな表示形式の日付を作り出すことができます。ダイアログボックス内の［サンプル］に表示例が表示されるので、作りたい日付が作成できているかすぐ確認できます。

カスタム形式	サンプル
yyyyMMdd	20200519
ddd	火
y	2020年5月

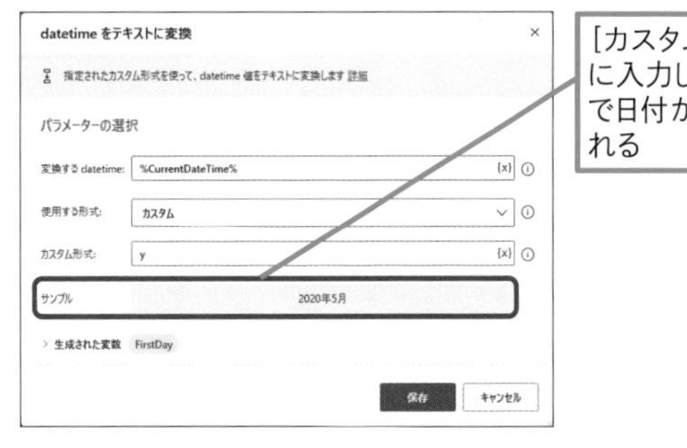

レッスン

42 フロー内で行っている手順の説明を入れたい

コメントの挿入 | 練習用ファイル なし

フロー完成後、操作対象のExcelファイルのレイアウトが変わったり、アプリがバージョンアップするなどして、フローの修正が必要になることがあります。フロー内でどのような処理を行っているかメモを残す方法を解説します。

[コメント] アクション　フローコントロール

フロー内のアクションとアクションの間にメモを貼り付ける、付箋のような役割を果たすアクションです。[コメント] アクションは配置しても、何も実行されません。フロー作成上の注意点やどのような処理をするために配置しているアクションかを説明したメモをこのアクションを使って入力できます。完成後、しばらく経つとなぜこのようなフローになっているのか思い出せなくなることがあります。その際にも助けとなります。

キーワード

アクション	P.218
コンソール	P.219
フロー	P.220

使いこなしのヒント
コメントを活用したいシーンって?

以下のようなシーンは、後からフローを見返したときに何を実行しているか分からなくなる可能性が高いため、[コメント] アクションを追加しておくとよいでしょう。また、入力枠へテキストを入力する場合、通常は[Webページ内のテキストフィールドに入力] などのアクションを使いますが、このようなアクションでは入力ができないことを理由に [キーの送信] を使うなど、通常しない使い方をあえてしている場合もコメントを入れておくと分かりやすくなります。

- 似たアクションが続いているとき
- キー送信で操作しているとき
- 条件分岐のアクションを使っているとき
- 特殊なアクションの使い方をしているとき

使いこなしのヒント
フローの作成日、作成者名などを入力することもできる

フローの作成日、編集日、作成者名、改訂履歴などをコメントで記録しておくことも可能です。複数人でフローの作成を行う場合はフローのエラー対応や修正、引継ぎがスムーズになる情報を相談して決めて記入しておくのがおすすめです。

使いこなしのヒント

コンソール画面の［詳細］にも説明が書き込める

［詳細］を開くと［説明］を書き込むことができます。

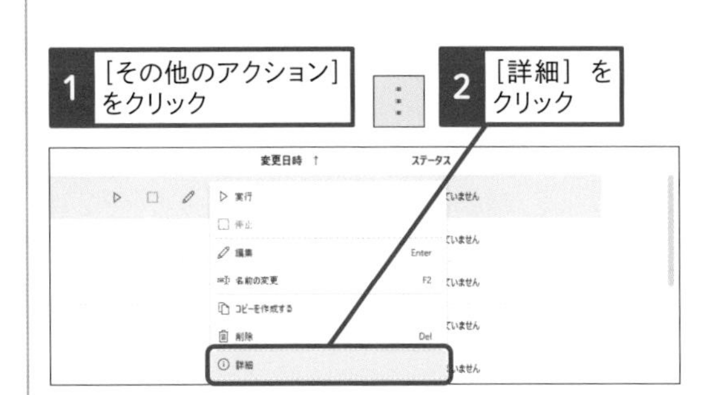

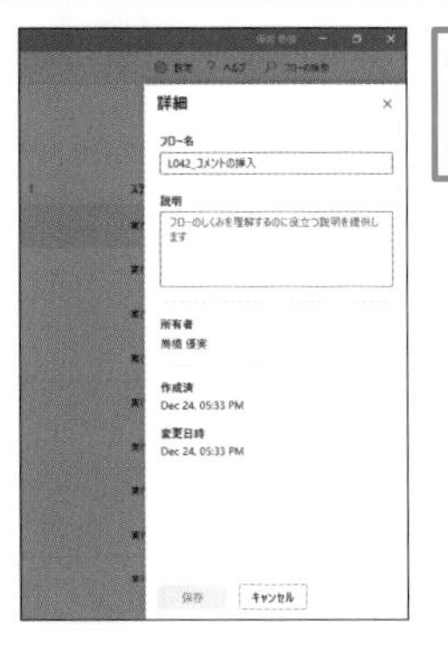

操作を説明するコメントを入れてみよう

ここではレッスン41のフローに［コメント］アクションを追加する

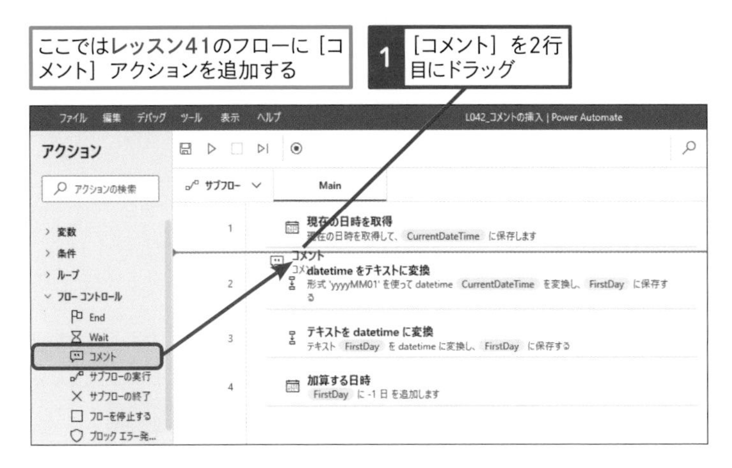

● ［コメント］アクション

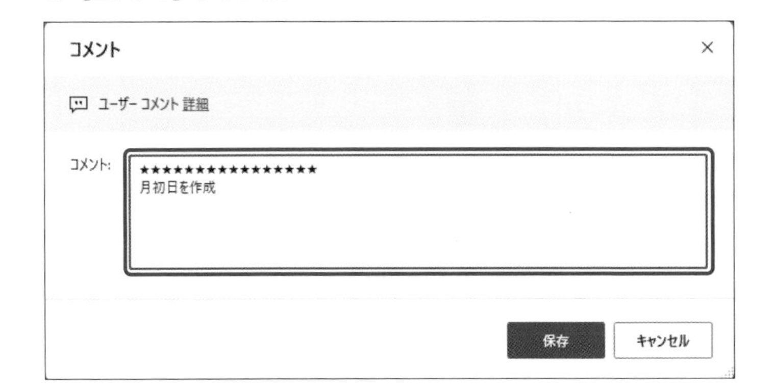

項目	設定内容
コメント	「★★★★★★★★★★★★★★★★★ 月初日を作成」 と入力します。

使いこなしのヒント

「★」や「=」などの記号を付けよう

［コメント］欄には「★」や「=」などの記号で目印を付けるのがおすすめです。目印を付けておくことで、ほかのアクションと視覚的に区別することができ、発見しやすくなります。

まとめ 後から見返しても分かるフロー作りを心掛けよう

業務内容が変わり、フローの修正が必要になった場合に自分でサッと修正できるのがPower Automate for desktopの魅力の1つです。自分が作成したフローでも月日が経ったり、数が増えてきたりすると内容を思い出せなくなります。［コメント］アクションを活用し、後から見返したときも分かるフロー作りを心掛けましょう。

レッスン

43 Webページ上のデータを取得したい

データスクレイピング

練習用ファイル なし

Webページから特定の情報を取得する行為を「データスクレイピング」といいます。取得したデータはExcelワークシートに書き込んだり、ほかのアプリケーションに転記することができます。

キーワード

Microsoft Edge	P.218
アクティブ化	P.218
拡張機能	P.219

[Webページからデータを抽出する] アクション

ブラウザー自動化

Webページ上の数値やテキストを取得できるアクションです。1つのデータだけでなく、表のデータすべてを取得することもできます。取得したデータは新規で作成したExcelファイルのワークシート上に書き込んだり、変数に格納することが可能です。このアクションを活用すれば、定期的に特定のWebサイトに掲載されているデータやテキストを取得し、社内アプリやExcelファイルに転記する業務を自動化ができます。

ここに注意

Webブラウザーを操作するフローの作成となりますので、使用するWebブラウザーの拡張機能が有効化されている必要があります。拡張機能の有効化手順についてはレッスン07を参照してください。

Webページ上の売上データを取得しよう

1 ［新しいMicrosoft Edgeを起動］をドラッグ

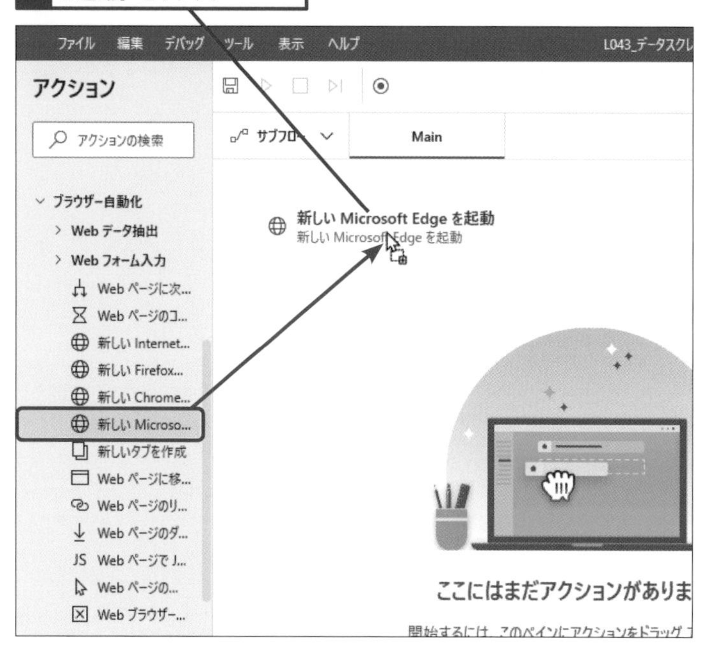

● ［新しいMicrosoft Edgeを起動］アクション

項目	設定内容
起動モード	［新しいインスタンスを起動する］が選択されていることを確認します。
初期URL	「https://support.asahi-robo.jp/learn/dashboard/#」と入力します。
ウィンドウの状態	［標準］が選択されていることを確認します。

使いこなしのヒント

このレッスンで作成するフローについて

WebサイトをMicrosoft Edgeで新規に立ち上げた上で、Webページに表示されている売上データを取得し、新規ワークシートに貼り付けるフローを作成します。[Webページからデータを抽出する］アクションはダイアログボックスを開いた状態でデータを取得したいWebページをクリックします。使い方がほかのアクションとは違うため、確認しながら使い方を覚えていきましょう。

ここに注意

ログインが必要なWebページを操作する場合はレッスン34を参考にログイン操作を行うアクションも配置するようにしてください。本レッスンでは省略しています。

使いこなしのヒント

サイトによっては自動操作が禁止されている場合も

WebサイトによってはPower Automate for desktopのような自動化ツールを使って操作を行ったり、データを取得したりする行為を禁止している場合があります。操作したいWebサイトがある場合はまず利用規約を確認し、禁止行為にあたる可能性がないか確認するようにしましょう。

次のページに続く ➡

1 Webページの特定の部分からデータを抽出する

Microsoft Edgeを起動し、下記のページにアクセスしておく

▼ASAHI Accounting Robot 研究所の練習用サイト
https://support.asahi-robo.jp/learn/dashboard/#/

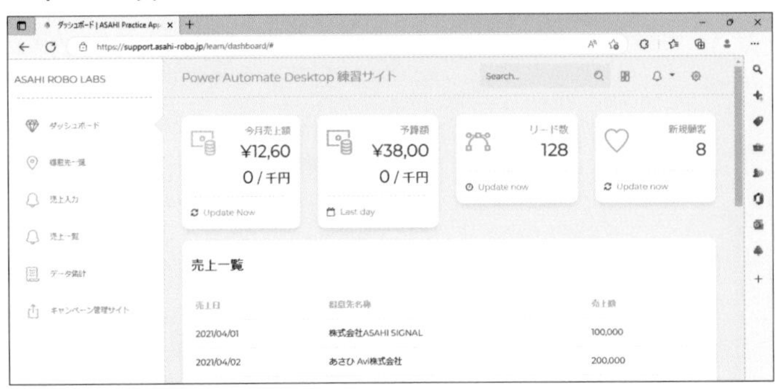

1 [Webページからデータを抽出する]を最下部にドラッグ

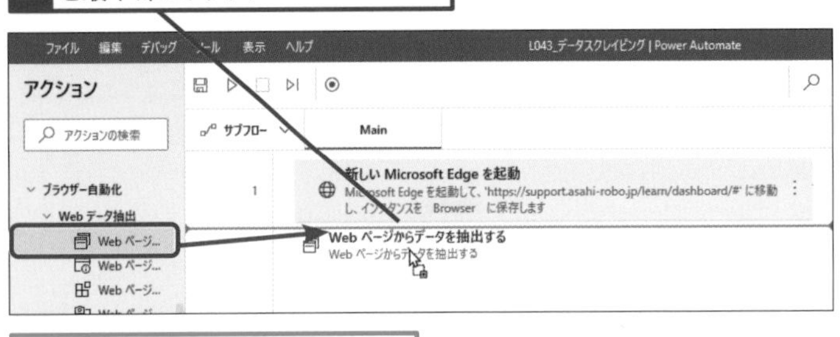

[Webページからデータを抽出する]ダイアログボックスが表示された

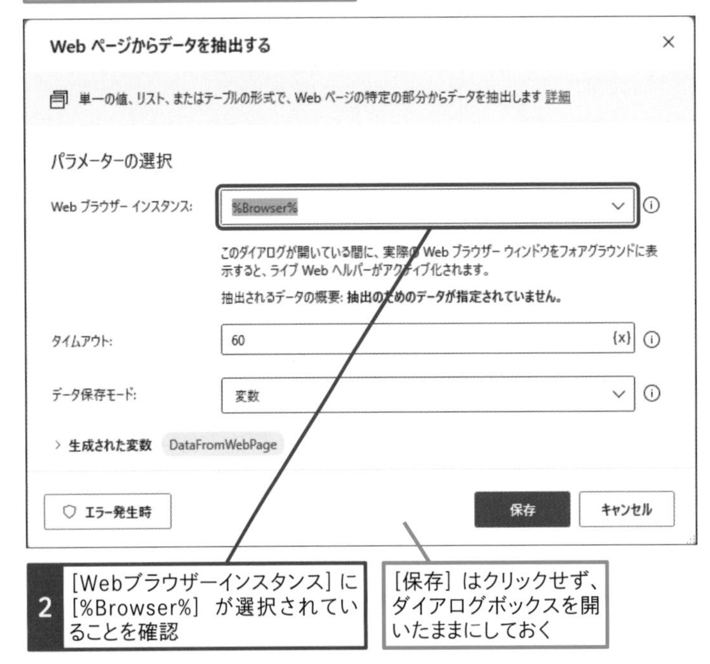

2 [Webブラウザーインスタンス]に[%Browser%]が選択されていることを確認

[保存]はクリックせず、ダイアログボックスを開いたままにしておく

⚠ ここに注意

[Webページからデータを抽出する]アクションのダイアログボックスが開かれている状態で、データを取得したいWebページをクリックしてください。クリックすることでWebページがアクティブ化され、操作対象として認識します。

使いこなしのヒント

赤い枠が表示されているか確認しよう

赤い枠が表示されない場合はデータが認識されていない可能性があります。[キャンセル]ボタンをクリックしてやり直してください。それでも赤い枠が出ない場合は27ページの使いこなしのヒントを参考にPower Automate for desktopを再起動し、レッスン07を参考に拡張機能の有効化を確認しましょう。

赤枠が表示されない場合は拡張機能が有効化されているかどうか確認する

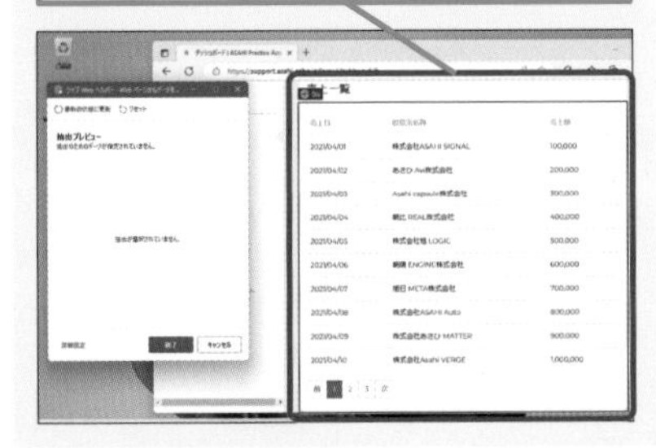

2 取得するデータを選択する

［ライブWebヘルパー］ウィンドウが表示された

1 練習用ページをクリック

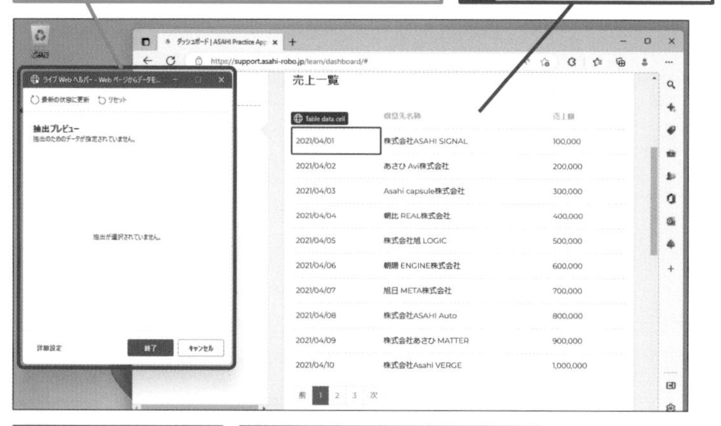

2 「2021/04/01」を右クリック

3 ［要素の値を抽出］にマウスポインターを合わせる

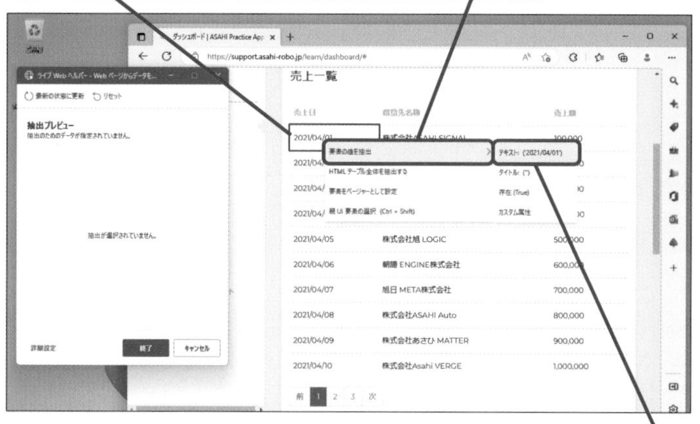

4 ［テキスト('2021/04/01')］をクリック

「2021/04/01」が抽出されるように指定できた

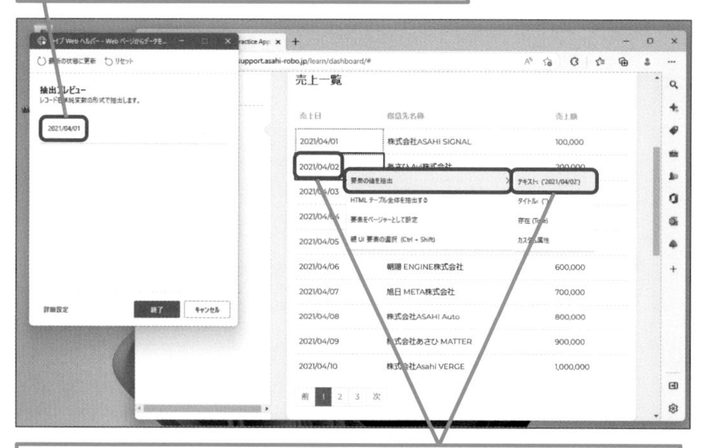

操作1～3を参考に2行目の［2021/04/02］も同様の手順で選択する

使いこなしのヒント

［最新の状態に更新］と［リセット］って何？

［最新の状態に更新］をクリックすると、現在Webページ上に表示されているデータに更新されます。取得するデータの選択をやり直したい場合は［リセット］をクリックしましょう。抽出プレビューに表示されているデータがすべて削除されます。

抽出するデータの選択をやり直す場合は［リセット］をクリックする

次のページに続く

●取得するデータを選択する

5 「株式会社ASAHI SIGNAL」を右クリック

6 ［要素の値を抽出］にマウスポインターを合わせる

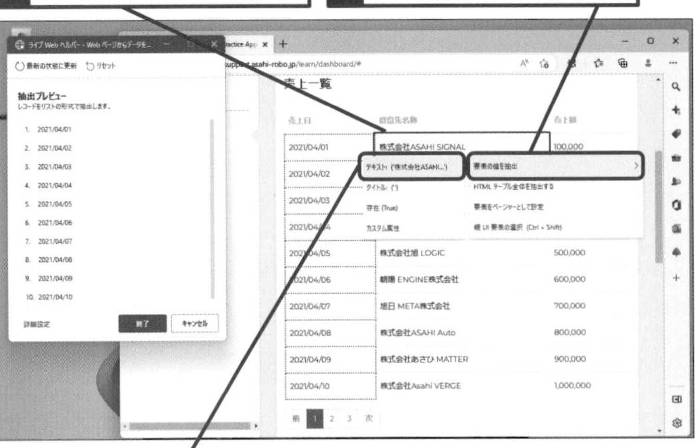

7 ［テキスト('株式会社ASAHI SIGNAL')］をクリック

8 「100,000」を右クリック

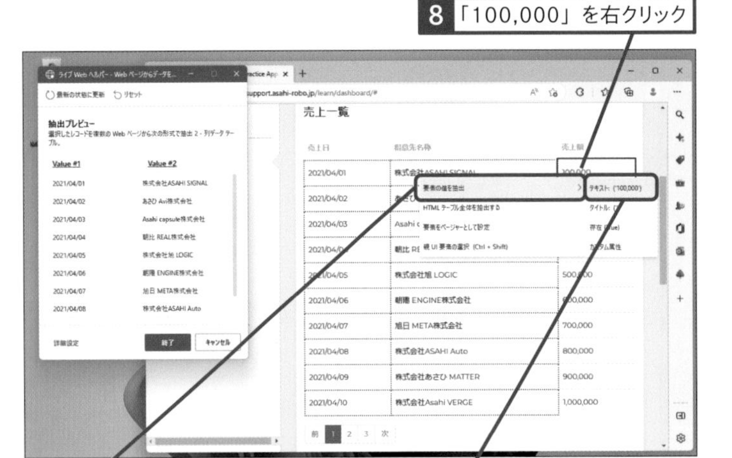

9 ［要素の値を抽出］にマウスポインターを合わせる

10 ［テキスト('100,000')］をクリック

売上一覧の表が抽出されるように指定できた

使いこなしのヒント

列名の編集もできる

［ライブWebヘルパー］の抽出プレビューの列名を編集することができます。列名にマウスポインターを合わせクリックすると列名が青く反転し、編集モードに切り替わります。日本語を含む任意の列名に編集できます。データ抽出後に別のアプリに取得したデータを転記する場合などは列名の修正を行っておくと列名でデータを指定できるので便利です。なお、今回の例ではデータ保存モードに「Excelスプレッドシート」を選択するため、Excelのワークシートに列名は書き込まれません。

［ライブWebヘルパー］ウィンドウで列名を変更できる

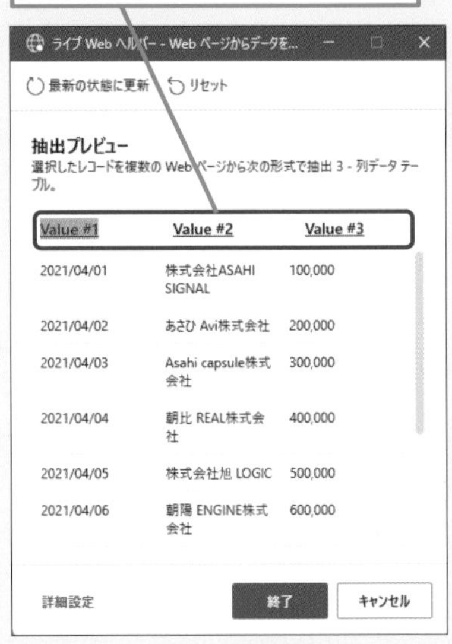

使いこなしのヒント

アプリ上のデータを取得するアクションもある！

レッスン10で操作したパソコンにインストールして使用するアプリケーション上のデータを取得するアクションもあります。この場合は、［UIオートメーション］グループの［データ抽出］の［ウィンドウからデータを抽出する］アクションを使います。

●抽出するデータが指定できた

抽出したいデータが選択されていることを確認

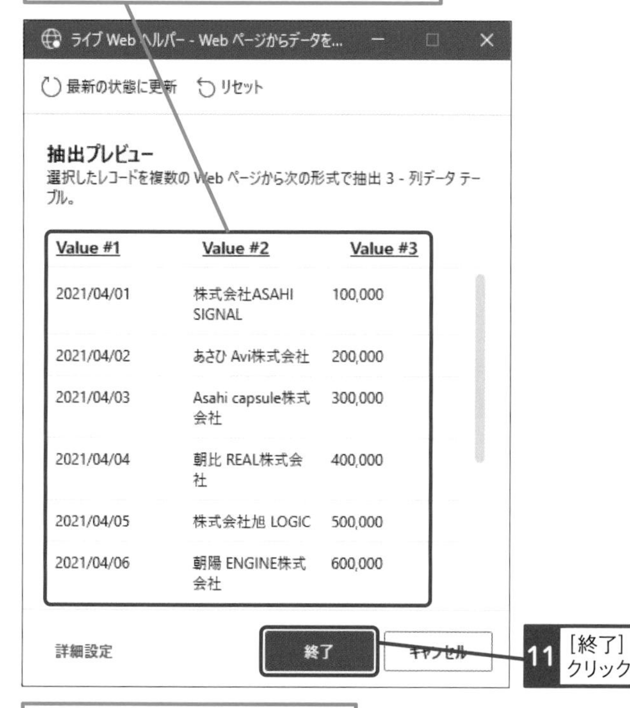

11 ［終了］をクリック

［Webページからデータを抽出する］ダイアログボックスが表示された

12 ［データ保存モード］で「Excel スプレッドシート」を選択

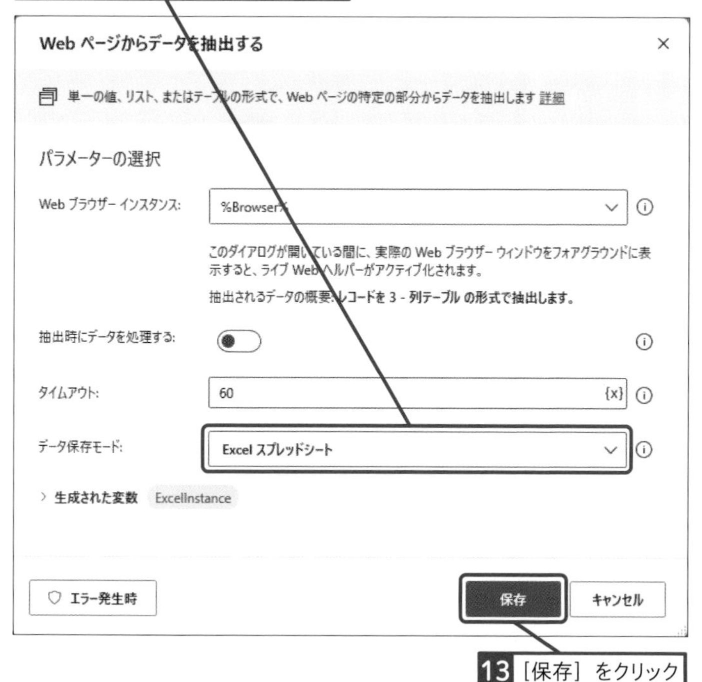

13 ［保存］をクリック

使いこなしのヒント

抽出するデータをしっかり確認しよう

手順2でデータの抽出設定をすると［ライブWebヘルパー］の抽出プレビューにデータが表示されます。取得したいデータが抽出プレビューで表示されていることを確認した上で［終了］ボタンをクリックしましょう。

取得したいデータが表示されていることを確認してから［終了］をクリックする

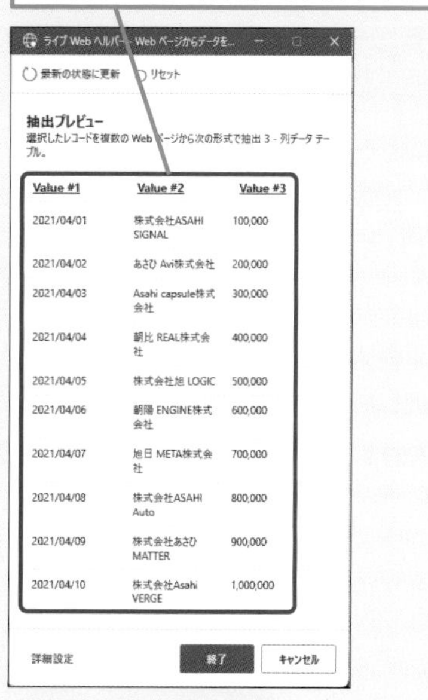

まとめ 日々のデータ取得業務を自動化できる

本レッスンで紹介した［Webページからデータを抽出する］アクションは使い方がほかのアクションと異なり、使い方に慣れる必要がありますが、大量のデータを一瞬で取得できるとても便利なアクションです。第4章で作成したWebページへのサインインやメニュー選択を行うアクションと組み合わせて使用すれば、さまざまなWebページからデータを取得する業務を自動化できます。フロー作成前には必ずWebサイトの利用規約を確認するようにしてください。

レッスン

44 ショートカットキーで操作をしたい

キーの送信　練習用ファイル　L044_キーの送信.xlsx

レッスン26で使用した［キーの送信］アクションで複数のキーを連続送信したり、2つ以上のキーを同時に送信する方法を解説します。キー操作でしか行えない操作を実行したい場合に有効な方法です。

キーワード

ウィンドウインスタンス	P.219
ダイアログボックス	P.219
デバッグ	P.220

活用編 第5章 業務シーン別のテクニックを覚えよう

［キーの送信］アクション　マウスとキーボード

人によるキーボード入力と同じことができるのが［キーの送信］アクションです。1つのキーを送信するだけでなく、連続送信や、2つ以上のキーを同時に送信することもできます。Excelを操作するアクションは数多く準備されていますが、すべての操作をアクションで行うことはできません。その場合、ショートカットキーを［キーの送信］アクションで送信し、実行する方法があります。またアプリケーションによってはキーボード操作しかできない場合があり、その際も活用できます。［キーの送信］アクションはキーの送信先となるアプリケーションやファイルを選択した上で、送信するキーを入力します。またキーを1つずつ送信したいのか、同時に送信したいのかによって入力するルールが変わりますので確認していきましょう。

スキルアップ

キー送信が失敗する場合はキーを押す速度を調整してみよう

キーの送信が失敗する場合はダイアログボックスで［キー入力の間隔の遅延］の数値を大きくしてみましょう。ミリ秒単位での調整が可能です。数値を大きくした分［キーの送信］アクションの実行スピードが遅くなり、フロー実行時間が長くなる可能性があります。初期値は10となっていますが、200や500に変えて、デバッグを行い調整するのがおすすめです。

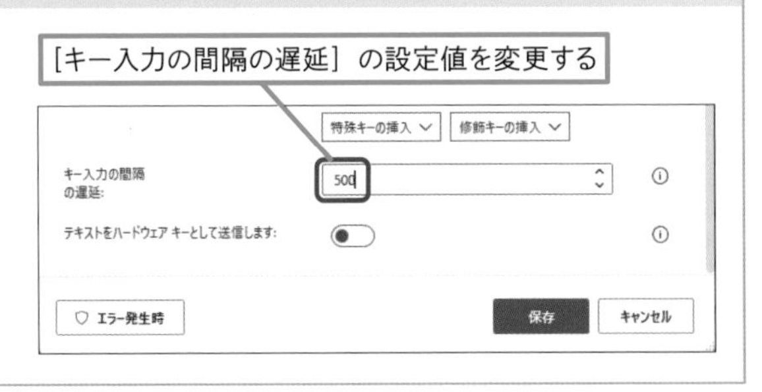

キーの同時送信や連続送信をしてみよう

❶［Excelの起動］アクション

Excel の起動

新しい Excel インスタンスを起動するか、Excel ドキュメントを開きます 詳細

パラメーターの選択

全般

Excel の起動: 次のドキュメントを開く

ドキュメント パス: C:\Users\yumit\Desktop\501593\第5章\L044_キーの送信.xlsx

インスタンスを表示する:

読み取り専用として開く:

詳細

生成された変数 ExcelInstance

エラー発生時　保存　キャンセル

項目	設定内容
Excelの起動	［次のドキュメントを開く］を選択します。
ドキュメントパス	［ファイルの選択］（ ）をクリックし、［ファイルの選択］ダイアログボックスで「L044_キーの送信.xlsx」を選択し［開く］をクリックします。ファイルを選択するとドキュメントパスが表示されます。

使いこなしのヒント

このレッスンで作成するフローについて

Excelワークシートのショートカットキー操作を［キーの送信］アクションを使って行います。❶～❹の各アクションでは以下の表の操作を行います。❷ではキーの同時送信を、❸は同じキーの複数回送信を、❹は異なるキーの連続送信を学びましょう。

番号	実行する操作	送信されるキー
❶	「L044_キーの送信.xlsx」を開く	なし
❷	セルデータのコピー	Ctrl+Cキー
❸	5個下のセルに移動	↓キーを5回連続押下
❹	印刷の実行	Alt→F→P→Pキー

ここに注意

インプレスブックスからダウンロードし展開した［501593］フォルダーをデスクトップに保存してください。［501593］フォルダーの［第5章］フォルダーに格納されている「L044_キーの送信.xlsx」を使用します。「L044_キーの送信.xlsx」の保存先を上記フォルダーとは違う場所にしてしまうとエラーが出る場合がありますので、移動させないようにしてください。またこのレッスンで作成するフローを実行すると、「L044_キーの送信.xlsx」がプリンターから印刷されます。プリンターが接続されていない場合は「接続されたプリンターがありません」などのエラーが出ます。

次のページに続く

❷［キーの送信］アクション

項目	設定内容
キーの送信先	［ウィンドウのインスタンス/ハンドル］を選択します。
ウィンドウインスタンス	［%ExcelInstance%］を選択します。
送信するテキスト	「{Control}({C})」と入力します。［修飾キーの挿入］-［Control］をクリックすると「{Control}()」が入力されるので、「()」内に「{C}」と入力します。
キー入力の間隔の遅延	「10」と表示されていることを確認します。

❸［キーの送信］アクション

使いこなしのヒント

なぜ「{Control}({C})」と入力するの?

［送信するテキスト］に送信したいキーボード上のキー名を中括弧{ }で囲い入力します。キーを押した状態のまま、次のキーを同時送信したい場合は括弧()で囲います。今回はCtrlキーを押した状態で、Cキーを送信したいので、{Control}({C})と入力します。

使いこなしのヒント

「{Down:5}」の意味って?

同じキーを連続で押す場合はキー名称を何回も入力する必要はありません。{キー名称:押す回数}で実行できます。❸では［送信するテキスト］に{Down}{Down}{Down}{Down}{Down}と5個入力しても同じことができますが、{Down:5}と入力した方が何回押しているかすぐ分かり、押す回数の修正も簡単です。

使いこなしのヒント

キーの送信は次の手として使おう

［キーの送信］アクションは普段行っているショートカットキーなどの操作を手軽に実現できるため便利ですが、多用することはおすすめできません。182ページのスキルアップで解説した通り、パソコンの処理能力やWebページの読み込みスピードなどの影響を受けやすいからです。まずは別のアクションで行うことを検討し、ほかのアクションでできない場合に［キーの送信］で実行することを心掛けましょう。

項目	設定内容
キーの送信先	[ウィンドウのインスタンス/ハンドル] を選択します。
ウィンドウインスタンス	[%ExcelInstance%] を選択します。
送信するテキスト	「{Down:5}」と入力します。[特殊キーの挿入] - [方向キー] - [下] をクリックすると「{Down}」が入力されるので、「n」の後ろに「:5」と入力します。
キー入力の間隔の遅延	「10」と表示されていることを確認します。

❹ [キーの送信] アクション

項目	設定内容
キーの送信先	[ウィンドウのインスタンス/ハンドル] を選択します。
ウィンドウインスタンス	[%ExcelInstance%] を選択します。
送信するテキスト	「{Alt}FPP」と入力します。[修飾キーの挿入] - [Alt()] をクリックすると「{Alt}」が入力されるので、「}」の後ろの()を削除し「FPP」と入力します。
キー入力の間隔の遅延	「10」と表示されていることを確認します。

使いこなしのヒント

「{Alt}FPP」の意味って?

Altキーでタブのショートカットキーのメニューを表示、Fキーで [ファイル] タブを選択し、Pキーで [印刷] メニューを選択、Pキーで [印刷] ボタンを選択しています。Altキーを送信しないとタブのショートカットキーのメニューが表示されず、Fキーの入力は選択中のセルへの入力となってしまいます。

[ファイル] タブ - [印刷] - [印刷] を選択する操作をショートカットキーで行っている

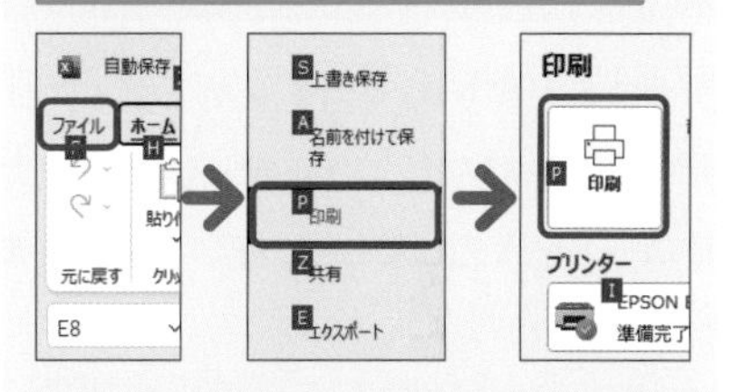

使いこなしのヒント

コメントを入れて分かりやすくしよう

[キーの送信] アクションで送信しているキーで、何を行っているか後から見返したときにすぐ分かるようにレッスン42で解説した [コメント] アクションを使って、メモを残しておくようにしましょう。特に普段は使っていなかったり、ほかのメンバーが知らなさそうなショートカットキーを使った場合は「ショットカットキーで印刷を実行 Alt→F→P→Pキー」などのメモを残すとよいでしょう。

まとめ Excelやアプリ操作でも使えるキーの送信

実行したいExcel操作を行うアクションがない場合は[キーの送信]アクションを使って、ショートカットキーでの操作を試みてみましょう。またアプリの操作でも、特定のボタンがクリックできない、キーボード操作しかできない作りになっている場合も [キーの送信] アクションを活用することで操作できます。

レッスン
45 ログインIDの入力やファイルを選択できるようにしたい

途中にユーザー操作を入れる

練習用ファイル [L045_ダイアログ] フォルダー

フロー実行中ユーザーにIDやパスワードの入力を求めたり、読み込むファイルの選択を求めるダイアログボックスを表示させるアクションを紹介します。このアクションを活用することで、ユーザーによる入力や判断を組み合わせたフローを作成することができます。

キーワード

ダイアログボックス	P.219
ファイルパス	P.220
変数	P.220

［入力ダイアログを表示］アクション

メッセージボックス

テキストや数字の入力を求めるダイアログボックスを表示できます。アプリにサインインするIDやパスワードがユーザーごとに異なり、ユーザー自身に入力してもらいたい場合などに使えます。また、処理を実行したい取引先名やコードを入力してもらう使い方もできます。

［日付の選択ダイアログを表示］アクション

メッセージボックス

日付または日付範囲の入力を求めるダイアログボックスを表示できます。ダイアログボックス内のカレンダーマークをクリックすると月ごとのカレンダーが表示され、ユーザーは任意の日付をマウスのクリックで選ぶことができます。請求書に記載する作成日やアプリからデータを抽出する期間をユーザーに決めてもらいたいときなどに使えます。

［ファイルの選択ダイアログを表示］アクション

メッセージボックス

指定したフォルダー内に格納されているファイルを選んでもらうダイアログボックスを表示できます。フロー内で使用するデータをユーザーに選んでもらいたい場合に便利です。選択したファイルのファイルパスは変数に格納できます。［Excelを開く］アクションの［ドキュメントパス］などにこの変数を指定すると、ユーザーが選択したファイルをフロー内で開くことができ、データを読み取ったり、書き込んだりできます。

［リストから選択ダイアログを表示］アクション

メッセージボックス

あらかじめ登録しておいた項目の中から1つもしくは複数の項目が選択できるダイアログボックスを表示するアクションです。「A」という項目が選択されたときと、「B」という項目が選択されたときで、実行する内容や範囲を変えたい場合に活用できます。

次のページに続く➡

このレッスンで作成するフロー

紹介した4つのアクションを配置し、ユーザーに対して表示されるダイアログボックスの違いを見てみましょう。またそれぞれのアクションで作成される変数にユーザーが入力や選択した値、選択したファイルのファイルパスなどが格納されることも確認しながら作成してください。変数に格納された値を後続のアクションで使うことを目的として配置するアクションなので、格納される値を知ることも大切です。

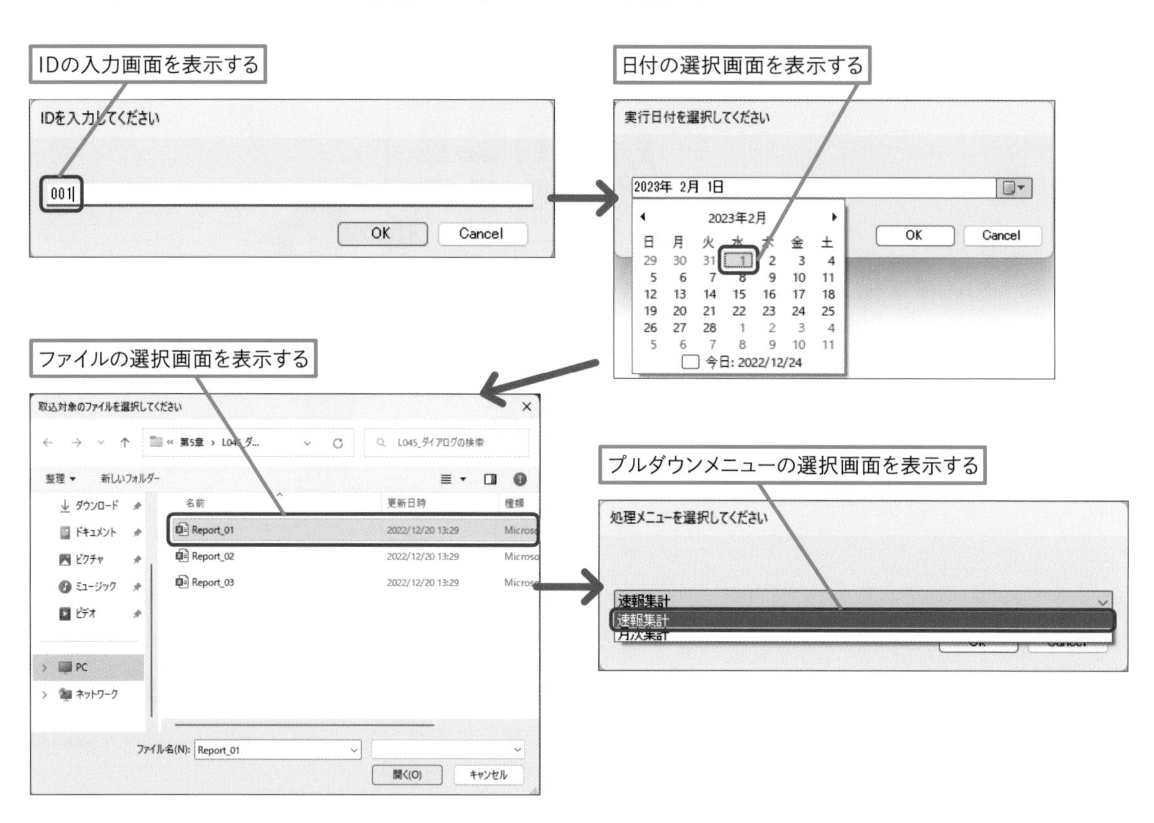

ダイアログボックスを表示するアクションを使ってみよう

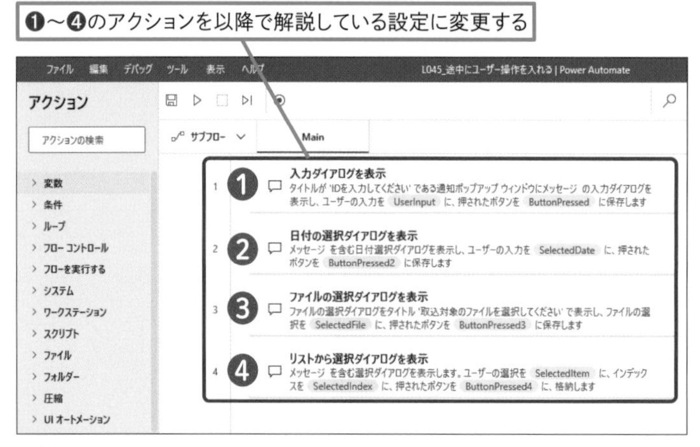

⚠ ここに注意

インプレスブックスからダウンロードし展開した［501593］フォルダーをデスクトップに保存してください。［501593］フォルダーの［第5章］フォルダーに格納されている「L045_ダイアログ」フォルダーを使用します。「L045_ダイアログ」フォルダーの保存先を上記フォルダーとは違う場所にしてしまうとエラーが出る場合がありますので、移動させないようにしてください。

❶［入力ダイアログを表示］アクション

項目	設定内容
入力ダイアログのタイトル	「IDを入力してください」と入力します。
入力の種類	［1行］が選択されていることを確認します。
入力ダイアログを常に手前に表示する	オンにします。

❷［日付の選択ダイアログを表示］アクション

使いこなしのヒント

［入力ダイアログを常に手前に表示する］をオンにするのはなぜ?

入力ダイアログボックスがほかのウィンドウの後ろに隠れてしまいユーザーが入力ダイアログに気付かずにフローが止まってしまうことがあります。［入力ダイアログを常に手前に表示する］をオンにしておけば、常に最前面にダイアログボックスが表示されるようになります。

使いこなしのヒント

日付範囲の入力をすることもできる

［ダイアログの種類］を［日付範囲（2つの日付)］に変更すると、任意の範囲の日付を指定できます。データをダウンロードする期間をユーザーに指定してもらいたいときなどに活用できます。

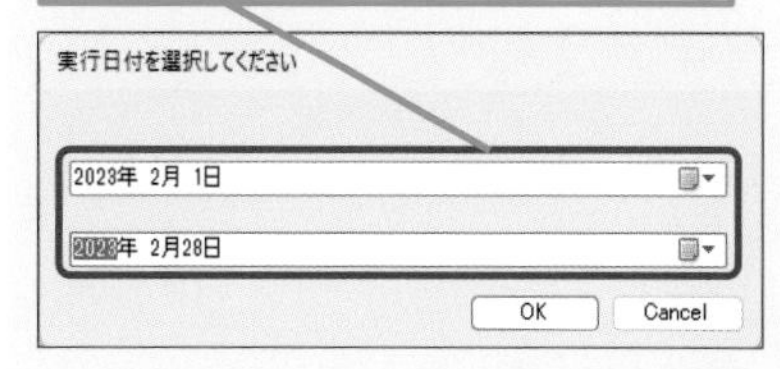

次のページに続く

項目	設定内容
ダイアログのタイトル	「実行日付を選択してください」と入力します。
ダイアログの種類	［1つの日付］が選択されていることを確認します。
日付選択ダイアログを常に手前に表示する	オンにします。

❸［ファイルの選択ダイアログを表示］アクション

ファイルの選択ダイアログを表示

ファイルの選択ダイアログを表示し、ユーザーに複数のファイルの選択を求めます 詳細

パラメーターの選択

全般

ダイアログのタイトル: 取込対象のファイルを選択してください

初期フォルダー: C:\Users\yumit\Desktop\501593\第5章\L045_ダイアログ

ファイル フィルター:

ファイル選択ダイアログを常に手前に表示する:

複数の選択を許可:

ファイルが存在するかどうかを確認:

生成された変数 SelectedFile ButtonPressed3

エラー発生時　保存　キャンセル

項目	設定内容
ダイアログのタイトル	「取込対象のファイルを選んでください」と入力します。
初期フォルダー	［フォルダーの選択］（📂）をクリックし、［フォルダーの参照］ダイアログボックスで［L045_ダイアログ］を選択し［OK］をクリックします。フォルダーを選択するとフォルダーパスが表示されます。
ファイル選択ダイアログを常に手前に表示する	オンにします。

使いこなしのヒント

選択するファイルの形式を指定することもできる

［ファイルフィルター］にファイルの種類を識別するための拡張子を指定することができます。例えばExcelで作成したファイルを指定したい場合は「*.xlsx」、PDFファイルだけを指定したい場合は「*.pdf」と入力してください。

使いこなしのヒント

変数「%ButtonPressed3%」の3って何？

このレッスンで紹介しているアクションはどれもユーザーが選択したボタンを自動生成された変数［ButtonPressed］に格納します。すでに別のアクションによって変数［ButtonPressed］が生成されている場合は、順番に［ButtonPressed2］［ButtonPressed3］と変数の末尾に連番が振られていきます。

❹［リストから選択ダイアログを表示］アクション

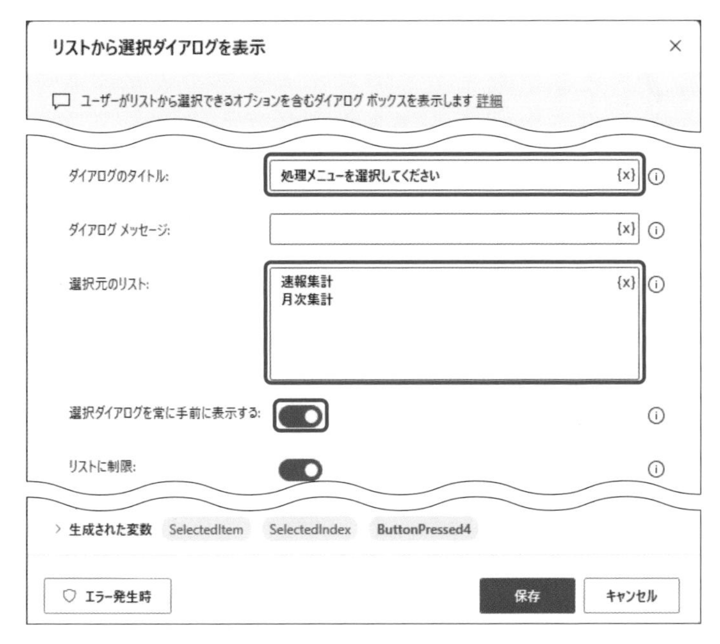

項目	設定内容
ダイアログのタイトル	「処理メニューを選択してください」と入力します。
選択元のリスト	「速報集計 月次集計」 と入力します。「速報集計」の後ろは改行してください。
選択ダイアログを常に手前に表示する	オンにします。

使いこなしのヒント

実行して変数の値を確認してみよう

フローを実行し、ユーザーによる入力や選択結果が変数に格納されることを確認してみましょう。どのような値が格納されたかだけでなく、変数の型も確認しておくと、後続のアクションでスムーズに活用できます。

フローを実行し、変数ペインの変数をダブルクリックすると確認できる

使いこなしのヒント

複数項目の選択も可能

［複数の選択を許可］をオンにすると、複数項目の選択も可能になります。以下のように選択した結果は変数［SelectedItems］に格納されます。

［複数の選択を許可］をオンにすると、複数選択が可能になる

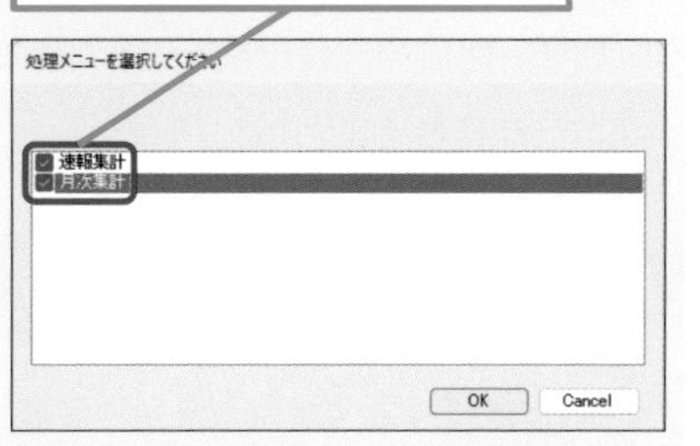

変数［SelectedItems］に格納された値は［変数ペイン］で確認できる

まとめ 対話型のフローの作成もできる

ダイアログボックスへの入力や選択をユーザーに求めるフローを作成した場合は、ユーザーにやって欲しいこと、タイミング、万が一入力や選択をミスしてしまった場合どうすればいいかなどを、説明するようにしましょう。上手に使えば、アプリからデータを抽出する期間を自由に決めることができるなど、状況に応じて、さまざまな使い方ができるフローを作成できるようになります。またフローで使用するファイル名の統一が難しい場合など、ユーザー自身に選んでもらうことができます。

レッスン

46 変数の便利な活用方法を学ぼう

変数のプロパティ

練習用ファイル [L046_変数のプロパティ] フォルダー

変数の「プロパティ」を活用すると、変数に関連する情報を簡単に取り出せます。より少ないアクション、変数でフロー作成できるようになり、作成のスピードアップや後から見返したときに理解しやすいフローが作れるようになります。

キーワード

Datetime型	P.218
データ型	P.219
プロパティ	P.220

変数のプロパティとは

変数の型によって「プロパティ」が存在します。プロパティとは、そのデータ型があらかじめ持っている情報で、その型の変数が作成されると同時にプロパティも活用できるようになります。例えば、[現在の日時を取得] アクションで作成される変数 [CurrentDateTime] はDatetime型の変数で、年だけを取り出すプロパティや曜日の情報を持っているプロパティがあります。プロパティを活用することで、必要な情報を簡単に取り出せるようになります。

変数 [CurrentDateTime] の場合、「.Hour」「.Day」「.Year」 などのプロパティを持つ

変数のプロパティを選択するには

生成された変数がどんなプロパティを持っているかは、アクションのダイアログボックスで［変数の選択］（{x}）マークをクリックし、各変数の左側に表示されている（>）マークをクリックすると確認することができます。

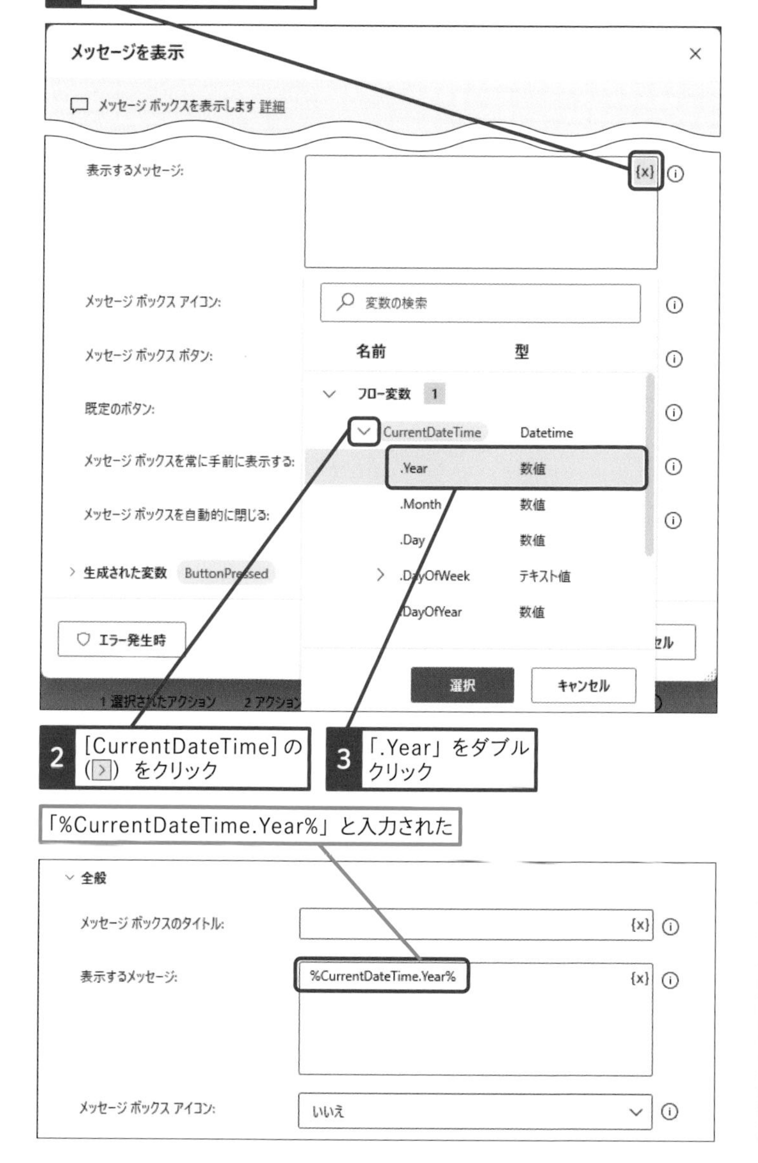

使いこなしのヒント

プロパティを使う場合はどこを%で囲えばいいの？

変数のプロパティを使う場合は変数名の先頭とプロパティ名の末尾に「%」を付け、「%CurrentDateTime.Year%」のように入力してください。［変数の選択］からプロパティを選択した場合は自動で両端に「%」が入力されます。

使いこなしのヒント

プロパティ名の横にデータ型が表示される

［変数の選択］では各プロパティのデータ型が表示されています。プロパティのデータ型はレッスン41で紹介した［datetimeをテキストに変換］アクションや［テキストをdatetimeに変換］アクションを使って変換することができます。

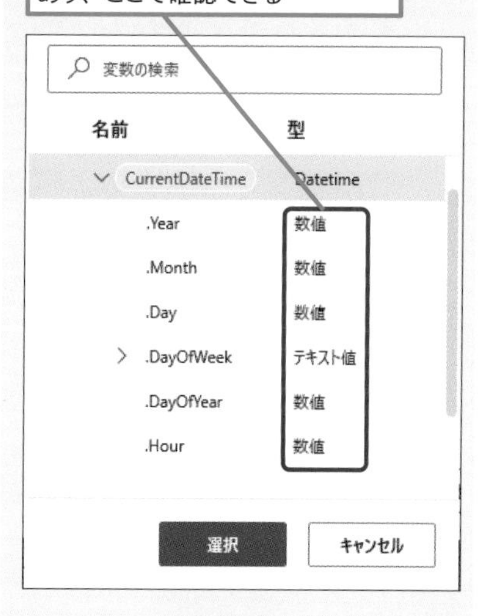

次のページに続く

このレッスンで作成するフロー

Datetime型とファイル型の変数のプロパティの値をメッセージボックスで表示させるフローを作成します。Datetime型は「年」と「曜日」、ファイル型はファイルパスのうち、「ファイル名」だけをプロパティを使って表示させます。

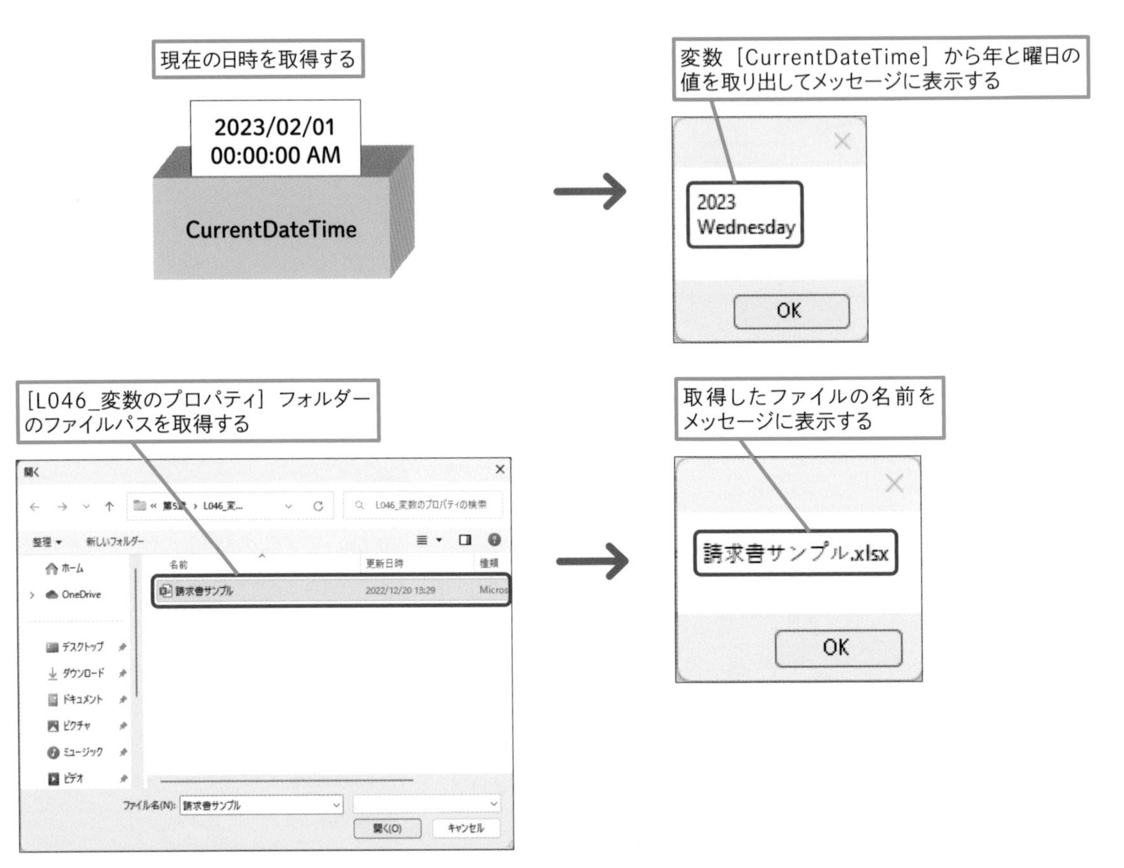

プロパティの中身を確認してみよう

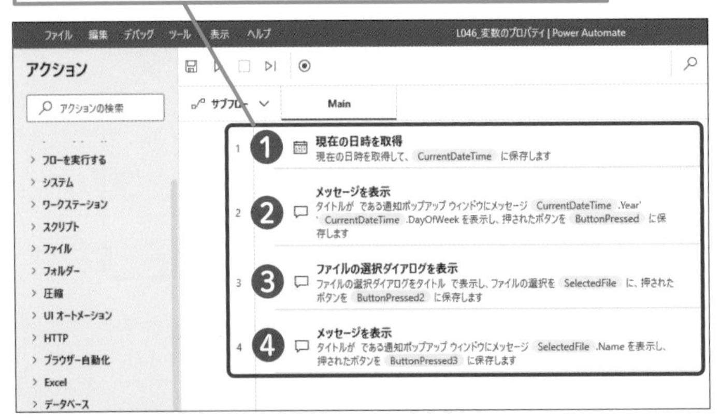

⚠ ここに注意

インプレスブックスからダウンロードし展開した［501593］フォルダーをデスクトップに保存してください。［501593］フォルダーの［第5章］フォルダーに格納されている「L046_変数のプロパティ」フォルダーを使用します。「L046_変数のプロパティ」フォルダーの保存先を上記フォルダーとは違う場所にしてしまうとエラーが出る場合がありますので、移動させないようにしてください。

❶［現在の日時を取得］アクション

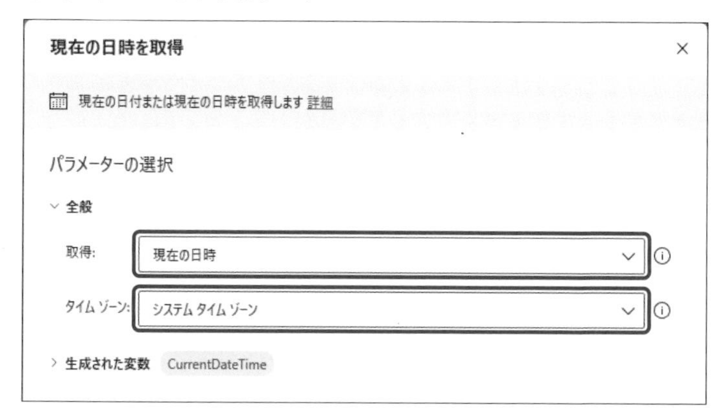

項目	設定内容
取得	［現在の日時］が選択されていることを確認します。
タイムゾーン	［システムタイムゾーン］が選択されていることを確認します。

❷［メッセージを表示］アクション

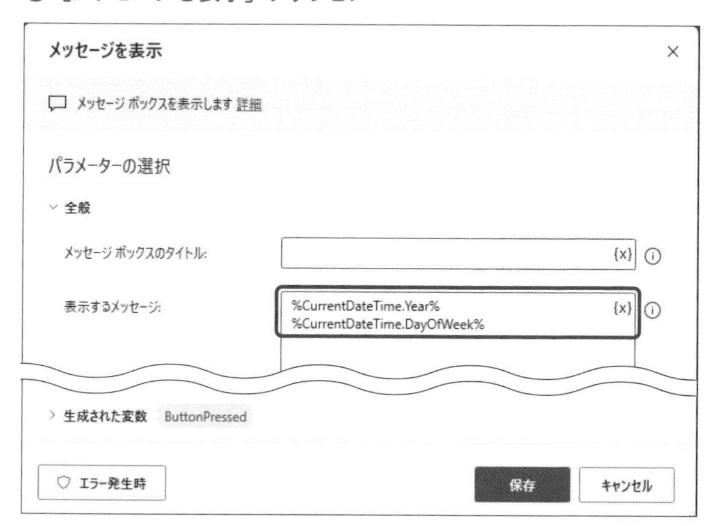

項目	設定内容
表示するメッセージ	「%CurrentDateTime.Year% %CurrentDateTime.DayOfWeek%」 と入力します。 「%CurrentDateTime.Year%」は、［変数の選択］-［CurrentDateTime］の（▷）をクリックし［.Year］ダブルクリックすると入力されます。 「%CurrentDateTime.DayOfWeek%」は、［変数の選択］-［CurrentDateTime］の（▷）をクリックし［.DayOfWeek］をダブルクリックすると入力されます。

使いこなしのヒント

プロパティの値の確認はメッセージボックスが便利

変数の現在値は［変数ペイン］で確認できますが、変数のプロパティの現在値は確認できません。プロパティの現在値を確認したい場合は［メッセージを表示］アクションで確認できます。［表示するメッセージ］にプロパティを入力しておき、フローを実行しましょう。

使いこなしのヒント

変数［CurrentDateTime］から取り出せる値

年、月、日、曜日などを取り出せるプロパティがあります。レッスン34のWebページの日付入力欄のように、年、月、日を別々に入力したい場合などに便利です。

プロパティ名	説明	2023/2/13 5:50:00の場合の例
CurrentDateTime.Year	年	2023
CurrentDateTime.Month	月	2
CurrentDateTime.Day	日	13
CurrentDateTime.DayOfWeek	曜日	Tuesday

次のページに続く ➡

❸［ファイルの選択ダイアログを表示］アクション

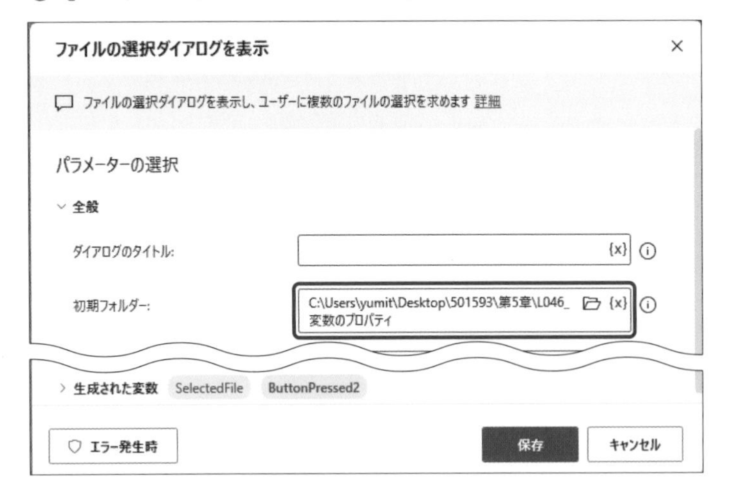

項目	設定内容
初期フォルダー	[フォルダーの選択] (📂) をクリックし、[フォルダーの参照] ダイアログボックスで [L046_変数のプロパティ] フォルダーを選択し [OK] をクリックします。フォルダーを選択するとフォルダーパスが表示されます。

❹［メッセージを表示］アクション

項目	設定内容
表示するメッセージ	「%SelectedFile.Name%」と入力します。 [変数の選択] - [SelectedFile] の (▷) をクリックし [.Name] ダブルクリックすると入力されます。

使いこなしのヒント

「%SelectedFile.Name%」とは?

［ファイルの選択ダイアログを表示］アクションで表示されたダイアログボックスでユーザーが選択したファイルのファイルパスは変数［SelectedFile］に格納されます。変数［SelectedFile］はファイル型の変数でファイルパスの中からファイル名だけを取り出すことができるプロパティ「.Name」を持っています。ファイル名だけを表示させたいので［表示するメッセージ］に「%SelectedFile.Name%」と入力します。

まとめ　プロパティ活用でシンプルなフローが作れる

変数のプロパティを活用できるようになると必要な情報が簡単に取り出せるようになり、アクション数の少ないシンプルなフローが作れるようになります。新しいプロパティ名を見つけたら、本レッスンのようにメッセージボックスを使って、中身を確認して理解を深めていきましょう。

スキルアップ

複数行ある変数のプロパティ値の確認方法

変数に複数行のデータが格納されている場合、各行のプロパティ値を変数ペインから確認することができます。例えばレッスン49のフローで生成される変数「%Files%」はファイル型の変数で取得したファイルの情報がプロパティに格納されています。各行のプロパティ値の確認方法を解説します。

レッスン49で作成するフローの変数［Files］のプロパティを確認する

1 レッスン49のフローを実行

2 ［File］をダブルクリック

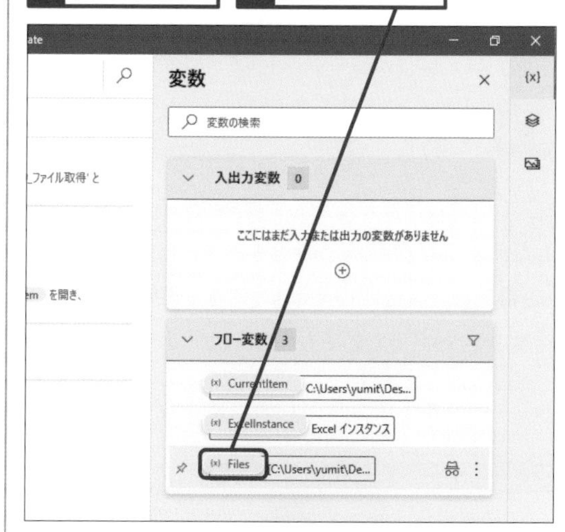

行は「0」から番号が割り振られる

3 0行目の［詳細表示］をクリック

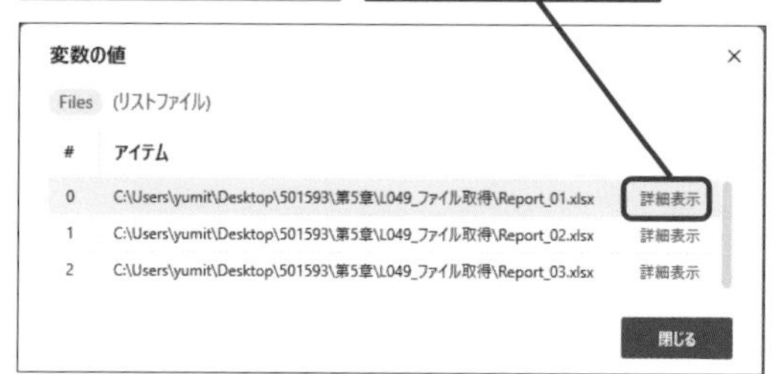

0行目に格納されている値のプロパティ値を確認できる

0行目に格納されている「.Size」プロパティの値を取り出したい場合は、「%Files[0].Size%」と入力する

レッスン49のフローの最下段に［メッセージを表示］アクションをドラッグする

4 「%Files[0].Size%」と入力

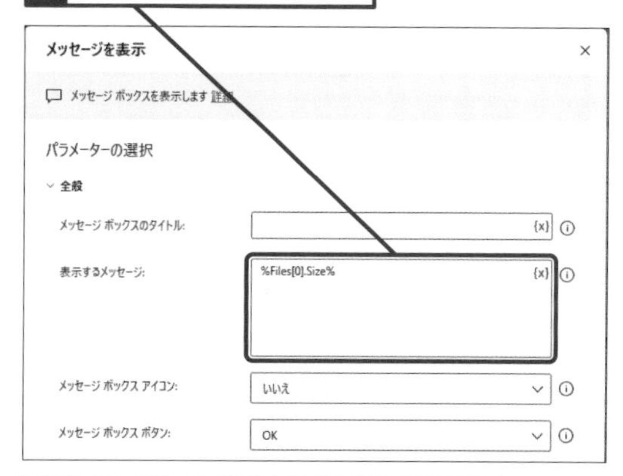

フローを実行すると0行目に格納されている「.Size」プロパティの値が表示される

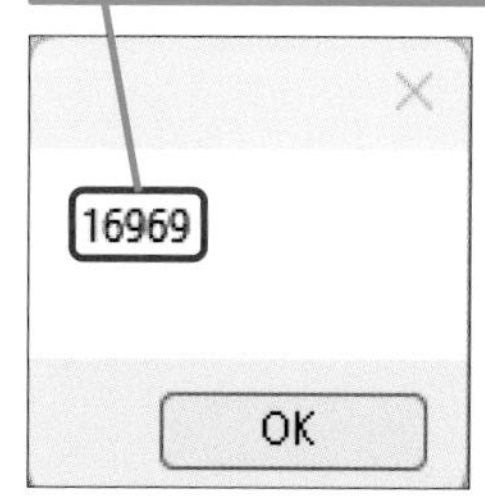

レッスン
47 Excel ワークシート内で検索や置換がしたい

検索と置換　練習用ファイル L047_検索と置換.xlsx

Excelワークシート内で検索や置換を行えるアクションを紹介します。このアクションを活用すれば、特定のキーワードが含まれる行のデータを書き換えたり、コピーしたりできるようになります。

キーワード

［Excelワークシート内のセルを検索して置換する］アクション　Excel

Excelワークシート内を指定したテキストや数値で検索し、条件に一致したセルに対して置換をしたり、セル番号を変数に格納したりできるアクションです。検索条件に一致したデータが複数ある場合も、すべてのセル番号を取得できるので、条件に一致した行だけコピーや削除、データの書き換えなどが行えるようになります。ワークシートのデータを読み取り、ループ、条件分岐などのアクションを組み合わせることでも同じことができますが、このアクションを使えば、シンプルに実現できます。

このレッスンで作成するフロー

［Excelワークシート内のセルを検索して置換する］アクションを使って、「株式会社あさひラ・フランス」でワークシート内を検索し、検索一致した行のD列に「入力済み」と書き込みを行います。

「株式会社あさひラ・フランス」を検索する

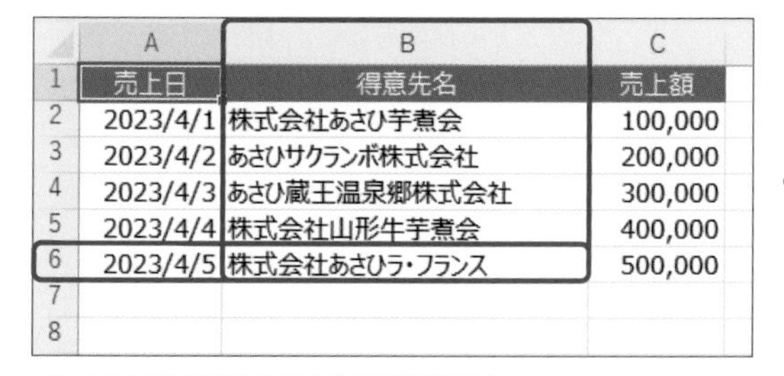

	A	B	C
1	売上日	得意先名	売上額
2	2023/4/1	株式会社あさひ芋煮会	100,000
3	2023/4/2	あさひサクランボ株式会社	200,000
4	2023/4/3	あさひ蔵王温泉郷株式会社	300,000
5	2023/4/4	株式会社山形牛芋煮会	400,000
6	2023/4/5	株式会社あさひラ・フランス	500,000
7			
8			

検索したテキストに一致したセルの位置が変数［Cells］に格納される

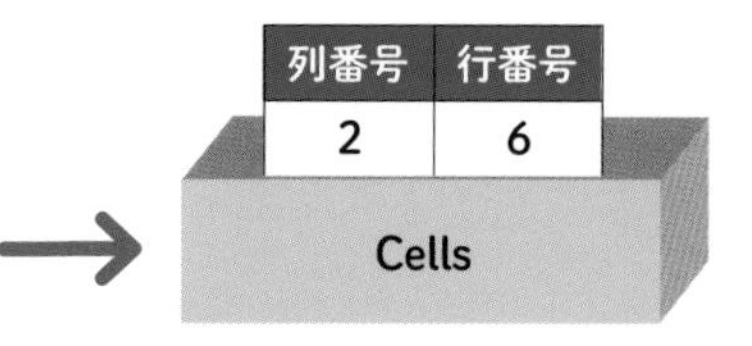

［Cells］に格納された行数を使いD列に「入力済み」と書き込む

	A	B	C	D	E
1	売上日	得意先名	売上額		
2	2023/4/1	株式会社あさひ芋煮会	100,000		
3	2023/4/2	あさひサクランボ株式会社	200,000		
4	2023/4/3	あさひ蔵王温泉郷株式会社	300,000		
5	2023/4/4	株式会社山形牛芋煮会	400,000		
6	2023/4/5	株式会社あさひラ・フランス	500,000	入力済み	
7					
8					

検索し、取得した行数を使って書き込む

❶～❸のアクションを次のページで解説している設定に変更する

ここに注意

インプレスブックスからダウンロードし展開した［501593］フォルダーをデスクトップに保存してください。［501593］フォルダーの［第5章］フォルダーに格納されている「L047_検索と置換.xlsx」を使用します。「L047_検索と置換.xlsx」の保存先を上記フォルダーとは違う場所にしてしまうとエラーが出る場合がありますので、移動させないようにしてください。

次のページに続く ➡

❶［Excelの起動］アクション

項目	設定内容
Excelの起動	［次のドキュメントを開く］を選択します。
ドキュメントパス	［ファイルの選択］（）をクリックし、［ファイルの選択］ダイアログボックスで「L047_検索と置換.xlsx」を選択し［開く］をクリックします。ファイルを選択するとドキュメントパスが表示されます。

❷［Excelワークシート内のセルを検索して置換する］アクション

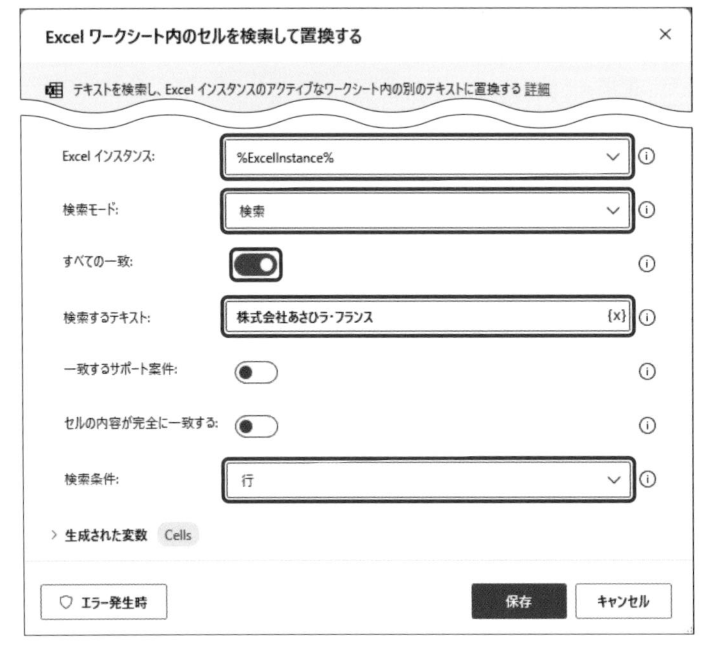

使いこなしのヒント

検索モードは「検索」と「検索して置換」が選べる

［検索］はワークシートで検索を行い、条件に一致する列番号を変数［FoundColumnIndex］に、行番号を［FoundRowIndex］に格納します。［検索して置換］はワークシートで検索を行い、条件に一致する列番号を変数［FoundColumnIndex］、行番号を［FoundRowIndex］に格納し、同時に［置換するテキスト］で指定したテキストに置換を行います。

使いこなしのヒント

なぜ［すべての一致］をオンにするのか

［検索するテキスト］に指定したテキストがワークシート内に複数含まれている場合は［すべての一致］をオンにすると、検索条件に一致したすべての行番号と列番号を取得できます。また、オンにすると行番号と列番号が格納される変数は［Cells］に変わります。［検索するテキスト］に指定するテキストがワークシート内に必ず1つしかないことが明確な場合はオンにする必要はありません。

項目	設定内容
Excelインスタンス	「%ExcelInstance%」が選択されていることを確認します。
検索モード	［検索］を選択します。
すべて一致	オンにします。
検索するテキスト	「株式会社あさひラ・フランス」と入力します。
検索する条件	［行］が選択されていることを確認します。

❸［Excelワークシートに書き込む］アクション

項目	設定内容
Excelインスタンス	「%ExcelInstance%」が選択されていることを確認します。
書き込む値	「入力済み」と入力します。
書き込みモード	［指定したセル上］を選択します。
列	「D」と入力します。
行	「%Cells[0]['RowIndex']%」と入力します。「%Cells%」は［変数の選択］をクリック後［Cells］をダブルクリックすると入力されます。

使いこなしのヒント

［セルの内容が完全に一致する］って何?

［セルの内容が完全に一致する］をオンにすると、指定したテキストに完全に一致するセルだけを検索します。例えば［検索するテキスト］に「ラ・フランス」と入力し、［セルの内容が完全に一致する］をオンにすると、検索条件に一致するテキストはないことになります。

使いこなしのヒント

アクションのダイアログボックスの（ⓘ）から説明が確認できる

ダイアログボックスの各設定項目右側（ⓘ）にマウスポインターを合わせると説明が表示されます。各設定項目で行えることや、設定のポイントを確認でき便利です。

マウスポインターを合わせると説明が表示される

次のページに続く

使いこなしのヒント

「%Cells[0]['RowIndex']%」の意味って？

変数［Cells］に格納されている検索条件に一致したセルの行番号を指定して取り出しています。「%Cells[0]['RowIndex']%」の[0]は先頭行である0行目、['RowIndex']は行番号が格納されている列名を表しています。

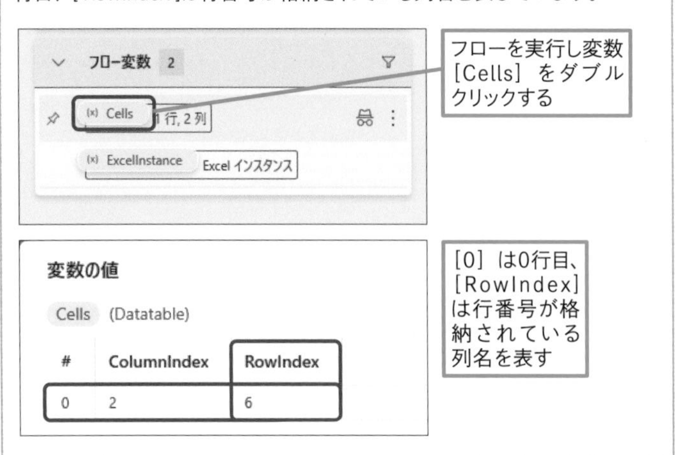

まとめ

マスターすれば、さまざまなExcel業務に活用できる

［Excelワークシート内のセルを検索して置換する］アクションはダイアログボックス内の設定項目が多く、使い方を理解するためにはほかのアクションに比べ、時間が掛かるかもしれません。しかし、活用できるようになると、データ転記、書き換えなどExcelワークシートを使ったさまざまな業務に活用できます。使いこなしのヒントやスキルアップを参考に設定項目や検索キーワードを変え、どのような動きになるか、確認しながら使い方を覚えていきましょう。

スキルアップ

変数［ExcelData］を検索、置換もできる

Excelワークシートから読み取り、変数［ExcelData］に格納したデータに対して、検索、置換を行うアクションもあります。［変数］グループの［データテーブル］の［データテーブル内で検索または置換する］アクションです。使い方は本レッスンで紹介している［Excelワークシート内のセルを検索して置換する］アクションとほぼ同じです。変数［ExcelData］はExcelワークシートと違い、先頭列と行が0になります。

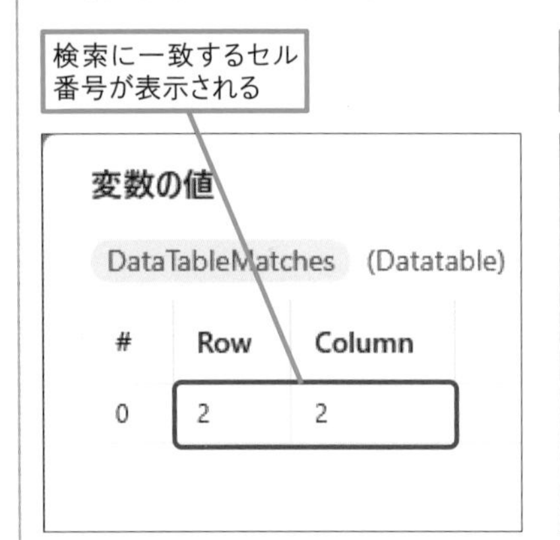

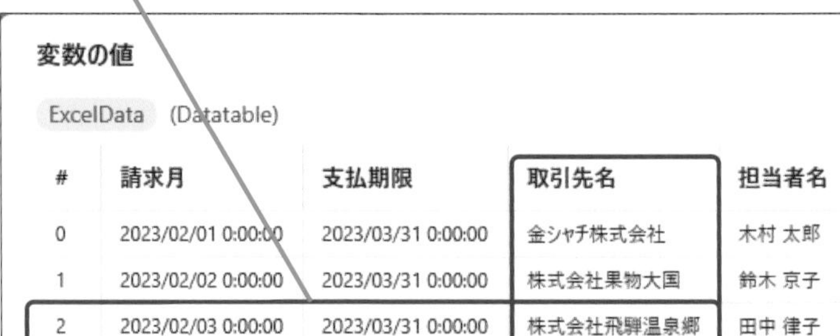

スキルアップ

検索条件に一致する行すべてに処理を行いたい場合

繰り返し処理を行う［For each］アクションを使うことで、すべての行に処理を行うことができます。検索条件に一致する行番号と列番号が格納されている変数［Cells］を［For each］アクションの［反復処理を行う値］に設定し、［For each］アクションと［End］アクションの間に［Excelワークシートに書き込む］アクションを移動します。

本レッスンのフローを保存して、コンソール画面でコピーし、名前を変更してフローデザイナーを表示しておく

1 ［Excelワークシート内のセルを検索して置換する］をダブルクリック

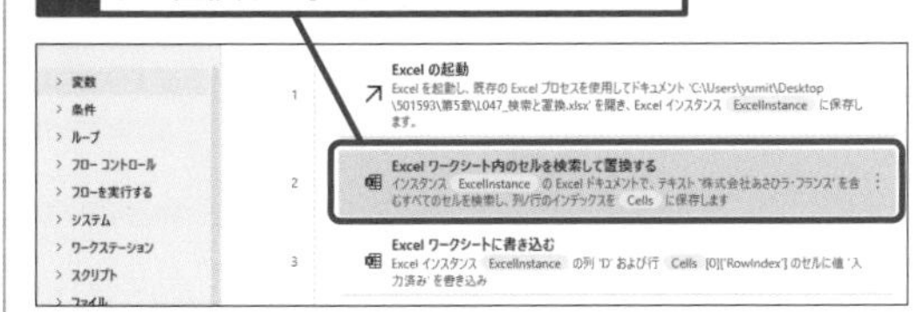

2 ［検索するテキスト］を「あさひ」に変更

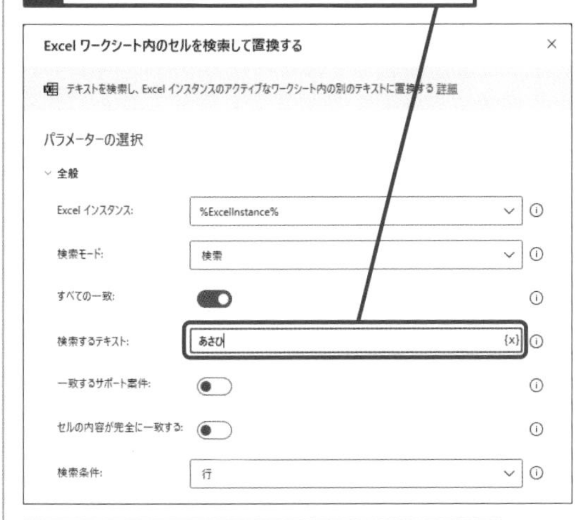

3 ［For each］アクションを最下部にドラッグ

4 ［反復処理を行う値］に「%Cells%」と入力

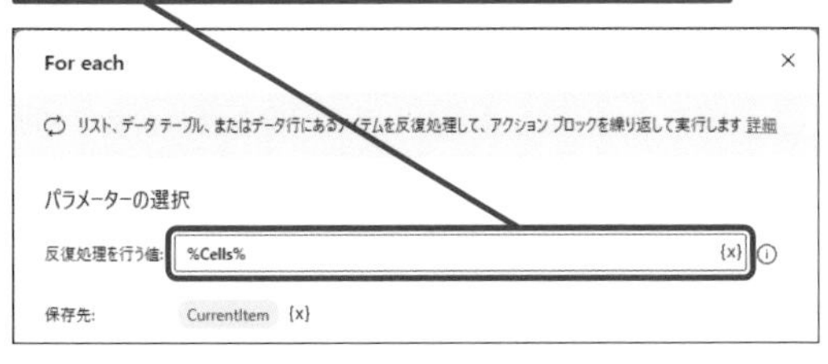

5 ［Excelワークシートに書き込む］を［For each］と［End］の間にドラッグ

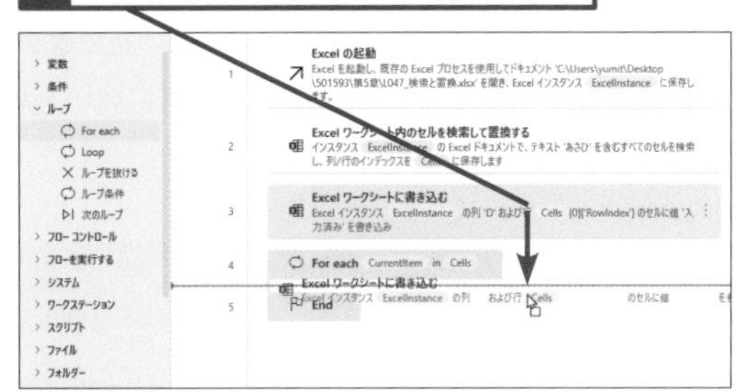

6 ［Excelワークシートに書き込む］をダブルクリック

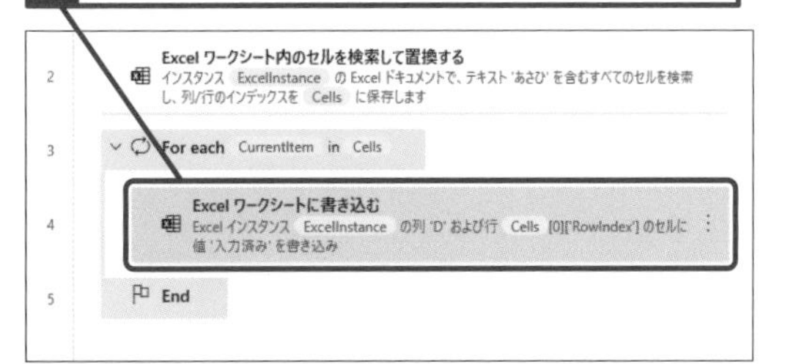

7 ［行］に「%CurrentItem['RowIndex']%」と入力

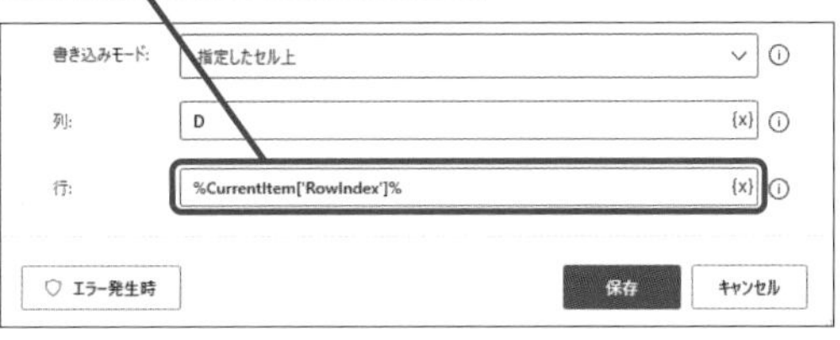

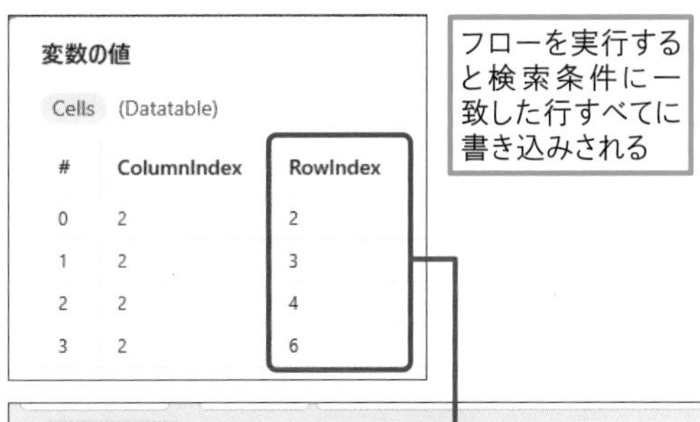

変数の値

Cells (Datatable)

#	ColumnIndex	RowIndex
0	2	2
1	2	3
2	2	4
3	2	6

フローを実行すると検索条件に一致した行すべてに書き込みされる

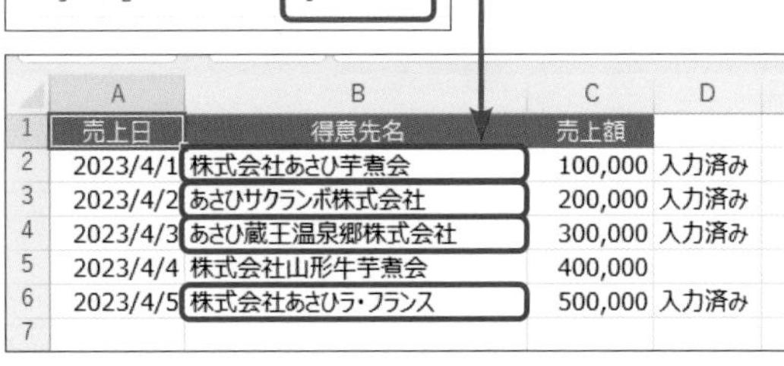

	A	B	C	D
1	売上日	得意先名	売上額	
2	2023/4/1	株式会社あさひ芋煮会	100,000	入力済み
3	2023/4/2	あさひサクランボ株式会社	200,000	入力済み
4	2023/4/3	あさひ蔵王温泉郷株式会社	300,000	入力済み
5	2023/4/4	株式会社山形牛芋煮会	400,000	
6	2023/4/5	株式会社あさひラ・フランス	500,000	入力済み
7				

レッスン

48 すでに開いているExcelファイルを操作したい

別アプリが起動したExcelの操作

練習用ファイル L048_実行中のExcel.xlsx

Webページやアプリでデータのダウンロードボタンをクリックしたときに、Excelワークシートが自動で開くケースがあります。このような場合、対象となるExcelインスタンスを取得しないと操作が行えないので、その取得方法を解説します。

キーワード

Excelインスタンス	P.218
アクション	P.218
インスタンス型	P.218

［実行中のExcelに添付］アクション

Excel

すでに開いている Excelファイルのインスタンスを取得できるアクションです。ExcelをPower Automate for desktopで操作する場合は、必ずExcelインスタンスを指定する必要があります。［Excelの起動］アクションを使ってExcelファイルを起動した場合は自動で変数［ExcelInstance］が作成されますが、別のアプリによって開かれたExcelファイルの場合はExcelインスタンスを取得しないと操作が行えません。そのためこのアクションを使って取得し、データの読み取りや書き込み、保存などの操作が行えるようにします。

Excelインスタンスを取得しよう

「L048_実行中のExcel.xlsx」を開いた状態にしておく

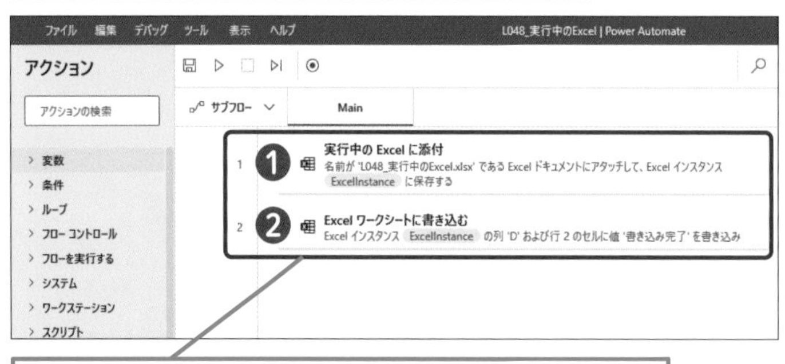

❶～❷のアクションを次のページで解説している設定に変更する

ここに注意

インプレスブックスからダウンロードし展開した［501593］フォルダーをデスクトップに保存してください。［501593］フォルダーの［第5章］フォルダーに格納されている「L048_実行中のExcel.xlsx」を使用します。「L048_実行中のExcel.xlsx」の保存先を上記フォルダーとは違う場所にしてしまうとエラーが出る場合がありますので、移動させないようにしてください。

❶［実行中のExcelに添付］アクション

項目	設定内容
ドキュメント名	「L048_実行中のExcel.xlsx」と入力します。

❷［Excelワークシートに書き込む］アクション

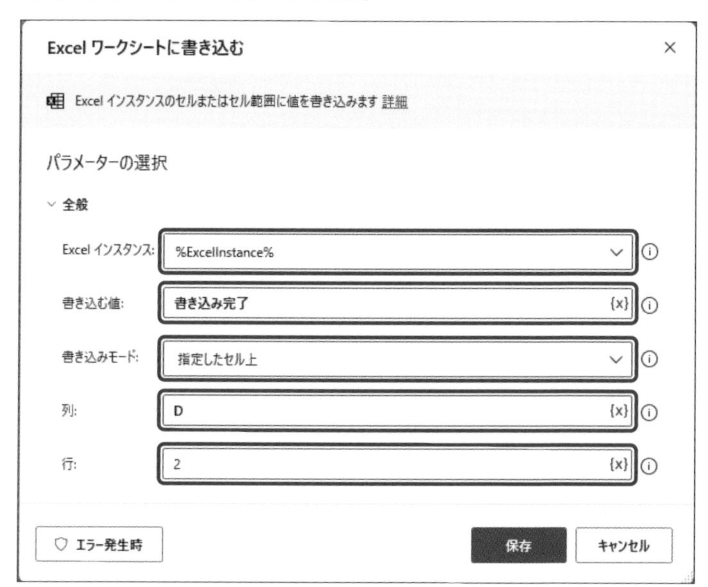

項目	設定内容
Excelインスタンス	「%ExcelInstance%」と表示されていること確認します。
書き込む値	「書き込み完了」と入力します。
書き込みモード	［指定したセル上］を選択します。
列	「D」と入力します。
行	「2」と入力します。

使いこなしのヒント

このレッスンで作成するフローについて

練習用ファイル「L048_実行中のExcel.xlsx」を手動で開いておきます。このExcelファイルをWebサイトやアプリによって、開かれた状態となっているExcelファイルと見立て、[実行中のExcelに添付］アクションを使って、一致するドキュメント名のExcelインスタンスを取得します。取得したExcelインスタンスを［Excelワークシートに書き込む］アクションの［Excelインスタンス］に設定しセルD2に「書き込み完了」と入力し、操作できるようになったことを確認します。

Excelを手動で起動しておく

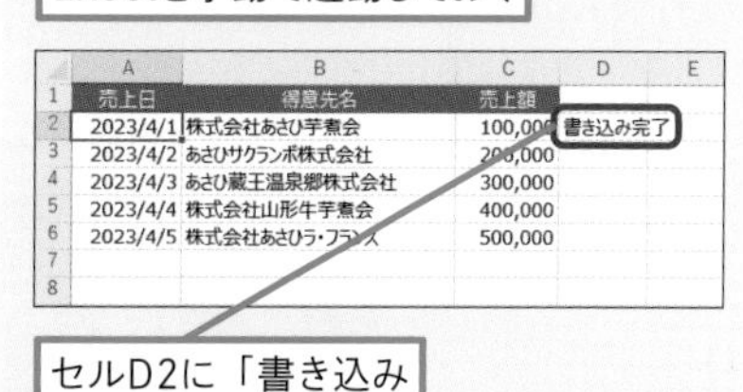

セルD2に「書き込み完了」と入力する

ここに注意

「L048_実行中のExcel.xlsx」が保護ビューになっているとエラーとなる場合があります。［編集を有効にする］をクリックした上で再度実行してみてください。

まとめ Excel操作にはExcelインスタンスが必要

Excelファイルを操作するためには、ファイルごとのExcelインスタンスが必要であることを今一度理解しましょう。［Excelの起動］アクションを使って、操作したいExcelファイルを起動する場合は自動的に作成されますが、本レッスンで見立てたケースのように、別のアプリによって開かれたExcelファイルを操作する場合はまずExcelインスタンスを取得することが必要になります。

レッスン

49 フォルダー内のファイルを順番に開きたい

複数ファイルを順番に操作する

練習用ファイル [L049_ファイル取得] フォルダー

あるフォルダーに格納されているファイルを順番に開き、データを集計用のExcelファイルやアプリに転記したい場合や、格納されているファイルすべてに操作を行いたい場合に便利な方法を紹介します。

キーワード	
拡張子	P.219
繰り返し処理	P.219
ファイルパス	P.220

[フォルダー内のファイルを取得] アクション

フォルダー

指定フォルダー内に格納されているファイルのファイルパスを取得できるアクションです。取得したファイルパスは変数 [Files] に格納されます。[For each] アクションと組み合わせることで、変数 [Files] に格納された複数のファイルを順番に起動し、書き込みやコピーの実行後に閉じるという操作を繰り返し行うことができます。

このレッスンで作成するフロー

［L049_ファイル取得］フォルダーに保存されているExcelファイルを順番に開いて閉じる操作を繰り返すフローを作成します。［フォルダー内のファイルを取得］アクションで取得したファイルのパスは変数［Files］に格納されており、繰り返し処理を行う［For each］アクションの［反復処理を行う値］に変数［Files］を入力することで、順番にファイルが開けるようになります。

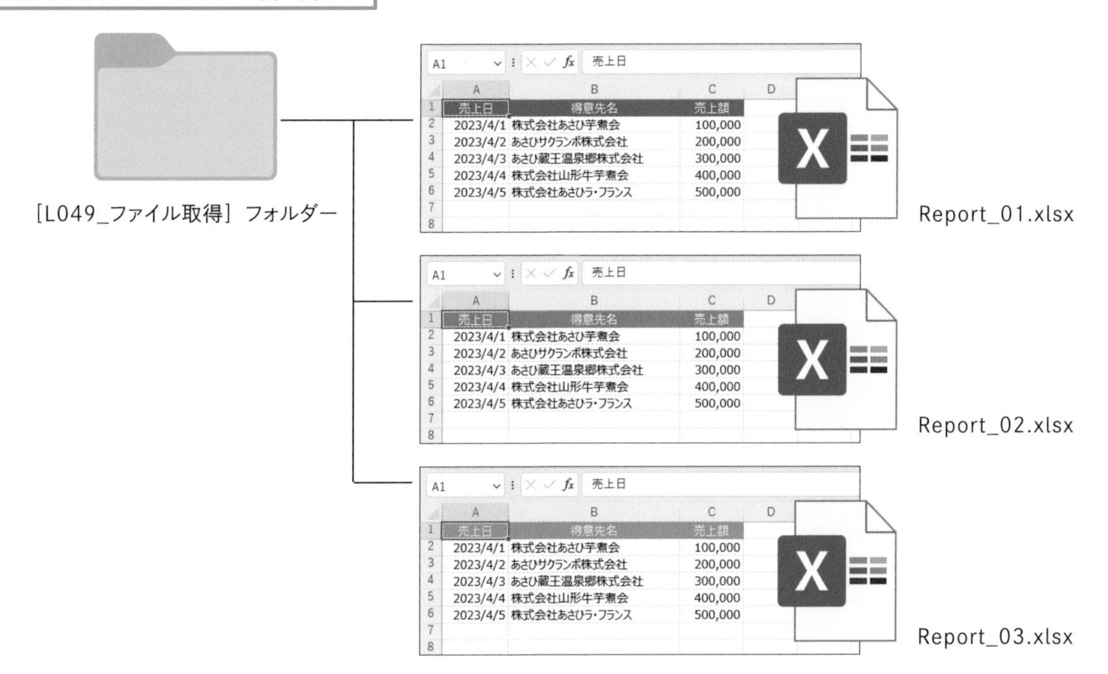

フォルダー内のファイルパスを取得してみよう

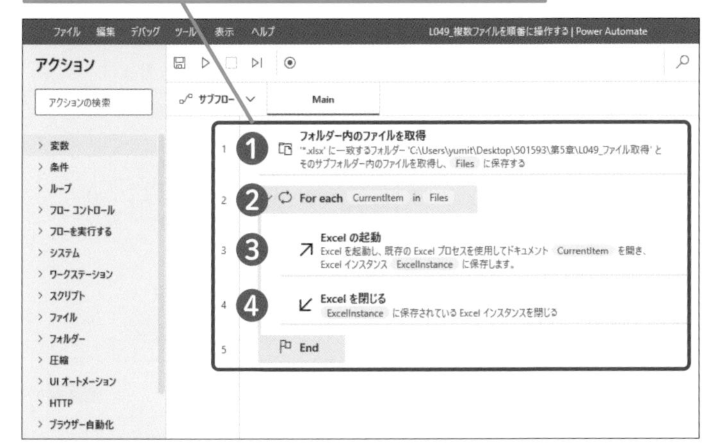

⚠ ここに注意

インプレスブックスからダウンロードし展開した［501593］フォルダーをデスクトップに保存してください。［501593］フォルダーの［第5章］フォルダーに格納されている「L049_ファイル取得」フォルダーを使用します。「L049_ファイル取得」フォルダーの保存先を上記フォルダーとは違う場所にしてしまうとエラーが出る場合がありますので、移動させないようにしてください。

次のページに続く ➡

❶［フォルダー内のファイルを取得］アクション

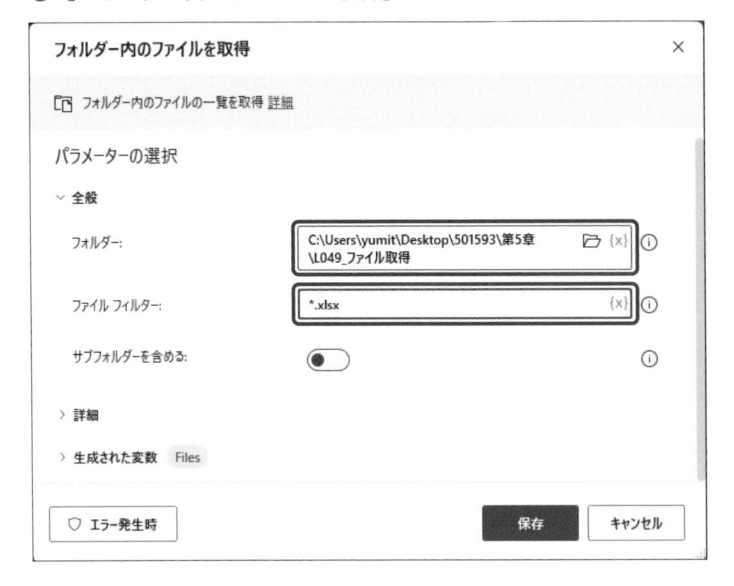

項目	設定内容
フォルダー	［フォルダーの選択］(📂)をクリックし、［フォルダーの参照］ダイアログボックスで［L049_ファイル取得］フォルダーを選択し［OK］をクリックします。フォルダーを選択するとフォルダーパスが表示されます。
ファイルフィルター	「*.xlsx」と入力します。

❷［For each］アクション

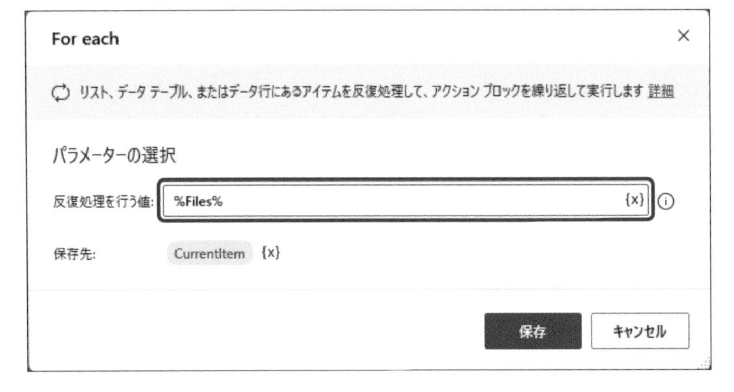

項目	設定内容
反復処理を行う値	「%Files%」と入力します。［変数の選択］をクリック後［Files］をダブルクリックすると入力されます。

使いこなしのヒント

「*.xlsx」ってどんな意味？

「*.xlsx」の「*」は、任意の文字列を表す記号でワイルドカードと読みます。「*」を付けることで、どんなファイル名であれ、ファイルの形式を表す拡張子が「.xlsx」のファイルパスを取得することができます。特定のファイル名のExcelファイルのファイルパスだけ取得したい場合は「Report_01.xlsx」などと記入します。

使いこなしのヒント

変数［Files］に格納されている値

［フォルダー内のファイルを取得］アクションによって取得されたファイルパスが格納されています。変数［Files］の先頭行は1行目ではなく0行目になります。先頭のファイルを指定したい場合は%Files[0]%と記入します。

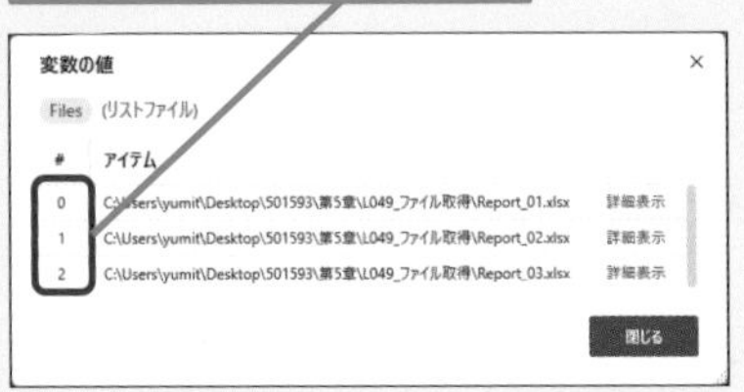

❸［Excelの起動］アクション

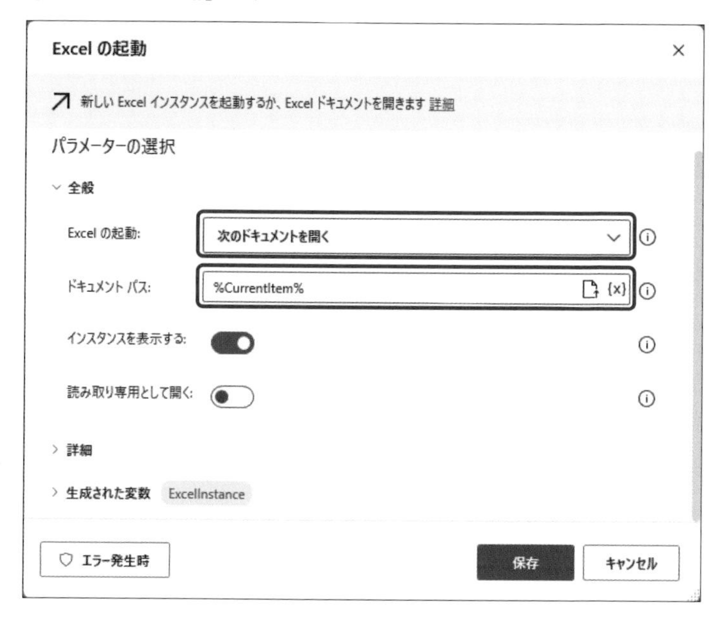

項目	設定内容
Excelの起動	［次のドキュメントを開く］を選択します。
ドキュメントパス	「%CurrentItem%」と入力します。 「%CurrentItem%」は［変数の選択］をクリック後［CurrentItem］をダブルクリックして入力します。

❹［Excelを閉じる］アクション

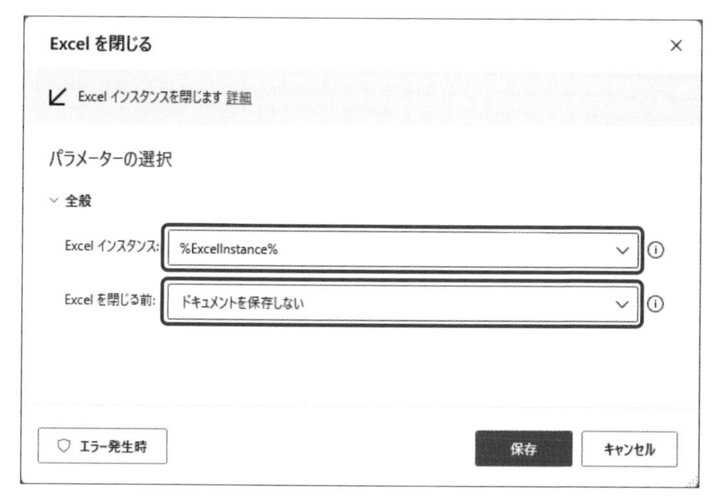

項目	設定内容
Excelインスタンス	「%ExcelInstance%」が選択されていることを確認します。
Excelを閉じる前	［ドキュメントを保存しない］を選択します。

使いこなしのヒント

詳細設定で変数［Files］に格納する順番を指定できる

［フォルダー内のファイルを取得］アクションの［詳細］からファイルパスを変数［Files］に格納する際の並び替え基準や降順、昇順を設定することができます。

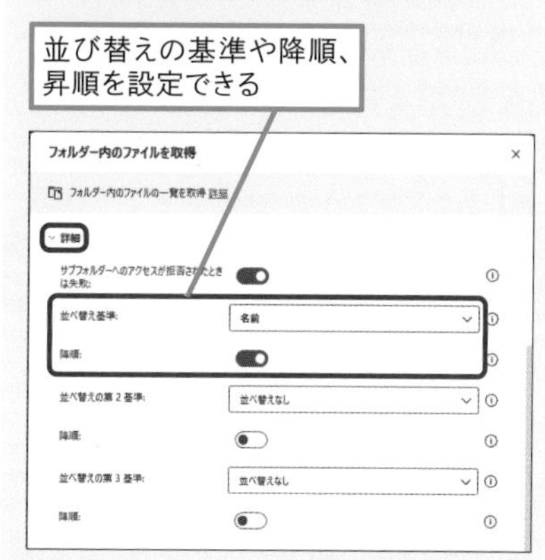

使いこなしのヒント

［For each］アクションを使う理由

繰り返し処理を行う［For each］アクションはExcelデータ以外でも使うことができます。変数［Files］に格納されるファイルパスの数はフォルダー内のファイル数によって変動します。［For each］アクションは［反復処理を行う値］にセットされた変数の行数分繰り返し処理を行ってくれるので、ファイル数の変動にも対応できるフローができます。

まとめ

ダウンロードフォルダーのファイルパス取得も可能

アプリによってはダウンロードボタンをクリックすると自動的にダウンロードフォルダーにファイルが保存されるようになっていることがあります。このようなケースでも［フォルダー内のファイルを取得］アクションを使えば、ファイルパスを取得し、ダウンロードされたファイルを開いて操作できます。

レッスン

50 画面のスクリーンショットを取得したい

スクリーンショットの取得

練習用ファイル [L050_スクリーンショット] フォルダー

Webページ上のデータやテキストだけでなく、画面全体をそのまま取得する方法を紹介します。Webページに表示されているレイアウトをそのままを保存したいときや、グラフなどが表示されているページを保存したい場合に便利です。

キーワード

Mainフロー	P.218
UI要素	P.218
サブフロー	P.219

[Webページのスクリーンショットを取得します] アクション

ブラウザー自動化

Webブラウザーに表示されているWebページのスクリーンショットを取得し、画像をファイルとして保存またはクリップボードに保存できます。ページに表示されているグラフ、複数の画像、ランキング表などを取得し、画像として保存したい場合やファイルに貼り付けたい場合に活用できます。保存するファイル形式はBMP、EMF、EXIF、GIF、JPG、PNG、TIFF、WMFから選択できます。

ここに注意

インプレスブックスからダウンロードし展開した [501593] フォルダーをデスクトップに保存してください。[501593] フォルダーの [第5章] フォルダーに格納されている「L050_スクリーンショット」フォルダーを使用します。「L050_スクリーンショット」フォルダーの保存先を上記フォルダーとは違う場所にしてしまうとエラーが出る場合がありますので、移動させないようにしてください。

使いこなしのヒント

アプリ画面のキャプチャを取得するアクションもある

レッスン10で操作したようなデスクトップアプリケーションの画面のスクリーンショットは [UIオートメーション] グループの [データ抽出] の [UI要素のスクリーンショットを取得する] アクションでできます。

Webページ画面を保存してみよう

❶～❸のアクションを以降で解説している設定に変更する

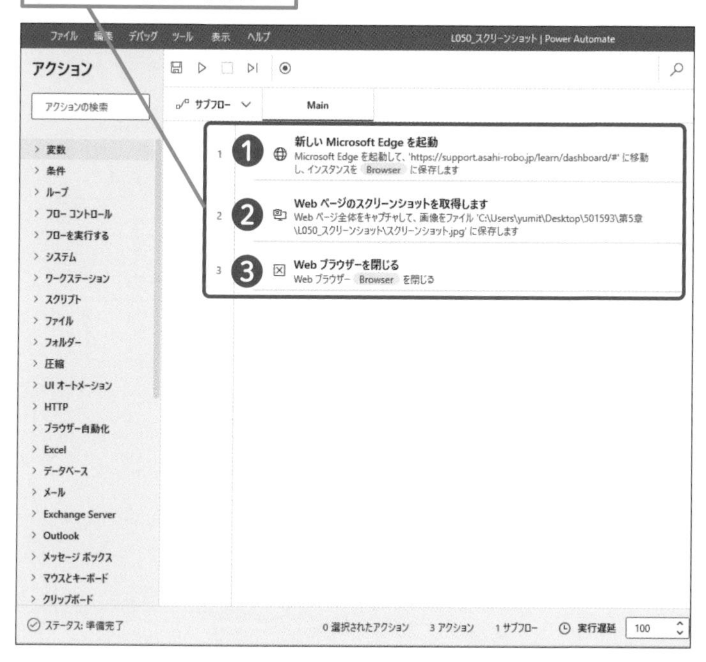

❶［新しいMicrosoft Edgeを起動］アクション

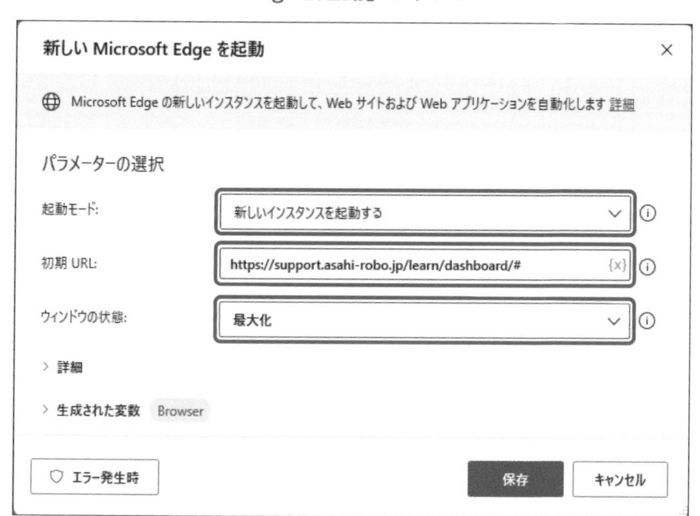

項目	設定内容
起動モード	［新しいインスタンスを起動する］が選択されていることを確認します。
初期URL	「https://support.asahi-robo.jp/learn/dashboard/#」と入力します。
ウィンドウの状態	［最大化］を選択します。

使いこなしのヒント

このレッスンで作成するフローについて

「Power Automate Desktop 練習サイト」のダッシュボード画面をスクリーンショットして、JPGファイルとして保存してみましょう。

Webページ全体のスクリーンショットを取得する

使いこなしのヒント

クリップボードに保存し、貼り付けることもできる

［保存モード］を［クリップボード］にするとクリップボードにスクリーンショットした画像が保存されます。Excelファイルを起動し、［キーの送信］アクションで Ctrl ＋ C キーを送信すると、ワークシートに貼り付けることができます。

次のページに続く

❷［Webページのスクリーンショットを取得します］アクション

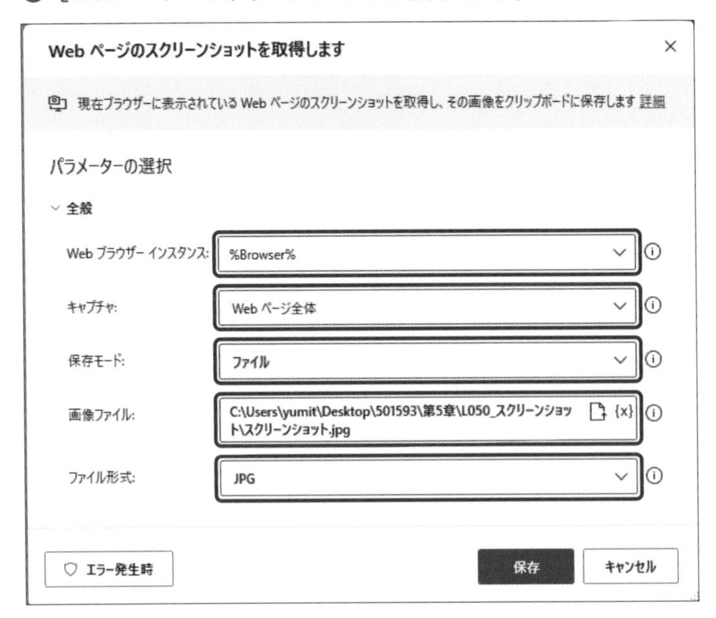

項目	設定内容
Webブラウザーインスタンス	［%Browser%］が選択されていることを確認します。
キャプチャ	［Webページ全体］が選択されていることを確認します。
保存モード	［ファイル］を選択します。
画像ファイル	右の「使いこなしのヒント」を参考に、画像ファイルの保存先のパスを入力し、ファイルパスの最後に「\スクリーンショット.jpg」と入力します。
ファイル形式	［JPG］を選択します。

❸［Webブラウザーを閉じる］アクション

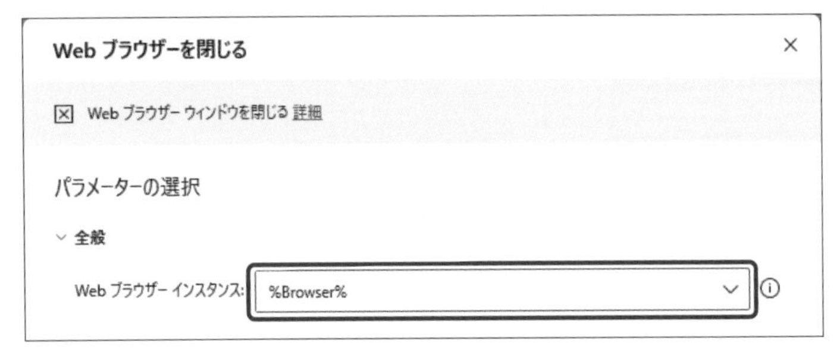

項目	設定内容
Webブラウザーインスタンス	［%Browser%］が選択されていることを確認します。

使いこなしのヒント

画像の保存先を指定するには

［画像ファイル］のファイル選択マーク（）をクリックし、デスクトップの［501593］フォルダーにある［第5章］フォルダー内の［L050_スクリーンショット］フォルダーをクリックします。続いて、［ファイル名］に「スクリーンショット.jpg」と入力し、［開く］をクリックします。

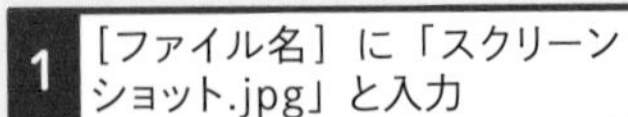

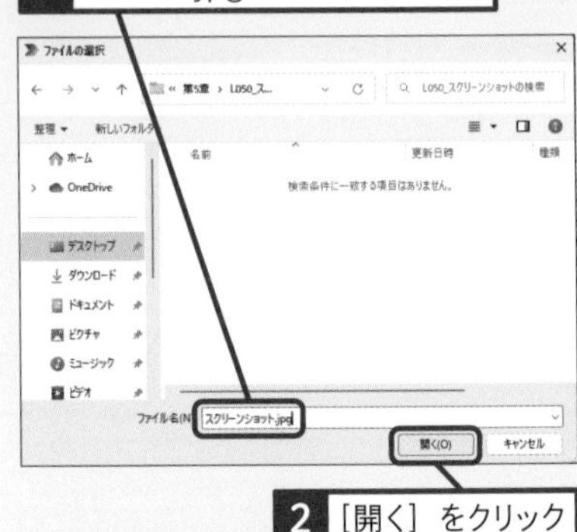

まとめ Webページ全体が簡単に取得できる

Webページを現在表示されている部分だけでなく、下方向へのスクロールで表示されるすべての部分を簡単に取得できます。特定のサイトの掲載内容を定期に取得しておきたい場合や、自社のWebサイトの掲載内容を定期的に保存しておきたい場合にも活用できるでしょう。またデータを入力するとダッシュボードが更新されるアプリの場合は、入力作業後の完了報告として最新のダッシュボード画像を取得し、ユーザーに確認してもらう使い方もできます。

スキルアップ

サブフローの活用でMainフローをシンプルにできる

Mainフローのアクション数が増えてくると、フロー全体を確認したいときや、任意のアクションを編集したいときに、何度も下にスクロールする必要があり、フローの作成や確認がしづらくなる場合があります。レッスン06で紹介した［サブフロー］タブを活用することで、［Main］フローのアクション数を少なくすることができ、シンプルで見やすいフローになります。

ここでは第4章で作成した「Web一括登録」フローのログイン部分をサブフローにする手順を解説する

コンソールで「Web一括登録」フローのコピーを作成し、「L050_スキルアップ」で保存する

1 ［サブフロー］タブ左の（∨）をクリック

2 ［新しいサブフロー］をクリック

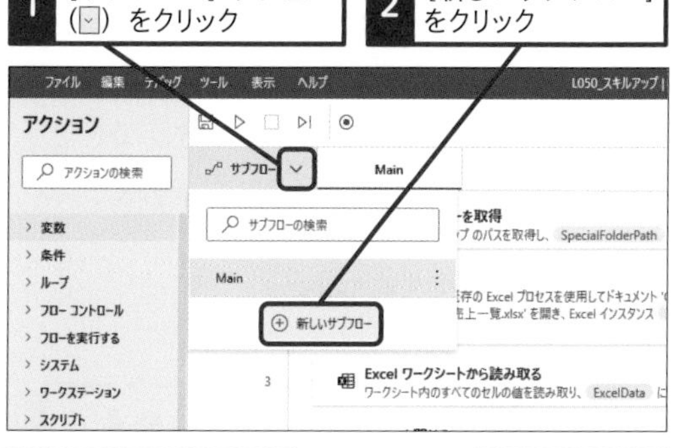

3 ［サブフロー名］に「Login」と入力

4 ［保存］をクリック

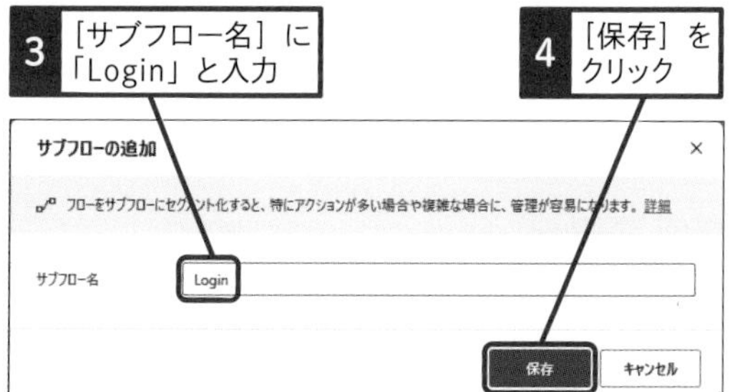

5 ［Main］タブの6行目の［Webページ内のテキストフィールドに入力する］をクリック

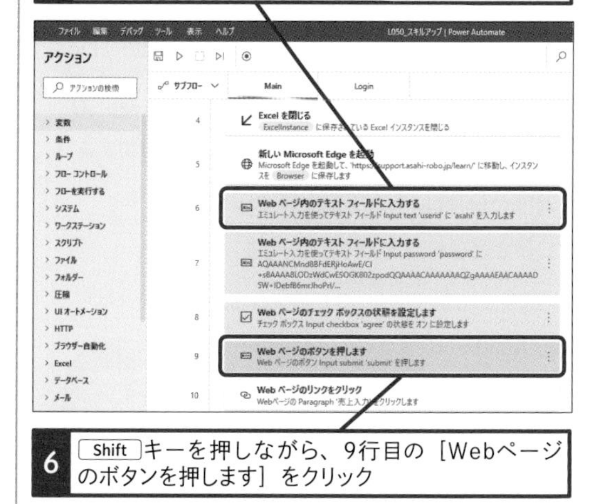

6 Shift キーを押しながら、9行目の［Webページのボタンを押します］をクリック

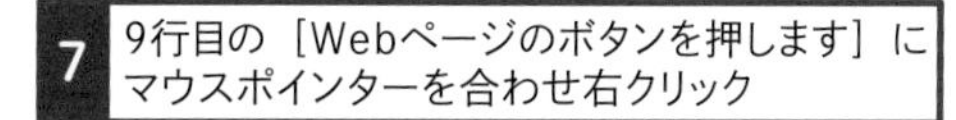

7 9行目の［Webページのボタンを押します］にマウスポインターを合わせ右クリック

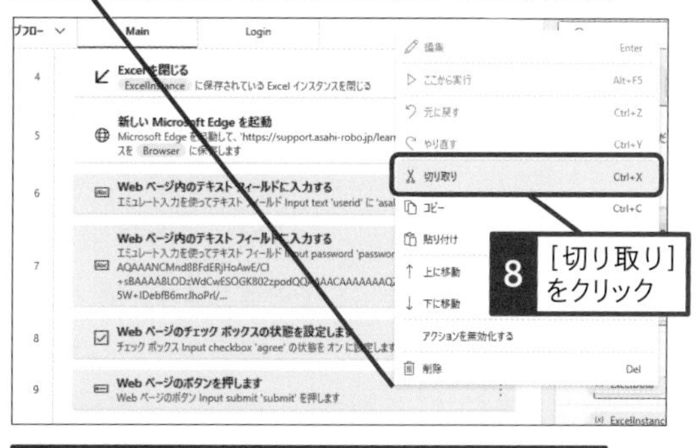

8 ［切り取り］をクリック

9 ［Login］タブのワークスペース上で右クリック

10 ［貼り付け］をクリック

アクションが貼り付けられた

11 ［Main］タブをクリック

12 ［フローコントロール］グループの［サブフローの実行］を［Main］タブの5行目と6行目の間にドラッグ

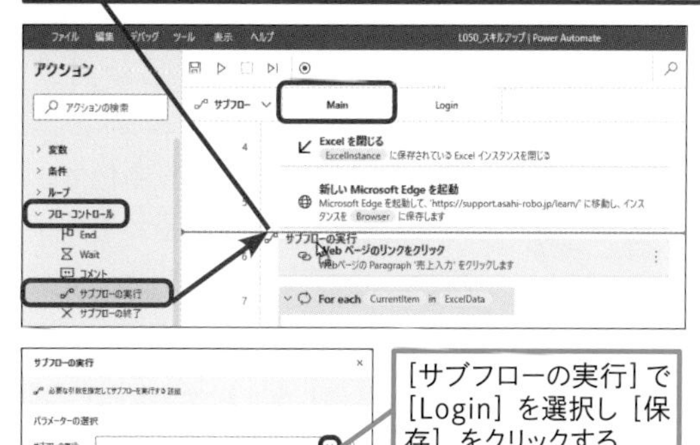

［サブフローの実行］で［Login］を選択し［保存］をクリックする

この章のまとめ

簡単な業務から自動化をスタートしてみよう

実務で即使えるアクションと使用例を解説しました。本書で作成したフローに第5章で紹介したアクションを付け足すなどして、自分だけのオリジナルなフロー作成にぜひ挑戦してみてください。また取り出したい情報がある場合は、変数の型の変換やプロパティを活用して取得できないかをまず考えるようにしてみましょう。最小限のアクション数でスピーディーにフローを作成するためには欠かせないテクニックでマスターできれば、シンプルなフローが作れるようになります。業務の自動化に取り組む際は、「できそうなところからやってみる」という視点を持つことが大切です。はじめから業務手順のすべてを自動化しようとすると、フローの作成に必要な時間も長くなりますし、アクションや変数の数が増えれば増えるほど、難易度が上がってきます。できそうな部分から自動化をはじめ、空いた時間で次のフローを作っていくとよいでしょう。

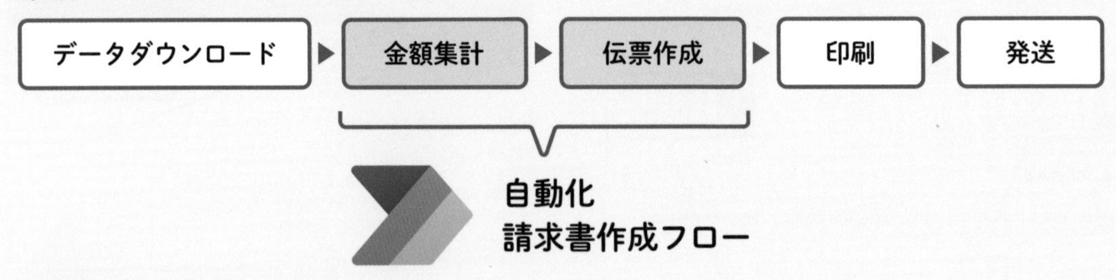

最初から業務全体を自動化しようと思わなくていいんですね。

その通りです。身近な、簡単な業務からはじめて、自動化のコツを掴みましょう。

簡単な作業を1つでも自動化できれば、時間的にも気持ち的にも少し余裕ができそうです。積み重ねてフローを作成する時間を作っていきたいです。

いい方法ですね。Power Automate for desktopのような自動化ツールは実践しながら学ぶのが一番です。成果は時間だけではありません。業務の自動化ができる人材になるということにも大きな価値があります。自信を持って取り組んでください！

付録　本書のフロー作成時に発生しやすいエラーとその対処方法

本書で紹介しているフロー作成時に発生しやすいエラーの対処方法を解説しています。
エラーが発生した際、参考にしてください。

エラーメッセージ	対処方法
全般	
"構文エラーです"	構文エラーとなっているアクションのダイアログボックス内の入力内容を確認する ・全角文字を使用している場合は半角文字に修正する ・変数の両端が「%」で囲まれているか確認し、囲まれていない場合は「%」で囲む ・［書き込む値］や［テキスト］で行や列名指定に必要な［］や「'」が半角で入力されているか確認する
"Endステートメントがありません"	［Loop］［For each］［If］アクションなどと一対となる［End］アクションが配置されているか確認し、配置されていない場合は［アクションペイン］の［フローコントロール］から［End］アクションを配置する
"引数 '〇〇'は整数値である必要があります"	エラーが発生したアクションのダイアログボックス内の設定で全角の数字や文字を使用していないか確認し、使用している場合は半角数字に修正する
変数	
"無効な変数名です"	半角英数字と_（アンダーバー）以外の文字や記号が使用されていないか確認する。［変数ペイン］で変数の［名前の変更］を選択し、全角文字や日本語を使用しない変数名に変更する
"変数［〇〇］が存在しません"	・エラーが発生しているアクションのダイアログボックスで指定している変数名にスペルミスがないか確認し、ミスがある場合は［変数の選択］を使って指定し直す
"指定されたテキスト値を有効な datetime に変換できません"	・エラーが発生したアクションのダイアログボックス内の設定で全角の数字や文字を使用していないか確認し、使用している場合は半角数字に修正する ・エラーが発生したアクションにブレークポイントを付けた上で実行し、指定した変数の現在値の型がテキスト型になっているか確認する。テキスト型になっていない場合は［datetimeをテキストに変換］アクションでテキスト型にする
"引数'DateTime'は'DateTime'である必要があります"	エラーが発生したアクションにブレークポイントを付けた上で実行し、指定した変数の現在値の型がDateTime型になっているか確認する。DateTime型になっていない場合は［テキストをdatetimeに変換］アクションでDateTime型にする

エラーメッセージ	対処方法
変数	
"インデックス 'XX'は範囲外です"	リスト型やDataTable型の変数の値を指定する際に存在しない列数や行数となるインデックス番号を指定していないか確認する。範囲外の場合は範囲内の値に修正する。例えば リストが100行の場合はインデックス番号を0 ～ 99の値で指定する必要がある
Excel	
"Excelドキュメント'○○.xlsx '(ファイルに関連したエラー) を開くことができませんでした"	・[ドキュメントパス] に指定した場所にファイルが存在するか確認し、存在しない場合は [ドキュメントパス] を修正するかファイルの場所を移動する ・[ドキュメントパス] を変数 [SpecialFolderPath] を使用して作成している場合は現在値を確認し、ファイルが存在するフォルダーパスが取得できているか確認する。異なるフォルダーパスを取得している場合は [特別なフォルダーを取得] アクションの [特別なフォルダーの名前] の選択が正しいか確認する ・フォルダー階層やフォルダーとファイル名の間に「\」が入力されているか確認する ・[ドキュメントパス] に入力したフォルダー名やファイル名に間違いがないか確認する
"引数'Row'は整数値である必要があります"	エラーが発生したアクションのダイアログボックスの行番号の指定で全角の数字や文字を使用していないか確認し、使用している場合は半角数字に修正する
"引数'Instance'は 'Excel インスタンス' である必要があります"	エラーが発生したアクションより前に [Excelの起動] アクションで変数 [ExcelInstance] が生成されているか確認。生成されていない場合はエラーのアクションより前に [Excelの起動] アクションを配置する
"'Excelインスタンス': 変数 '○○'が存在しません"	・ダイアログボックス内で指定しているExcelインスタンス変数のつづりが間違っていないか確認する
"Excelインスタンスが初期化されていません"	エラーが発生したアクションより前に [Excelを閉じる] アクションで指定したExcelインスタンスのファイルを閉じていないか確認する。閉じている場合は [Excelを閉じる] アクションがエラーが出たアクションの後に配置する
"書き込む値':構文エラーです"	構文エラーとなっているアクションのダイアログボックス内の入力内容を確認する ・全角文字を使用している場合は半角文字に修正する ・片端のみに「%」が付いていないか確認し、変数として扱う場合は両端を%で囲む。変数として扱わない場合は「%」を削除する ・[書き込む値] で [CurrentItem] を使っている場合は「%CurrentItem['列名']%」など、列名指定に必要な [] や「'」が半角で入力されているか確認する

<table>
<tr><th>エラーメッセージ</th><th>対処方法</th></tr>
<tr><td colspan="2">Excel</td></tr>
<tr><td>"Excel ドキュメント○○を
保存できませんでした"</td><td>・［ドキュメントパス］に存在しないフォルダーパスを指定していないか確認し、存在するフォルダーパスに修正する
・［ドキュメントパス］を変数名とテキストを結合して作成した場合は、有効なパスが生成されているかメッセージボックスで確認する。（121ページのスキルアップ参照）有効なパスが生成できていない場合は、各変数の現在値や、フォルダーやファイルの間に「\」が入っているか、使用できない<>?[]:|*などの文字を使っていないかを確認する
・保存先フォルダーに書き込みを行える権限があるか確認し、書き込み権限がない場合は別のフォルダーを指定するか、書き込み権限を付与する
・保存しようとしているファイルと同名のファイルが開かれていないか確認し、開かれていれば閉じる</td></tr>
<tr><td>"フォルダー○○を削除できません"</td><td>［フォルダーを空にする］アクション内のExcelファイルを開いていないか確認し、開いている場合は閉じる</td></tr>
<tr><td colspan="2">Webブラウザーの操作</td></tr>
<tr><td>"セレクター '○○' を含む□□が
見つかりません"</td><td>操作したいUI要素があるWebページに移動した状態になってから、UI要素を操作するアクションが実行されているか確認。移動できていない場合は［Webページのリンクをクリックします］アクションなどを使い目的のWebページに移動できるようにする
・UI要素を再度取得し直す
・操作したいボタンがあるWebページに移動した状態になってからボタンを操作するアクションが実行されているか確認。移動できていない場合は［Webページのリンクをクリックします］アクションなどを使い目的のWebページに移動できるようにする</td></tr>
<tr><td>"ボタンを押せませんでした"</td><td>Webサイト上にある利用規約のチェックボックスなど、対象ボタンを押すための条件が満たせているか確認する</td></tr>
<tr><td>"引数 'BrowerInstance' は
'Webブラザーインスタンス' である
必要があります"</td><td>・エラーが発生したアクションより前に［新しいMicrosoft Edgeを起動する］アクションで変数［Browser］が生成されているか確認。生成されていない場合はエラーのアクションを移動しても実行順として問題がないか確認した上で、変数生成後の位置にアクションを移動する
・ダイアログボックス内で指定しているWebブラウザー変数のつづりが間違っていないか確認する</td></tr>
<tr><td>"Power Automate拡張機能が
必要です"</td><td>対象となるブラウザーの拡張機能がインストールされ、有効化されているか確認する。確認方法はレッスン07を参照</td></tr>
</table>

用語集

Datetime型
「2/21/2023」「3:04:42 PM」といった日付や時間の値に適用されるデータ型。
→データ型

Excelインスタンス
Power Automate for desktopが起動したExcelファイルを識別するために作成する変数の型。Excelを起動した際に自動的に変数［ExcelInstance］を作成し、変数の「型」をExcelインスタンスにする。
→変数

Mainフロー
[Main]タブに表示されるフローのこと。Mainフローは［実行］ボタンを押したときに一番最初に実行される。
→フロー

Microsoft 365
月額または年額で使用料を支払うサブスクリプション型のマイクロソフトのサービス。ExcelやWordなどのOffice製品が、常に最新の機能で使用できる。個人向けと法人向けのプランがある。

Microsoft Edge
マイクロソフトが提供するWindows 11の標準Webブラウザー。

Microsoftアカウント
マイクロソフトが提供するサービスを利用するための専用のIDとパスワードのこと。Microsoftアカウントには、ユーザーが個人で作成する「個人アカウント」と、会社がマイクロソフトの提供する法人向けサブスクリプションサービス「Microsoft 365」などを導入した際に、所属するユーザーに割り当てる「組織アカウント」がある。
→Microsoft 365

OneDrive
マイクロソフトが提供するクラウド上のオンラインストレージサービス。インターネット上に自分専用のデータの保存場所として写真や文書を保存できる。

Power Automate
プログラミングスキルの有無に関わらず、誰もが業務を自動化できるように開発されたマイクロソフトのローコードプラットフォームの1つ。さまざまなクラウドサービスとの連携を容易にするための「コネクタ」と呼ばれる部品が800種類以上用意されており、それらを組み合わせることでクラウド上のサービスの自動化を可能とする。

UI要素
ウィンドウ、チェックボックス、テキストフィールド、ドロップダウンリストなど画面上のどのUIを操作すればよいか、特定するためのもの。

アクション
パソコン上で行う各作業に対応した処理のことであり、アクションを組み合わせることでフローを作成できる。Excelを起動する、Webブラウザー上のボタンをクリックする、など数百種類のアクションが登録されている。
→フロー

アクティブ化
Excelワークシートやウィンドウを操作できる状態にすること。

アプリケーションパス
末尾に拡張子「.exe」が付くアプリケーションを実行するためのファイルが保存されている場所を示す文字列のこと。

インスタンス型
WebブラウザーやExcel起動時等に取得し、後続のアクションで使用する変数。インスタンスにより操作対象のウィンドウを識別する。
→アクション、変数

インデックス番号
同じ種類のシートやリストが複数並んでいる状態で、それぞれを識別するために付けられる通し番号のこと。

ウィンドウインスタンス
ウィンドウを特定するための情報が格納されている。UIオートメーションにおいて起動中のウィンドウを識別するために使用する。

演算子
加算（+）、減算（-）、乗算（*）、除算（/）などの計算で使われる記号や、等しい（=）、より小さい（<）、より大きい（>）などの大小を比較する際に使われる記号のこと。

オペランド
パソコンなどが行う演算の対象となる値。例えば「x<5」という演算であればオペランドは「x」と「5」。

拡張機能
機能を増やしたり強化したりするためのプログラムのこと。Power Automate for desktopでWebブラウザーの操作を行うためには、Webブラウザーの拡張機能を有効化する必要がある。

拡張子
ファイルの種類を識別するための文字列で、ファイル名の「.」（ピリオド）の後の部分を示す。Excelで作成したファイルであれば「.xlsx」、Wordで作成したファイルであれば「.docx」など。

クラウドフロー
Power Automateで作成されたフローのこと。クラウド上で作成、実行される。
→Power Automate、フロー

繰り返し処理
指定された回数や特定の条件まで同じ処理を繰り返し行うこと。[ループ] グループの [Loop] アクションや [For each] アクションが繰り返し処理機能を持つ。
→アクション

コンソール
Power Automate for desktopにログイン後、最初に表示される画面。[自分のフロー] タブからフローの実行、編集、削除などを行うことができる。
→フロー

サブフロー
Mainフロー以外のフローのこと。処理の一部をサブフローとして切り出すことで、フロー全体の分かりやすさを向上させることができる。サブフローの処理は [サブフローの実行] アクションで呼び出されたときに実行される。
→Mainフロー、アクション、フロー

条件分岐
指定した条件を満たしているかどうかによって次の処理を分岐させること。

数値型
整数や小数など、演算処理が可能な数値に適用されるデータ型。
→データ型

ダイアログボックス
パソコンの操作画面上でユーザーに情報を提示したり、必要に応じてユーザーの応答を促したりするために表示されるもの。

データ型
変数の値に応じて設定される型のこと。Power Automate for desktopでは数値型やテキスト型、データテーブル型などがある。
→数値型、データテーブル型、テキスト型、変数

データテーブル型
Excelのような表形式のデータ型。行と列から構成される。
→データ型

テキスト型
文字列全般に適用されるデータ型。
→データ型

デスクトップアプリケーション
パソコンのデスクトップ上で動作するアプリケーションのこと。

デスクトップフロー
Power Automate for desktopで作成されたフローのこと。
→フロー

デバッグ
フローのエラーや動作のミスを確認し、修正する作業のこと。
→フロー

比較演算子
値と値を比較する際に用いられる演算子のこと。「=」（と等しい）、「<>」（と等しくない）などがある。[If]アクション、[Else if] アクションなどで使用される。
→アクション、演算子

ファイルパス
ファイルの保存場所を示す文字列のこと。現在アクセスしているフォルダーから目的のファイルまでの道筋を示す相対パスと、階層構造の大元から目的のファイルまでの道筋を示す絶対パスが存在する。

ブレークポイント
フローの実行を一時停止させる箇所。アクションの左側をクリックすることで設定することができる。フローデザイナーでフローを実行したときのみ有効でコンソールから実行した場合は無効となる。
→アクション、コンソール、フロー、フローデザイナー

フロー
Power Automate for desktopでアクションを組み合わせて作成する一連の処理のこと。
→アクション

フローデザイナー
Power Automate for desktopでフローを作成する画面。アクションの追加や変数の確認、デバッグなどを行うことができる。
→アクション、デバッグ、フロー、変数

フロー変数
デスクトップフローで使用している変数。フローを実行し変数にデータが格納されると変数名の横に初期値や現在値が表示される。
→デスクトップフロー、フロー、変数

プロパティ
変数のデータ型に応じて使用可能な値。変数名の後に「.」（ピリオド）で区切ってから指定する。
→データ型、変数

変数
値やデータを管理する入れ物のこと。アクションによって作成される場合と、[変数の設定] アクションで、自分で新たに作成する場合がある。
→アクション

ランタイムエラー
プログラムの実行時に発生するエラーのこと。実行を継続できない問題が発生しており、それ以上動作を続けることができない状態。エラーメッセージを確認し、実行できない問題が何なのかを確認する必要がある。

レコーダー
パソコンの画面でのマウスやキーボードの操作を記録し、自動的にアクションに置き換え配置する機能のこと。
→アクション

ワークスペース
フローデザイナーの中心部分にある、アクションを配置するエリア。
→アクション、フローデザイナー

索引

アルファベット

ア

カ

■著者

あーちゃん

製造業の人事総務として手書き、転記作業に追われる日々に疑問を感じる中、RPAに出会い、書籍で独学し、勤務先の企業にてRPA導入を開始する。RPA導入に孤軍奮闘する姿がTwitterで話題に。Power Automate for desktopとの出会いでTwitter転職も果たす。現在はローコード支援会社にフルリモートで勤務している。

Twitterアカウント：@aachan5550

■監修

株式会社 ASAHI Accounting Robot研究所

「ヒトとロボット協働時代を推進、RPAで日本の中小企業を変える！」を合言葉に山形、仙台、名古屋を拠点に、北海道から沖縄まで全国各地の会計事務所、社労士事務所、事業会社に、RPAやローコード開発ツール、AIを活用したDXソリューションの開発及び導入支援を行う。前身は1年間で数千時間にも及ぶ効率化に成功した税理士法人あさひ会計の業務効率化推進チーム。2019年1月に法人化。

STAFF

シリーズロゴデザイン	山岡デザイン事務所<yamaoka@mail.yama.co.jp>
カバー・本文デザイン	伊藤忠インタラクティブ株式会社
カバーイラスト	こつじゆい
本文イラスト	ケン・サイトー
DTP制作	田中麻衣子
校正	株式会社トップスタジオ
デザイン制作室	今津幸弘<imazu@impress.co.jp>
	鈴木　薫<suzu-kao@impress.co.jp>
制作担当デスク	柏倉真理子<kasiwa-m@impress.co.jp>
編集制作	株式会社トップスタジオ
編集	高橋優海<takah-y@impress.co.jp>
編集長	藤原泰之<fujiwara@impress.co.jp>
オリジナルコンセプト	山下憲治

■商品に関する問い合わせ先

このたびは弊社商品をご購入いただきありがとうございます。本書の内容などに関するお問い合わせは、下記のURLまたは二次元バーコードにある問い合わせフォームからお送りください。

https://book.impress.co.jp/info/

上記フォームがご利用いただけない場合のメールでの問い合わせ先

info@impress.co.jp

※お問い合わせの際は、書名、ISBN、お名前、お電話番号、メールアドレス に加えて、「該当するページ」と「具体的なご質問内容」「お使いの動作環境」を必ずご明記ください。なお、本書の範囲を超えるご質問にはお答えできないのでご了承ください。

- ●電話やFAXでのご質問には対応しておりません。また、封書でのお問い合わせは回答までに日数をいただく場合があります。あらかじめご了承ください。
- ●インプレスブックスの本書情報ページ https://book.impress.co.jp/books/1122101126 では、本書のサポート情報や正誤表・訂正情報などを提供しています。あわせてご確認ください。
- ●本書の奥付に記載されている初版発行日から3年が経過した場合、もしくは本書で紹介している製品やサービスについて提供会社によるサポートが終了した場合はご質問にお答えできない場合があります。

■落丁・乱丁本などの問い合わせ先

FAX　03-6837-5023

service@impress.co.jp

※古書店で購入された商品はお取り替えできません。

できるPower Automate for desktop（パワーオートメートフォーデスクトップ）

2023年2月21日　初版発行

2024年6月21日　第1版第3刷発行

著　者　あーちゃん&（アンド）できるシリーズ編集部（へんしゅうぶ）

監　修　株式会社ASAHI Accounting Robot研究所（かぶしきがいしゃアサヒアカウンティングロボットけんきゅうじょ）

発行人　小川 亨

編集人　高橋隆志

発行所　株式会社インプレス

〒101-0051　東京都千代田区神田神保町一丁目105番地

ホームページ　https://book.impress.co.jp/

印刷所　株式会社広済堂ネクスト

ISBN978-4-295-01593-2 C3055

Printed in Japan